中国气象发展报告

（2019）

主　编　于新文
副主编　张洪广　李　栋　肖　芳

气象出版社
China Meteorological Press

内容简介

本书是中国气象局发展研究中心组织编研的年度行业发展研究报告。报告分综述篇、减灾与趋利篇、能力与创新篇、改革开放篇,从气象改革开放 40 年来的重大历程与成就、气象现代化进展、气象灾害防御、重大保障与气象服务、应对气候变化、生态环境气象保障、人工影响天气、现代气象业务、气象科技创新、气象人才队伍建设、气象改革与法治、气象开放与合作等领域,对 2018 年中国气象发展进行了研究评估,对未来气象发展愿景进行展望。

本书适合气象及相关行业部门的研究者、业务人员及相关院校师生上参阅。

图书在版编目(CIP)数据

中国气象发展报告. 2019 / 于新文主编. — 北京:
气象出版社,2019.11
　　ISBN 978-7-5029-7093-2

　　Ⅰ.①中… 　Ⅱ.①于… 　Ⅲ.①气象-工作-研究报告
-中国-2019 　Ⅳ.①P4

中国版本图书馆 CIP 数据核字(2019)第 243595 号

出版发行：气象出版社			
地　　址：北京市海淀区中关村南大街 46 号		邮政编码：100081	
电　　话：010-68407112(总编室)　010-68408042(发行部)			
网　　址：http://www.qxcbs.com		**E-mail：**　qxcbs@cma.gov.cn	
责任编辑：林雨晨		终　审：吴晓鹏	
责任校对：王丽梅		责任技编：赵相宁	
封面设计：时源钊			
印　　刷：北京地大彩印有限公司			
开　　本：710 mm×1000 mm　1/16		印　张：21	
字　　数：423 千字			
版　　次：2019 年 11 月第 1 版		印　次：2019 年 11 月第 1 次印刷	
定　　价：150.00 元			

《中国气象发展报告 2019》编写组

主　　　编：于新文

副 主 编：张洪广　李　栋　肖　芳

编写组成员（按姓氏笔画排名）：

于　丹　王　妍　王　喆　布亚林　申丹娜

邢　超　吕丽莉　刘怀明　孙永刚　李　栋

吴乃庚　辛　源　陈鹏飞　林　霖　周　勇

郝伊一　唐　历　唐　伟　龚江丽

审 稿 专 家（按姓氏笔画排名）：

王仁乔　王守荣　杨　智　宏　观　张　柱

张俊霞　徐相华　高学浩　郭志武　郭彩丽

黄　卓　曹卫平　彭莹辉　蒋大凯　裴顺强

统　　　稿：张洪广　姜海如　李　栋　肖　芳

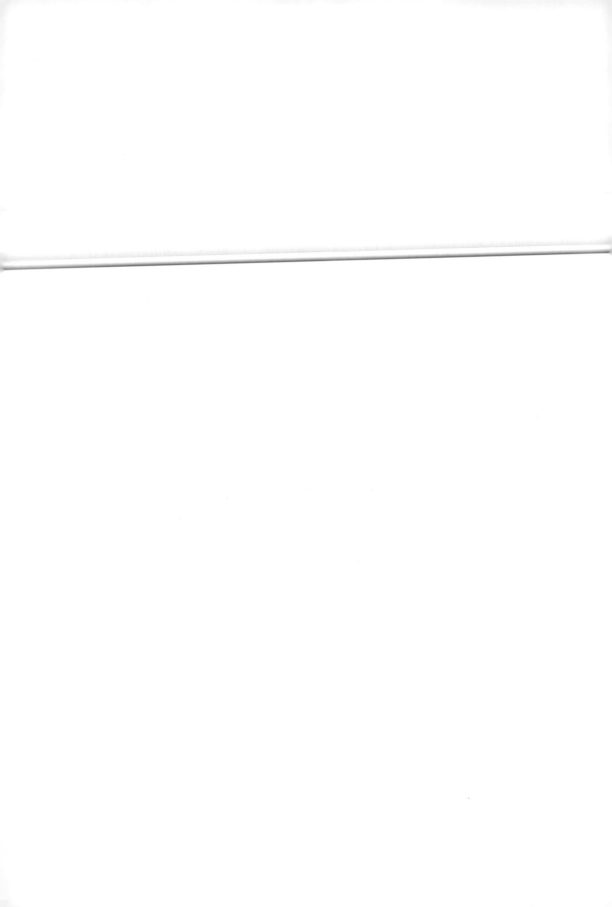

前言与致谢

《中国气象发展报告》是中国气象局发展研究中心连续性跟踪气象重大进展、透析气象发展前沿、解读公众气象热点、支撑气象科学决策的年度发展报告。《中国气象发展报告》连续出版 5 年来，读者不断增加，影响不断扩大，已经成为展示中国气象发展的重要平台，成为气象智库丛书的重要组成部分。

《中国气象发展报告》出版 5 年来，一直遵循综合性、研究性、权威性、前瞻性和客观性的研究思路，跟踪中国气象发展进程、记录中国气象发展轨迹，旨在为气象事业发展科学决策提供重要支撑，为政府部门、科研院所、高校和社会公众了解中国气象发展动态，探索中国气象发展规律，为气象服务经济社会发展和人民安全福祉提供参考。

《中国气象发展报告(2019)》，主要反映 2018 年中国气象发展状况。根据新的发展形势，本报告在基本保持《中国气象发展报告(2018)》框架基础上略有调整，篇章名略有变化。气象发展内容通过数据变化反映，更加注重突出研究色彩。全书共有四篇十二章。各章主要执笔人员如下：第一章李栋、王妍；第二章唐伟、王喆、龚江丽；第三章吕丽莉、辛源；第四章肖芳、唐历；第五章吴乃庚、龚江丽；第六章林霖；第七章孙永刚、刘怀明；第八章周勇、王喆、唐伟、龚江丽、郝伊一；第九章申丹娜、陈鹏飞；第十章布亚林、邢超、辛源、于丹；第十一章李栋；第十二章陈鹏飞、郝伊一；附录吕丽莉。全书由于新文、张洪广、姜海如、李栋等同志统稿并审定。

《中国气象发展报告(2019)》在编研过程中，得到了气象行业相关机构、中国气象局机关及直属单位的大力支持。以下专家学者(按姓氏笔画排名)对编研工作给予了悉心指导：王仁乔、王守荣、杨智、宏观、张柱、张俊霞、徐相华、高学浩、郭志武、郭彩丽、黄卓、曹卫平、彭莹辉、蒋大凯、裴顺强等参与了研讨、咨询和审稿。马春平、王瑾、王建凯、文洪涛、乐青、成秀虎、刘立明、孙彬、孙海燕、李莉、杨晓武、何勇、张朴、张宇、张小培、张军岩、陈艳艳、邵阳、易晖、孟旭、赵瑞、赵滨、顾青峰、蒋品平、甄晓林、裴顺强、蔡英、臧海佳、薛红喜、戴艳萍等分别提供了相关资料，气象出版社在编辑、校对、出版等方面给予了大力帮助。在此，我们对所有提供帮助的领导和专家表示衷心感谢！对所有编研人员作出的努力和贡献表示诚挚谢意！

　　《中国气象发展报告（2019）》引用了气象行业机构、中国气象局机关职能机构和直属事业单位提供的大量资料和数据，部分已在参考文献或正文中标注，但由于涉及资料较多，未予全列，请谅！《中国气象发展报告（2019）》中涉及的一些述评仅限于编研人员的认识，不代表任何政府部门和单位的观点。作为研究成果，限于编研人员的水平和经验不足，难免存在疏漏和不妥，希望广大读者提出宝贵意见和建议。

丁桥文

2019 年 9 月

报告摘要

　　《中国气象发展报告(2019)》,是中国气象局发展研究中心组织编研的第 5 本年度行业发展研究报告。报告分综述篇、减灾与趋利篇、能力与创新篇、改革开放篇,从气象改革开放 40 年来的重大历程与成就、气象现代化进展、气象灾害防御、重大保障与气象服务、应对气候变化、生态环境气象保障、人工影响天气、现代气象业务、气象科技创新、气象人才队伍建设、气象改革与法治、气象开放与合作等领域,对 2018 年中国气象发展进行了研究评估,对未来气象发展愿景进行展望。

　　2018 年,是我国改革开放四十周年。四十年来,气象事业紧紧融入改革开放和社会主义现代化建设的伟大征程,与国家改革开放同步推进、同步发展,走过了辉煌的历程,取得了显著成就,积累了宝贵的经验。经过四十年的改革开放,我国气象现代化整体水平已迈入世界先进行列,成为国家现代化的重要标志;建成了世界一流中国特色的气象服务体系,气象服务的经济、社会和生态效益显著,投入产出比达到 1∶50,社会公众满意度保持在 85 分以上;建立起"产学研业"相结合的国家气象科技创新体系,实现了"引进、消化、吸收"到"自主创新、原始创新"的重大转变,气象业务的科技水平和气象服务的科技含量显著提升;形成了一支高素质的气象人才队伍,通过实施气象人才强局战略,加强气象人才体系建设,气象人才队伍结构不断优化、人才实力显著增强;形成了比较完善的气象法治体系,通过加强气象法规实施,推进气象依法行政,气象事业发展的法制环境得到了根本性改善;形成了全面开放合作的大格局,通过积极融入国家对外开放大局,开展对外科技合作,积极学习借鉴发达国家气象科技创新的先进经验,气象全球影响力日益扩大;始终重视并把党的建设融入气象事业发展之中,融入气象现代化建设之中,各级党组织战斗力、组织力不断增强,气象干部职工焕发出前所未有的积极性、主动性、创造性。

　　2018 年,全国气象部门系统谋划新时代气象现代化发展,加强顶层设计,强化统筹协调,聚焦科技创新,气象现代化水平继续保持提升态势,以信息化、智能化为标志的气象现代化取得新进展。组织实施了《全面推进气象现代化行动计划(2018—2020年)》,以信息化推动气象现代化,进一步提升气象信息系统集约化程度,开展研究型业务试点,加强数值预报核心技术研发,加快智能化应用推广,气象业务科技实力进一步增强,气象现代化发展环境进一步优化。评估表明,2018 年国家级和省级气象现代化综合评分较 2017 年分别提高 6.1 分和 1.3 分。

趋利和避害是气象工作的两大主题。2018年,针对频发的台风、灾害性极端天气以及山体滑坡、泥石流、森林火灾等重大灾害,气象防灾减灾效益显著。气象预报服务统一数据源的"一张网"网格预报业务开始正式运行,强对流预警时间提前量由36分钟提高到38分钟,暴雨预警准确率由83%提高到88%。国家预警信息发布系统发布自然灾害、事故灾难、公共卫生和社会安全四大类预警信息261959条,正确率提升至99.95%,创历史最高值。2018年,气象灾害防御效益显著,在灾害性天气依然频发重发的不利形势下,气象灾害造成直接经济损失占GDP的比例持续下降至0.39%,为2004年以来最低值,气象灾害造成的死亡(失踪)人数为2004年以来最低年份。全国主要气象灾害造成农作物受灾面积、绝收面积为2004年以来的第二低年份。

2018年,面对严峻复杂的天气气候形势,全国气象部门主动服务,积极参与和推动国家重大战略的实施,完成了上合组织青岛峰会、中非合作论坛、首届上海国际进口博览会等重大活动的气象保障。深度参与生态文明建设,助力蓝天保卫战,助推"美丽中国"建设与国家绿色发展战略,进一步完善生态气象监测评估业务和服务能力,完善环境气象监测预报预警体系,增强服务可再生能源的能力,气象服务生态环境的综合实力逐步提升。气象服务公众满意度达到90.8分,创历史新高。气象科学知识普及率为77.76%,比2017年提高1.32%。全国农村区域自动气象站乡镇覆盖率达95.9%,气象信息员覆盖率99.7%。民航、兵团、农垦、林草、水利、环境、交通、旅游等面向行业和特定领域的气象服务更加精细。

2018年,我国政府高度重视应对气候变化工作,通过政府机构改革和职能调整,在参与应对气候变化全球治理、适应和减缓气候变化、加强气候变化科技支撑能力建设等方面积极采取强有力的政策举措,在调整产业结构、优化能源结构、节能提高能效,增加碳汇和推进碳排放交易等减缓气候变化方面取得了一系列积极成果。万元国内生产总值二氧化碳排放下降4.0%,能耗下降3.1%。2018年,中国应对气候变化的科学技术研发取得显著成效,组织完成了政府间气候变化专门委员会(IPCC)新一轮评估报告专家推荐,38位中国专家当选,应对气候变化决策服务能力进一步增强。

2018年,我国人工影响天气事业迎来了六十周年。60年来,人工影响天气工作经历了起步、艰难探索、快速发展、科学发展四个阶段。目前,建立形成了政府领导、部门合作、军地协作的全国人工影响天气组织管理和作业体系,建立了国家、省、地(市)、县四级业务系统,人工影响天气业务能力显著提升。2018年,组织开展飞机人工增雨(雪)作业达1256架次,人工影响天气地面增雨作业15873次,影响面积达到490.44万千米^2,增加降水达404亿吨,保护生态作业面积230.44万千米^2。人工影响天气在抗旱减灾、改善生态环境、增加湖库蓄水、森林防火、改善空气质量等多方面服务中发挥积极作用。

2018 年,持续推进现代气象业务能力建设,现代气象业务水平全面提升。风云二号 H 星、三号 D 星、四号 A 星和碳卫星投入运行,新增 22 部新一代天气雷达,综合观测全流程标准化率达 93%。全球资料同化和集合预报系统实现业务运行,建立了分辨率为 5 千米的实况分析和智能网格预报业务,全国 24 小时晴雨预报准确率达87%。推动气象服务转型升级,制定《智慧农业气象服务行动计划(2018—2020)》,建成国家级智慧气象服务系统,精细化气象服务能力明显提高。建成每秒 8 千万亿次高性能计算机系统,升级全国气象通信系统,国家级和 11 个省级"天镜"综合业务实时监控系统试验运行,气象信息化建设稳步推进。

2018 年,中国气象局继续加强气象科技创新顶层设计,充分发挥科技创新对气象现代化的支撑和引领作用,气象核心技术攻关取得一批新成果,气象科学数据共享效益突显,科研院所业务布局进一步优化,科技资源配置更加合理。修订出台《气象部门事业单位专业技术二级岗位管理办法》,专业技术二级岗新增 47 人,气象人才创新发展环境持续优化。中国气象局系统组织面授培训班 810 期,培训量达到 23.8 万人·天,远程培训在线学习时长累计 418.7 万小时。联合高校加强气象专业人才培养,设立大气科学类专业的高校 25 所,年均招录大气科学类专业学生 2800 人。

2018 年也是全面深化气象改革的攻坚之年。全国气象系统大力推进气象服务供给侧结构性改革,深化气象业务科技体制改革,推进气象领域中央与地方财政事权和支出责任改革研究,落实"放管服"改革要求,加快健全与气象高质量发展相适应的体制机制。全国气象部门坚持气象法治建设与全面深化气象改革相统一,中央与地方合力推进气象事业发展的机制逐步完善,运行保障更加有力。2018 年新出台 9 部地方性法规和 4 部地方政府规章,制定发布 38 项国家标准、66 项行业标准。

2018 年,气象部门全方位深化开放合作,以开放促改革促发展,积极推进气象国际合作与交流,提升气象开放合作质量与水平。气象部门积极配合国家总体外交和发展战略,继续推进、加强与中亚国家、东盟国家、非洲国家、上合组织成员国等"一带一路"气象合作。继续围绕核心业务和重点服务领域推进双边气象科技合作,确定合作项目 39 个。部际合作、省部合作、局校合作和局企合作不断深化。大力推进京津冀气象协同发展、长江经济带气象保障体系建设,加强雄安新区、粤港澳大湾区、长三角区域等气象发展顶层规划设计,促进了区域气象事业协调发展。

过去的 2018 年全国气象事业发展取得了突出成就,但要建成气象强国还任重道远。全国气象系统必须以习近平新时代中国特色社会主义思想为指导,坚决贯彻落实党中央、国务院的重大决策部署,以更加昂扬的斗志、更加务实的举措,不断把气象改革开放现代化建设推向深入,创造气象改革开放和现代化建设新的辉煌,为全面建成小康社会、建成社会主义现代化强国作出新的更大的贡献!

目　录

前言与致谢 ……………………………………………………… 于新文（Ⅰ）

报告摘要 ……………………………………………………………………（Ⅲ）

综述篇

第一章　气象改革开放 40 年 ……………………………………（3）

　　一、重大历程 …………………………………………………………（3）

　　二、重要成就 …………………………………………………………（6）

　　三、主要启示 ………………………………………………………（12）

第二章　气象现代化进展 ………………………………………（15）

　　一、2018 年气象现代化概述 ………………………………………（15）

　　二、2018 年气象现代化进展 ………………………………………（19）

　　三、评价和展望 ……………………………………………………（39）

减灾与趋利篇

第三章　气象灾害防御 …………………………………………（43）

　　一、2018 年气象灾害防御概述 ……………………………………（43）

　　二、2018 年气象灾害防御工作进展 ………………………………（48）

　　三、评价与展望 ……………………………………………………（66）

第四章　重大保障与气象服务 …………………………………（68）

　　一、重大保障与气象服务概述 ……………………………………（68）

　　二、2018 年气象服务主要进展 ……………………………………（73）

　　三、评价与展望 ……………………………………………………（95）

第五章　应对气候变化 …………………………………………（97）

　　一、2018 年应对气候变化概述 ……………………………………（97）

二、2018年应对气候变化主要进展 ……………………………………（99）

三、评价与展望 ……………………………………………………（115）

第六章　生态环境气象保障 …………………………………………（117）

一、2018年生态环境气象保障概述 …………………………………（117）

二、2018年生态环境气象保障进展 …………………………………（119）

三、2018年气候适应型资源开发利用主要进展 ……………………（133）

四、评价与展望 ……………………………………………………（138）

第七章　人工影响天气 ………………………………………………（140）

一、人工影响天气60年的主要发展成就 ……………………………（140）

二、2018年人工影响天气概述 ………………………………………（146）

三、评价与展望 ……………………………………………………（156）

能力与创新篇

第八章　现代气象业务 ………………………………………………（159）

一、2018年现代气象业务概述 ………………………………………（159）

二、2018年现代气象业务进展 ………………………………………（160）

三、评价与展望 ……………………………………………………（196）

第九章　气象科技创新 ………………………………………………（198）

一、2018年气象科技创新概述 ………………………………………（198）

二、2018年气象科技创新进展 ………………………………………（199）

三、评价与展望 ……………………………………………………（232）

第十章　气象人才队伍建设 …………………………………………（234）

一、2018年气象人才队伍建设概述 …………………………………（234）

二、2018年气象人才队伍建设进展 …………………………………（235）

三、评价与展望 ……………………………………………………（264）

改革开放篇

第十一章　气象改革与法治 …………………………………………（269）

一、2018年气象改革与法治建设概述 ………………………………（269）

二、2018年气象改革工作进展 ………………………………………（270）

三、2018年气象法治建设进展 ………………………………………（278）

四、评价与展望 ……………………………………………………（286）

第十二章　气象开放与合作………………………………………………（287）

一、2018 年气象开放与合作概述 ………………………………………（287）

二、2018 年气象国际交流与合作进展 …………………………………（288）

三、2018 年气象国内合作进展 …………………………………………（292）

四、评价与展望 …………………………………………………………（299）

主要参考文献…………………………………………………………（300）

附录 A　2018 年中国天气气候………………………………………（302）

一、2018 年天气气候特征 ………………………………………………（302）

二、2018 年中国天气气候灾害事件 ……………………………………（304）

三、2018 年气候变化与影响 ……………………………………………（310）

四、统计资料 ……………………………………………………………（317）

综述篇

第一章　气象改革开放 40 年

2018 年,我们迎来改革开放四十周年。回顾改革开放四十年的光辉历程,总结改革开放的伟大成就和宝贵经验,对于在新时代全面推动改革开放具有重大意义。1978 年 12 月 18 日,中国共产党召开了具有划时代意义的十一届三中全会,作出实行改革开放的历史性决策,实现了新中国成立以来党的历史上具有深远意义的伟大转折,开启了改革开放和社会主义现代化的历史新时期,成为中华民族伟大复兴的重要里程碑。

改革开放是当代中国最显著的特征、最壮丽的气象。习近平总书记指出,一个国家、一个民族要振兴,就必须在历史前进的逻辑中前进、在时代发展的潮流中发展。伴随着改革开放的伟大历史进程,中国气象事业一步一步成长为现代化的科技型基础性社会公益事业,牢固确立了气象大国的地位,昂首阔步迈向世界气象强国,大踏步地赶上了时代前进的步伐。

改革开放的四十年,是我国气象事业发生历史性变化的四十年,也是广大气象工作者解放思想、实事求是、开拓创新、拼搏奋进的四十年,更是气象事业发展不断开辟新境界、气象现代化迈向世界先进行列的四十年。改革开放四十年来,我国气象事业发展走过了辉煌的历程,取得了显著成就,积累了宝贵的经验。

一、重大历程

四十年来,气象事业紧紧融入我国改革开放和社会主义现代化建设的伟大征程,与国家改革开放同步推进、同步发展,在改革开放和社会主义现代化事业中发挥着越来越重要的作用,在国际气象科技发展和全球气象治理中发挥着越来越重要的影响力。

(一)气象改革开放开创发展新局面阶段(1978—2012 年)

1978 年党的十一届三中全会以后,气象部门顺应时代声音、把握历史脉搏,认真贯彻执行党中央作出的把党和国家工作重心转移到经济建设上来、实行改革开放的战略决策部署,把气象工作重心转移到以气象现代化建设和提高气象服务的经济、社会效益为中心的轨道上来。从此,全国气象部门紧紧扭住这两个工作重点不放松、不动摇,取得了气象事业发展的巨大成功,开创了气象现代化建设的新局面。

这一时期,在推进改革开放的伟大实践中,党中央、国务院加强对气象工作的领导。1980年和1982年，国务院先后批准气象部门实行"气象部门与地方政府双重领导，以气象部门领导为主"的领导管理体制，1983年全国气象部门基本完成领导管理体制改革，确保了对气象工作的集中统一领导，为气象事业发展提供了强有力的体制保障。1992年，国务院明确提出发展国家气象事业和地方气象事业，实行"双重计划体制和相应的财务渠道"，实现了气象现代化全国统一规划、统一布局、统一建设、统一管理，形成了中央和地方共同推进气象事业发展、共同支持气象现代化的新格局。1999年，国家颁布《中华人民共和国气象法》，明确了气象事业是经济建设、社会发展、国防建设的基础性公益事业的定位，标志着气象改革开放和现代化建设步入法制化发展的轨道。2006年，国务院印发《关于加快气象事业发展的若干意见》，形成了公共气象、安全气象、资源气象的发展理念，确立到2020年率先基本实现气象现代化的奋斗目标和战略指南，为气象改革发展和现代化建设勾画了一幅宏伟蓝图。

这一时期，全国气象部门贯彻党的路线方针政策，加强战略谋划、顶层设计，制定《气象现代化建设发展纲要》，实施6个五年事业发展规划，气象事业纳入到国民经济和社会发展总体规划。组织中国气象事业发展战略研究，实施科教兴气象战略、人才强局战略、拓展领域战略，积极推进一流装备、一流技术、一流人才、一流台站建设，大力提升气象预报预测能力、气象防灾减灾能力、应对气候变化能力、开发利用气候资源能力。推进气象业务技术体制、气象服务体制、科研教育体制、人事制度等重大改革，加快气象事业结构调整，优化气象事业结构，建成由"四大功能块"组成的气象基本业务体系，成立国家级新的业务机构和流域气象机构，建立新型气象事业体制框架，强化公共气象服务职能，拓宽服务领域、丰富服务产品、改善服务手段、完善服务体系、提高服务质量，大力推动公共气象服务主动融入各级地方经济社会发展之中，广泛开展国际国内气象科技合作，加强党的建设、党风廉政建设、精神文明建设和气象文化建设，有力推进了气象事业持续发展，成功地把我国气象现代化发展成为国家现代化的重要标志。

（二）气象改革开放全面深化阶段（2012年至今）

党的十八大以来，党中央对党和国家各方面工作提出了一系列新理念新思想新战略，推动党和国家发生历史性变革、取得历史性成就，中国特色社会主义进入新时代。特别是党的十八届三中全会以来，以习近平同志为核心的党中央以巨大的政治勇气和智慧迎难而上、立柱架梁，坚定全面深化改革、系统整体设计和推进改革，全面推进了社会主义市场经济、科技、财税、人事、综合防灾减灾救灾、生态文明等一系列体制机制改革，指明了气象改革发展的正确方向和主要任务，确保了全面深化气象改革在正确的轨道上不断前行。习近平总书记对气象监测预报、综合防灾减灾救灾、应对全球气候变化、生态文明建设、气象军民融合、气象服务"一带一路"建设等作出了一系列重要指示，有力强化了气象工作在国家治理体系和治理能力现代化中的地位和作用。在党中央、国务院的正确领导下，气象改革呈现出全面推进、多点突破、纵深发展的新局面,气象服务体制改革、气象业务科技体制改革、气象管理体制改革的系统性、整体性、协同性不断增强,国家"放管服"改革落实有力,防雷减灾体制改革成效明显,气象综合实力明显提升,气象事业实现全面发展,步入现代化的快车道。

在新时代,全国气象部门深入贯彻习近平新时代中国特色社会主义思想,认真落实习近平总书记重要指示精神和中央决策部署,贯彻创新、协调、绿色、开放、共享发展理念,制定《全国气象现代化发展纲要(2015—2030 年)》,提出到 2020 年基本实现气象现代化、到 2035 年全面建成气象现代化体系、到 21 世纪中叶全面建成现代化气象强国的三步走战略目标,实施气象保障"一带一路"、生态文明建设、综合防灾减灾、乡村振兴、军民融合等重大战略行动计划,建设以智慧气象为重要标志的现代气象业务体系、服务体系、科技创新体系和气象治理体系,推进气象业务能力、服务能力、科技创新能力和气象治理能力现代化,瞄准气象发展的主要矛盾和突出问题全面深化气象服务体制、气象业务科技体制、气象管理体制、气象保障体制改革,推动气象事业发展质量变革、效率变革、动力变革,构建面向全球监测、全球预报、全球服务、全球创新和全球治理这一更高层次更大格局的气象现代化,成功开启了全面建设现代化气象强国新征程。

四十年来,改革开放成为气象事业发展的强大动力。在推进改革开放的伟大实践中,在气象改革开放发展的不同阶段,党中央、国务院从保障人民生命财产安全、保障国家安全、保障经济社会健康持续发展的需要出发,从满足人民群众日益增长的美好生活需求出发,对气象工作给予了极大的重视和关怀,先后提出"加强应对气候变化能力建设""强化防灾减灾工作"的战略任务,作出"加强适应气候变化特别是应对极端气候事件能力建设"的战略部署,提出"健全农业气象服务体系和农村气象灾害防御体系,充分发挥气象服务'三农'的重要作用""加强农村防灾减灾救灾能力建设、提升气象为农服务能力""建立全球监测、全球预报、全球服务的气象保障体系""共谋全球生态文明建设,引导应对气候变化国际合作"等一系列明确要求,推出一系列影响深远的重大部署,出台一系列的重大举措,为气象事业发展指明了前进方向。特别是在上海合作组织青岛峰会上习近平总书记提出"中方愿利用风云二号气象卫星为各方提供气象服务"的承诺,既是新形势下党和国家对气象事业寄予的厚望,也为新时代开创气象改革发展新局面提出了根本要求。党中央、国务院在气象事业发展的不同时期对气象改革开放提出的新要求新使命,成为推动气象高质量发展的政治保障和强大动力。

四十年来,改革开放成为气象事业发展最显著的特征。全国气象部门解放思想、实事求是、大胆地试、勇敢地改,干出了一片新天地。从以地面人工观测为主到"天一地一空"一体化自动化的综合气象观测网,从手填手绘天气图和人工分析到今天的客观、定量、智能、精细化分析预报,从单一天气预报业务到气象预报预测、气象防灾减灾、应对气候变化、气候资源开发利用、预警信息发布、生态环境气象、海洋气象、农业气象、水文气象、交通气象、旅游气象、空间天气业务全面发展，从气象领导管理体制改革到全面深化气象改革，从部门自我发展为主到局校合作、局企合作、部门合作、省部合作、区域合作、国际合作、军民融合全方位推进。气象事业蓬勃发展、蒸蒸日上，在党和国家发展大局中的作用迈上了新台阶，对保障经济社会发展和人民安全福祉的贡献迈上了新台阶，气象事业的面貌、气象服务的面貌、气象台站的面貌都发生了历史性变化，为新时代在更高起点、更高层次、更高目标上推进改革开放提供了强大物质基础。

四十年来，改革开放成为气象事业发展最鲜明的标志。中国气象部门迎难而上、攻坚克难，迈出了实干新步子，回答了一系列实现气象现代化宏伟目标必须直面的时代命题。要不要发展自己的气象卫星？要不要发展自己的新一代多普勒天气雷达？要不要自主研发数值预报模式？如何提高气象预测预报准确率和精细化水平？如何提高关键性、转折性、灾害性天气气候预测预报能力？如何提高科技和人才对推动现代气象业务发展的贡献率？如何激发体制机制创新活力？如何破解气象核心技术难题的瓶颈制约？如何以核心业务技术突破带动智慧气象发展？如何推进和参与全球监测、全球预报、全球服务、全球创新、全球治理？面对这一系列的紧迫问题和时代之问，气象部门跳出传统思维定式，跳出条条框框限制，跳出自己的"一亩三分地"，率先打开大门，走出国门，积极学习和借鉴美国、英国、日本等世界气象发达国家科技发展的实践和经验，广泛推进国际国内气象科技交流与合作，汇聚起攻坚克难的强大力量，实现了"强起来"的历史性飞跃，走出了一条具有中国特色的气象改革发展道路，为推进全球气象科技发展和改善全球气候环境作出了应有贡献，为全球气象治理改革不断贡献了中国智慧、中国方案、中国力量，为广大发展中国家走向气象现代化提供了成功经验、展现了光明前景。

二、重要成就

四十年弹指一挥间，改革开放为气象发展注入了强大动力和活力，使气象现代化建设取得历史性成就，使我国气象面貌发生了巨大而深刻的变化，在现代化气象强国建设的征程上迈出了决定性步伐。

（一）改革开放四十年是我国气象现代化建设突飞猛进、变化翻天覆地的四十年，气象现代化整体水平已迈入世界先进行列

四十年来，我国已建成了精细化、无缝隙的现代气象预报预测系统，能够发布从分钟、小时到月、季、年预报预测产品，气候预测部分领域达到国际同类先进水平，全球数值天气预报精细到 10 千米，全国智能网格预报精细到 5 千米，区域数值天气预报精细到 1 千米。建立了台风、重污染天气、沙尘暴、山洪地质灾害等专业气象预报业务，我国 24 小时台风路径预报达到国际领先水平。2017 年，我国被世界气象组织

正式认定为世界气象中心,成为全球 9 个世界气象中心之一,成为发展中国家里唯一拥有"世界气象中心"称号的国家,标志着我国气象业务能力总体达到世界先进水平。我国先后成功发射 17 颗气象卫星,8 颗在轨运行,风云气象卫星系列被世界气象组织列入全球业务应用卫星序列,使我国成为世界上少数几个同时具有研制、发射、管理极轨和静止气象卫星的国家之一,成为与美国、欧洲中心三足鼎立的气象卫星主要成员国。我国天气雷达实现全面更新换代,正式业务运行的 211 部新一代多普勒天气雷达组成了严密的气象灾害监测网,基本达到世界先进水平(图 1.1)。初步建立了生态、环境、农业、海洋、交通、旅游等专业气象监测网,建成了 2425 个地面自动气象观测站,57435 个加密自动气象观测站网,乡镇覆盖率达到 96%(图 1.2)。建成了高速气象网络、海量气象数据库、超级计算机系统,气象高速宽带网络达到每秒千兆,气象数据存储总量达到 19.2PB,高性能计算峰值达到每秒 8PFlops 次。经过四十年的改革开放,中国气象现代化已达到或接近发达国家先进水平,成为国家现代化的重要标志。

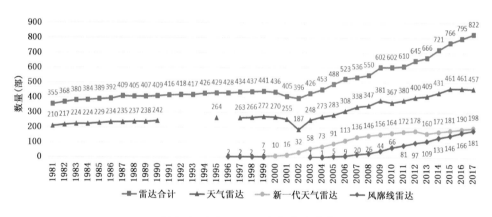

图 1.1　1981—2017 年气象雷达数

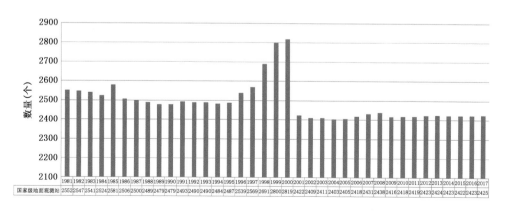

图 1.2　国家级地面气象观测站数

（二）改革开放四十年是中国特色气象服务体系逐步发展成为世界一流的四十年，气象服务质量和效益大幅提升

　　四十年来，面对天气气候复杂多变的严峻形势，面对人民群众、社会各界日益增长的气象服务需求，面对国家重大战略、重大工程、重大活动的保障需要，气象部门主动服务党委政府决策，保障经济建设、社会发展、国防建设和生态文明建设，气象服务的经济、社会和生态效益大幅提升，投入产出比达到 1∶50，人民群众气象获得感明显增强，气象服务公众满意度保持在 85 分以上。全国气象部门践行防灾减灾"第一道防线"的职能和作用，建立了比较完善的"党委领导、政府主导、部门联动、社会参与"的气象综合防灾减灾体系，强对流天气预警时效提前到 38 分钟，暴雨预警准确率提高到 88%。暴雨洪涝灾害风险普查率达到 100%，气象灾害风险区划完成率达到 85%。建成了全国"一张网"的突发事件预警信息发布系统，汇集了 16 个部门 76 类预警信息，仅 2018 年就发布预警信息 25 万余条，向应急决策部门发布预警短信 22 亿人次，预警信息在 10 分钟内可以实现覆盖 86.4% 的公众。全国已经形成 7.8 万个气象信息服务站、76.7 万名气象信息员、123 个标准化现代农业气象服务县和 1009 个标准化气象灾害防御乡镇，已成为基层气象防灾减灾的中坚力量。

　　气象决策服务在 1987 年大兴安岭森林大火、1991 年江淮流域水灾、1998 年长江流域大洪水、2008 年南方低温雨雪冰冻、超强台风等一系列重大自然灾害应对中，发挥了不可替代的作用。气象灾害经济损失占 GDP 的比例从 20 世纪 80 年代的 3%～6% 下降到近五年的 0.38%～1.02%。构建了人工影响天气作业体系，到 2017 年，全国拥有 50 多架飞机、6183 门高炮、8311 部火箭，增雨（雪）覆盖 500 万千米^2，防雹保护达 50 万千米^2，有力推动了生态修复、农业增产、环境改善、污染防治、水库蓄水，美丽中国建设的参与者、守护者、贡献者的作用日益凸显。率先开展科学数据共享和服务，年共享数据量超过 500TB，累计支持各类项目 4600 多项，惠及 3600 余家科研教育机构和政府、行业、国防部门。中国气象数据网累计用户突破 24 万，海外注册用户遍布 30 多个国家，累计访问量超过 2.8 亿人次，风云气象卫星遥感数据用户覆盖 103 个国家。中国已成为气象服务体系最全、保障领域最广、服务效益最为突出的国家之一，成为全球展示气象发展作用、贡献和效益的优秀典范。

（三）改革开放四十年是我国气象科技创新引领气象发展的四十年，气象科技创新力、竞争力大幅提升

　　四十年来，我国建立起"产学研业"相结合的国家气象科技创新体系，建设研究型业务，形成由 9 个国家级气象科研院所，23 个省级气象科研所，39 个国家级、省级重点实验室和试验基地以及高等院校构成的科技创新格局，实施了一大批国家气象科学研究计划，开展一系列重大科学试验，实现了"引进、消化、吸收"到"自主创新、原始

创新"的重大转变,显著提升了气象业务的科技水平和气象服务的科技含量。我国气象科技创新成果丰硕,全国气象部门共获奖气象科技成果 9358 项,其中国家级奖励达 133 项,省部级奖励达 2570 项。第一个国家重点科技攻关计划中期数值天气预报业务系统,填补了我国在中期数值天气预报领域的空白,使我国步入世界上少数几个开展中期数值天气预报的国家行列。中国短期气候预测系统获得国家科技进步一等奖。风云三号、风云四号气象卫星应用系统研制达到了国际先进水平,关键技术达到国际领先水平。首都北京及周边地区大气、水、土环境污染机理及调控研究成果被列为世界气象组织示范项目。自主开发的新一代全球资料同化与中期数值预报系统,填补了我国在该领域的多项空白。雷达、卫星、数值预报、气候变化、数据应用等气象核心和关键技术不断取得重大突破,使我国气象科技创新已由过去的引进跟跑转向多领域并跑、领跑,成为气象事业发展、现代化气象强国的重要引擎。

（四）改革开放四十年是气象队伍综合素质和专业化水平显著提升的四十年,气象人才队伍结构不断优化、人才实力显著增强

四十年来,气象部门不断实施气象人才强局战略,加强气象人才体系建设,努力培养一大批高素质专业化的干部队伍,注重高层次人才队伍建设,先后推进"323"人才工程、"双百计划""青年英才培养计划"等一系列重大人才工程,建立台风暴雨强对流天气预报、地面观测自动化、气象卫星资料应用新技术研究与开发等不同层级的创新团队,建设"创新人才培养示范基地""海外高层次人才创新创业基地""国际科技合作基地",大规模轮训气象干部队伍,我国气象事业发展人才结构持续优化,气象队伍综合素质显著提高。大学本科以上人员占比由 1981 年的 8％提升到 2018 年的 80.5％（图 1.3）,高级职称人员占比由 1990 年的 1.5％提升到 2018 年的 20.6％。现有两院院士 8 人,正研级专家千余人,副高级职称专家近万人,入选国家人才工程和项目人选 40 余人,首席预报员、首席气象服务专家、科技领军人才、特聘专家 149 人。

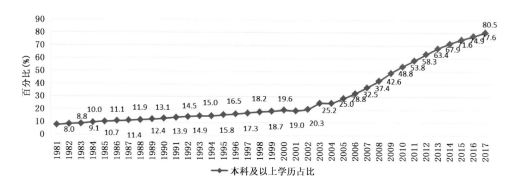

图 1.3　1981—2017 年全国气象在职职工本科及以上学历占比

宽领域、多层次、开放式气象培训体系逐步形成,大规模气象科技人才和管理干部培训扎实推进,预报员、观测员持证上岗制度有效实施。大气科学、电子信息、生态环境、经济社会等多学科交叉的复合型人才比例明显增加,行业部门、高等院校、科研机构都建立起了气象专业力量。一大批人才有力支撑和保障了气象改革开放和现代化建设。

（五）改革开放的四十年是我国法治建设和管理创新不断加强的四十年,气象科学管理水平显著提高

四十年来,不断完善气象法规体系,着力加强气象法规实施,深入推进气象依法行政,气象事业发展的法制环境得到了根本性改善。目前,已建立起由《中华人民共和国气象法》为主体,3部行政法规、19部部门规章、101部地方法规、121部地方政府规章组成的气象法律法规制度体系,形成了由147项国家标准、423项行业标准、351项地方标准组成的气象标准体系,气象法治建设融入我国依法治国的大局,对气象改革开放强有力的制度保障作用充分发挥。建立起由气象发展规划、气象现代化纲要、专项气象规划、区域气象规划等构成的气象规划体系,实施了灾害预警、气候变化应对、风云气象卫星、山洪地质灾害防治等一大批重点工程,气象现代化建设投资不断增长,投资总额由20世纪80年代年均1.1亿元到近五年年均52.7亿元,增长了51.6倍(图1.4)。建立起国家、省、地、县四级气象管理体制,强化业务、服务、政务、财务管理和行业管理,治理更加有效,管理更加科学,气象发展更加全面、更可持续。

（六）改革开放的四十年是气象国际地位实现前所未有提升的四十年,气象全球影响力日益扩大

大气无国界,开放合作、共建共享已成为世界气象发展的大势。四十年来,气象领域积极融入国家对外开放大局,率先开展对外科技合作,打开大门建设气象现代化,积极学习借鉴发达国家气象科技创新的先进经验,增强了全球影响力和话语权。1979年,我国与美国国家海洋大气局(NOAA)签署了气象科技合作协议,率先打开了气象对外开放之门,开创了我国对外科技人员交流、培训和引进先进技术的先河,迄今已与160多个国家和地区开展了气象科技合作和交流,为亚洲、非洲国家提供了气象科技援助。邹竞蒙同志于1987年和1991年连续两届担任世界气象组织主席,成为我国担任国际组织主席的第一人。迄今中国气象局历任局长担任世界气象组织执行理事会成员并发挥着重要作用,有100多位中国气象专家在世界气象组织、联合国政府间气候变化专门委员会等国际组织中任职。我国科学家叶笃正、秦大河、曾庆存先后获得国际气象领域最高奖——国际气象组织(IMO)奖,多位中国科学家获世界气象组织青年科学家奖。中国气象局承担的20个世界气象组织(WMO)区域/专业中心任务,成为实施"全球监测、全球预报、全球服务、全球治理、全球创新"理念的

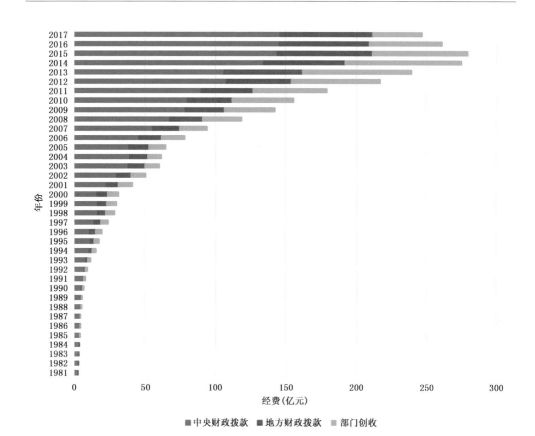

图 1.4　1981—2017 年全国气象部门总收入来源构成

重要依托平台。我国已成为世界气象事业的深度参与者、积极贡献者,为全球应对气候变化、自然灾害防御不断贡献着中国智慧和中国方案。

(七)改革开放的四十年是气象部门党的建设和文化建设不断加强的四十年,先进气象文化的理念更加深入

四十年来,气象部门始终重视并把党的建设融入气象事业发展之中,融入气象现代化建设之中,既紧紧围绕推进事业发展来推进部门党的建设,又通过加强和改进党的建设来促进气象事业发展,各级党组织战斗力、组织力不断增强。目前,全国气象部门已形成了 6.6 万多人的党员队伍、1100 多个党组、4600 多个基层党组织构成的组织体系。先后开展了"三讲"教育、深入学习实践科学发展观、党的群众路线教育实践活动、"三严三实"专题教育、"两学一做"学习教育等党内集中教育活动。严格落实责任,健全制度机制,强化日常监督,严格执纪问责,确保了全面从严治党责任在气象部门不折不扣落到实处。不断加强文化建设,深入开展"五讲四美三热爱"活动和文

明机关、文明单位、文明台站标兵"三大创建"等一系列活动,组织全国职业技能竞赛,推进廉政文化建设,共创建2500多个文明单位,占比达到95%,其中全国文明单位145个。气象图书、气象报纸、气象科技期刊、气象展览(科普)馆、气象科普基地等气象文化阵地蓬勃发展。凝练形成了"准确、及时、创新、奉献"的气象精神,涌现出雷雨顺、陈金水、崔广等一批具有强烈时代感和震撼力的模范人物,锻造出拐子湖、长白山、珊瑚岛气象站等一批先进集体,为气象事业发展提供了强大的精神动力。广大气象干部职工焕发出前所未有的积极性、主动性、创造性,在气象改革开放和现代化建设中展现出强大力量。

三、主要启示

四十年的实践充分证明,改革开放是坚持和发展中国特色气象事业的必由之路,是决定气象前途命运的关键抉择,是实现气象现代化的重要法宝。四十年的实践探索,深化了对气象实现什么样发展、怎样发展,建设什么样的气象现代化、怎样建设气象现代化的规律性认识,积累的宝贵启示和经验,对气象高质量发展有着重要指导意义,需要在新时代改革开放的实践探索中倍加珍惜并不断坚持、丰富和发展。

(一)坚持把党的领导作为推进气象改革开放的政治保证

坚持党的领导是气象改革沿着正确方向发展的政治保证,也是根本要求。在新时代继续把气象改革开放推向前进,必须以习近平新时代中国特色社会主义思想为指导,自觉增强"四个意识"、坚定"四个自信"、做到"两个维护",必须提高政治站位、保持政治定力,坚定不移走中国特色社会主义道路,把党的领导贯穿和体现到气象改革开放和现代化建设各个领域,持之以恒推进气象部门全面从严治党向纵深发展,不断创造气象服务经济社会、气象改革开放和现代化气象强国建设的新业绩。

(二)坚持把解放思想实事求是作为推进气象改革开放的思想法宝

实践发展永无止境,解放思想永无止境。前进道路上,要始终坚持解放思想、实事求是、与时俱进、求真务实的思想路线,勇于冲破思想观念的障碍,勇于突破体制机制的藩篱,不断分析和把握气象发展的新形势,谋划和制定气象发展的新战略,不断增强气象改革的动力、永葆气象开放的活力。

(三)坚持把不断满足人民群众需求作为推进气象改革开放的根本宗旨

全心全意为人民服务是气象工作的根本宗旨,是气象改革开放的初心和使命。在新时代继续把气象改革开放推向前进,要始终坚持以人民为中心,把增进民生福祉作为气象工作的价值取向和本质要求,作为气象现代化的重要衡量标准,紧紧围绕人民群众的新期待大力发展智慧气象,让人民群众共享气象改革发展成果,让人民有更多、更直接、更实在的气象服务的获得感、幸福感、安全感。

（四）坚持把公共气象作为推进气象改革开放的发展方向

公共气象是气象改革开放的基本方向，不管改什么、怎么改，坚定公共气象的发展方向不能偏，公益性的基本定位不能变。在新时代继续把气象改革开放推向前进，要坚定不移把公益性气象服务放在首位，面向决策、面向生产、面向民生，不断拓宽服务领域、提升服务能力、丰富服务产品、改善服务手段、提高服务质量，大力推动公共气象服务主动融入经济社会发展之中，大力发展公共气象使人民满意、发展安全气象使保障有力、发展资源气象使气候增利、发展生态气象使中国美丽，为国家、为人民、为全社会提供更加优质的气象服务。

（五）坚持把气象现代化建设作为推进气象改革开放的主题主线

气象现代化建设是强业之路，是增强气象综合科技实力、提升气象服务能力的必然要求。在新时代继续把气象改革开放推向前进，要聚焦全面建成现代化气象强国的战略目标，大力实施创新驱动发展、科技引领发展，着力破解气象核心技术难题，全面构建满足需求、技术领先、功能先进、保障有力、充满活力的以智慧气象为标志的气象现代化体系，全面发挥气象在国家治理体系和治理能力现代化的职能作用，全面提升气象保障社会主义现代化强国的能力，我国整体气象发展水平从跟跑向并跑、领跑的战略性转变。

（六）坚持把依法发展作为推进气象改革开放的制度保障

改革和法治是两个轮子，完善有利于气象事业发展的法治体系，是气象改革开放和气象现代化建设的制度保障。在新时代继续把气象改革开放推向前进，要毫不动摇地坚持依法发展气象，全面推进气象法治建设服务和服从于依法治国的大局，着力构建保障气象改革发展的法律规范体系，着力提升依法履行气象职责的能力，着力提高依法管理气象事务的水平，在法治的轨道上推进气象改革开放，依靠制度保障气象事业健康发展。

（七）坚持把双重领导以部门为主的管理体制作为推进气象改革开放的体制保障

领导管理体制事关发展全局，是气象服务国家改革开放和社会主义现代化建设的重要保障。在新时代继续把气象改革开放推向前进，需要毫不动摇地坚持气象部门和地方政府双重领导以气象部门为主的现行领导管理体制，不断完善与现行领导管理体制相适应的双重计划体制和相应的财务渠道，不断推进中央与地方事权和支出责任改革，充分调动中央和地方两个积极性，充分发挥政府和市场两个作用，充分用好国际国内两个资源，以这一体制最大优势的充分发挥，在推进气象现代化、服务保障国家重大战略上展现新作为。

（八）坚持把加强干部人才队伍建设作为推进气象改革开放的智力支撑

人才资源是永葆事业发展动力和活力的不竭源泉。在新时代继续把气象改革开放推向前进,要坚持人才优先发展,以符合新时代气象事业发展需要为目标,以激发干事创业活力为根本,努力建设一支忠诚干净担当的气象干部队伍,建设一支结构优化、布局合理、素质优良的气象人才队伍,为气象改革开放、气象现代化建设提供有力的组织保障和人才支撑。

(九)坚持把积极参与全球气象治理作为推动气象改革开放的重要担当

开放合作,道路就会越走越宽广,共建共享,活力就会越来越强盛。在新时代继续把气象改革开放推向前进,要坚持改革不停顿、开放不止步,坚持共建共享共赢的对外开放战略,以国际视野、全球思维,谋求互联互通、合作共赢的气象国际发展前景,大力推进和参与全球监测、全球预报、全球服务、全球创新、全球治理,努力构建全方位、多层次、宽领域的全面开放新格局,利用全球性的资源,形成全球性的能力,展现大国担当,作出大国贡献。

(十)坚持把统筹协调作为推进气象改革开放的基本方法

方法正确才会事半功倍、破浪前行,统筹协调才能形成合力、勇往直前。在新时代继续把气象改革开放推向前进,应坚持问题导向、目标导向、战略导向,加强顶层设计和整体谋划,加强气象服务、业务、科技、管理和保障各领域、各环节统筹协调发展,加强区域统筹协调发展,加强上下不同层级统筹协调发展,既要重视整体推进又要重视重点领域、关键环节的突破,既要注重顶层设计又要注重基层大胆探索,既要敢为人先、敢闯敢试又要积极稳妥、蹄疾步稳,确保气象改革开放行稳致远。

每一次成功,都将意味着新的出发,气象改革开放永无止境、永不停步。以改革开放的眼光看待改革开放,以改革开放的姿态继续走向未来,中国气象事业必将在改革开放的历史进程中拥有更广阔的舞台,现代化气象强国宏伟目标必将在改革开放的历史进程中变成更璀璨的现实。

第二章　气象现代化进展

气象事业是经济建设、国防建设、社会发展和人民生活的基础性公益事业,气象现代化是国家现代化的重要标志之一。我国气象现代化建设从 20 世纪 50 年代即开始起步,经历了起步建设、探索发展、快速发展、全面发展的阶段。2013 年,为贯彻落实《国务院关于加快气象事业发展的若干意见》(国发〔2006〕3 号)到 2020 年全国基本实现气象现代化的战略部署,中国气象局决定全面推进气象现代化,主要任务是建成结构完善、功能先进的气象现代化体系,使我国气象整体实力接近同期世界先进水平。至此,我国气象现代化进入全面发展时期。2018 年,全国气象部门系统谋划新时代气象现代化发展,加强顶层设计,强化统筹协调,聚焦科技创新,气象现代化水平继续保持提升态势,以信息化、智能化为标志的气象现代化取得新进展。

一、2018 年气象现代化概述

2018 年 8 月,中国气象局印发《全面推进气象现代化行动计划(2018—2020 年)》(以下简称《行动计划》),制定了全面推进气象现代化的基本目标,明确了现阶段三大攻坚任务和六大重点任务。全国气象部门认真贯彻落实《行动计划》,以信息化推动气象现代化,进一步提升了气象信息系统集约化程度,开展研究型业务试点,加强了数值预报核心技术研发,加快了智能化应用推广,气象业务科技实力进一步增强,气象现代化发展环境进一步优化。

《全面推进气象现代化行动计划(2018—2020 年)》

2018 年 8 月,中国气象局印发《全面推进气象现代化行动计划(2018—2020 年)》。《行动计划》以习近平新时代中国特色社会主义思想为指导,紧紧围绕 2018 年全国气象局长会议确定的气象现代化第一阶段目标,以发展"智慧气象"(图 2.1)为重点,聚焦"四大体系建设"和"五大全球能力提升",围绕国家战略需求,瞄准国际先进水平,制定了全面推进气象现代化的基本目标,明确了现阶段三大攻坚任务(图 2.2),部署了六方面重点任务。

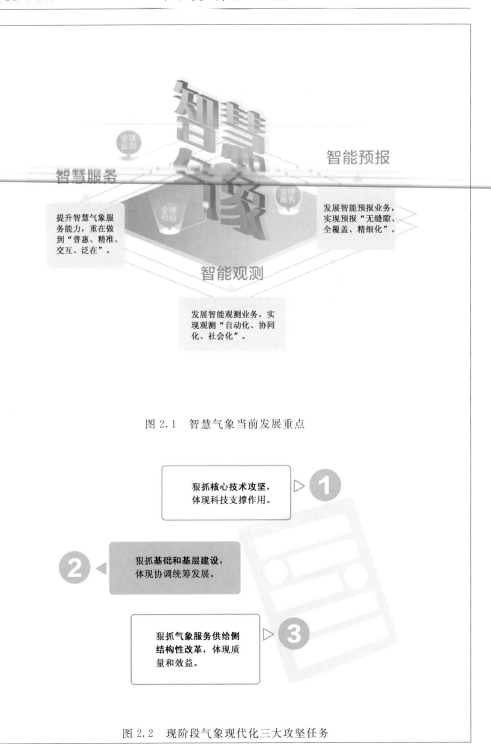

图 2.1　智慧气象当前发展重点

图 2.2　现阶段气象现代化三大攻坚任务

（一）以信息化推动气象现代化，气象信息系统集约化程度明显提高

2018年，中国气象局组织实施了《气象信息系统集约化管理办法》，通过建立全流程监督管控机制，加强气象信息系统的统筹规划、有序建设和集约化运行，强化数据资源的整合共享。一是推进气象大数据云平台建设及其与气象核心业务应用系统融入。通过推进云平台与天气、气候、探测、服务、人工影响天气、政务管理等核心业务应用系统的对接，以满足国家、省级核心业务应用系统数据需求。2018年开展了国家级气象大数据云平台原型系统建设工作，初步完成算法库、加工流水线、大数据存储、服务接口开发，已接入地面、高空、雷达、卫星、数值预报等100多类数据，实现实时交互应用亚秒级响应、历史数据分析秒级服务，并提供决策气象服务信息系统（MESIS）等进行业务试用。二是推进气象资料汇交与共享。制定实施了《2018年全国气象数据资源汇交工作计划》，组织完成两轮历史气象资料汇交和评估及共享共13类162种，其中部门内新增汇交12大类47种气象观测数据，新增收集社会和互联网7大类19种气象观测数据，同时启动了实时汇交流程建设。三是初步构建气象管理信息化框架体系。完成"政务数据中心＋政务管理平台＋管理应用系统整合"的管理信息系统试运行，行政审批平台8项审批事项实现"一网通办"，内外对接推动管理信息化。通过以上措施，"云＋端"业务模式新格局与气象大数据体系逐渐形成，业务平台集约化程度不断提升。

（二）以数值预报核心技术研发应用为重点，研究型业务取得积极进展

全球数值预报业务持续改进。2018年7月1日，全球四维变分同化系统（GRAPES_4DVar）正式业务运行，实现了我国全球数值天气预报同化系统研发里程碑式进展。该系统解决了观测时间剖分、线性化物理过程、内外循环插值、外循环模式轨迹的使用、多次外循环更新、数字滤波弱约束和卫星动态偏差订正等诸多技术问题，与三维变分同化相比，四维变分观测数据使用量增加了50%，风云四号的辐射率资料和云导风资料也在GRAPES同化系统中进行了评估和同化试验，使全球预报动力场和大型雨带预报的稳定性和参考性得以提高，天气预报水平获得全面改进。此外，GRAPES全球集合预报系统（GRAPES_GEPS）于2018年12月26日正式业务运行，回算试验结果表明其预报效果总体优于T639模式全球集合预报。气候系统模式方面，全球高分辨率气候系统模式业务版本初步建立，对东亚地区降水、热带气旋等的模拟能力得以改善。

开展统筹集约的研究型业务布局探索。以技术研发和产品制作向国家和省级集约、产品应用和气象服务向市县级下沉，合理布局各级研究型业务。国家级加强基础科学研究、关键技术研发、基础业务平台建设和覆盖全球的业务产品制作职能。省级重点开展本地需求的业务关键技术研发，参与国家级技术研发和技术系统本地化应用，制作本区域业务产品并指导下级开展业务。市县级视情况开展科技成果的本地

化应用,应用基础数据"一张网"因地制宜开展精细化订正,重点加强气象灾害监测预警服务和决策气象服务,负责各类基础数据的获取,应用基础数据"一张网"重点加强基层气象灾害预警服务和短临业务。湖北、安徽等省气象部门启动研究型业务试点,推进自动观测业务、智能网格预报业务和智慧气象服务业务建设,实施观测、预报、服务全链条衔接贯通及国省市县各级间直连互通、结构扁平的集约化业务流程重构。2018年底,全国部分省份基于B/S架构的气象预报服务业务一体化平台在全省各级气象部门试运行,实现了省、市、县三级业务服务部门的信息集约共享、上下实时协同,为提升当地气象预报准确率和精细化气象服务能力,实现气象预报智能化提供了科技支撑。

(三)以智能化开发应用为标志,气象业务科技实力不断增强

大力发展智能观测,观测自动化和信息化能力不断增强。风云二号H星、三号D星、四号A星和碳卫星投入运行,优化了卫星定标业务模式,完善了在轨定标业务算法,提高了数据预处理质量,其性能达到国际先进或领先水平。往返平漂式组网探空系统区域试验取得阶段性成果,首次获取了试验区平流层高频次气象资料,为后续平流层大气科学研究、观测与预报互动试验、提升GRAPES四维变分预报技巧等提供了有力支撑。"天脸识别"等新型观测装备技术示范应用,降水现象仪雨滴图谱算法不断完善,形成地域化、差异化的降水识别算法。研发了气温、降水多传感器融合系统,以确保地面观测数据连续完整。利用神经网络等算法模型及人工智能学习模型开展了故障在线智能诊断分析,完善优化了故障智能诊断模型、人工智能和大数据预测分析算法等,提高了平台的智能感知能力,实现装备健康动态管理,提升了装备维护维修指导及远程在线维保技术支持能力。

按照《智能网格预报行动计划（2018—2020年）》要求,积极发展精准化、智能型网格预报技术和产品体系,智能网格预报业务技术基础不断夯实。定量降水预报优化了基于金字塔架构的守恒主客观融合定量降水预报（quantitative precipitation forecast,QPF）临近外推滚动更新技术预报技术,使用人工智能技术改进雷达回波外推预报模型,研发了基于GRAPES快速循环系统的"配料法"分类强对流概率预报技术,自2018年6月向全国下发10千米分辨率1天8次滚动更新的逐小时雷暴、短时强降水、雷暴大风和冰雹概率预报产品。水文气象风险预警发展了基于山洪地质灾害的生态风险影响评估技术,初步实现山洪地质灾害向生态领域的延伸,接入了多模式集成$PM_{2.5}$、PM_{10}格点预报,雾、霾、能见度网格预报时效延长至5天逐3小时。气候预测方面,初步建立了全球气候模式驱动区域气候模式的中国气候预测系统,水平分辨率达到30千米;建成了中高纬一极地大气遥相关、副热带高压、季风等东亚重要环流型的预测系统,实现了准业务运行。2018年,延伸期智能网格预报和重要过程预报业务能力建设在部分省份开展了试点。

大力发展智慧服务,通过完善专业气象服务模式,深化部门合作,专业气象服务

的精细化、专业化能力显著提高。优化基于位置服务的分钟级降水产品研发,开展基于 S 波段雷达资料的强对流监测预警专业服务产品研发,开发快速响应的"霾风雨"手机应用,通过知识库模型挖掘指标信息进行人工智能逻辑推理,实现高影响天气、极端灾害天气、热点风险天气等服务热点的智能挖掘、加工及热点提示预警服务,人工智能服务技术研发支撑智能气象服务能力建设作用明显。

(四)以激励气象科技创新为抓手,气象现代化发展环境进一步优化

气象科技创新取得新成果,2018 年国家财政投入科研经费 6.4 亿元,登记和备案科技成果 1700 余项,"台风监测预报系统关键技术",获得了国家科技进步奖二等奖。人才发展环境进一步优化,实施专业技术二级岗、气象教学名师、重大气象业务工程负责人等制度,优化了正高级岗位设置,改进了人才评价机制,实施重点人才工程。开放合作持续扩大,省部合作、部门合作、局校合作、局企合作取得新成效,与中国民航局、香港天文台联建的亚洲航空气象中心正式运行,与世界气象组织签署"一带一路"倡议信托基金协议,成功举办第二届中国—东盟气象合作论坛,完成亚洲区域多灾种预警系统建设,世界气象中心(北京)正式业务运行。实施天气雷达、气象卫星、山洪工程、海洋工程、人工影响天气工程等重大项目,中央基本建设总投资增加 6%。公共财政保障水平提升,中央财政投入增加 4%。台站基础设施与环境进一步改善,基层台站综合改造完成率达 90%。不断补齐各区域各领域弱项和短板,评估结果显示省级气象现代化区域差异较 5 年前明显下降,进一步实现了气象现代化东、中、西部协调发展。

二、2018 年气象现代化进展

(一)国家级气象业务现代化水平稳步提升

国家级气象业务现代化是全国气象现代化的核心与关键,是我国气象技术水平和业务实力提升的重要标志。为通过有效评估推进国家级气象现代化建设,依据《国家级气象业务现代化指标体系和监测评价实施办法》(气发〔2015〕55 号)和中国气象局现代化办公室提供的数据从基础支撑条件、核心技术水平、核心业务能力三个方面(图 2.3)对 2018 年国家级气象业务现代化发展水平进行了评估。

评估结果显示,国家级业务科研单位大力推进气象科技创新,强化核心业务技术水平攻关,推动智慧气象业务发展,气象现代化工作成效显著,气象现代化水平持续稳步提升。2018 年国家级气象业务现代化综合评估得分为 88.7 分(满分 100),较 2017 年提高 6.1 分,较 2014 年第一次评估得分提升了 26.0 分,接近 2020 年综合评分达标值(90 分)(图 2.4)。

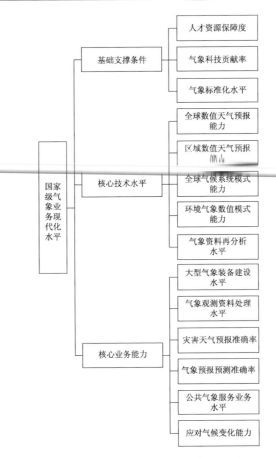

图 2.3　国家级气象业务现代化评价指标体系(一级和二级指标)

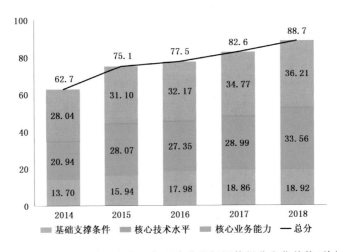

图 2.4　2014—2018 年国家级气象业务现代化指标评估得分变化趋势(单位:分)

从 3 项一级指标分析,表征气象科技、人才、标准化水平等基础支撑条件指标得分为 18.92 分(满分 20),指标完成度^①94.6%,已处于较高水平;表征数值预报模式能力、资料再分析能力的气象核心技术水平指标得分为 33.56 分(满分 40),指标完成度 83.9%,较 2017 年提升 4.57 分和 11.4 个百分点;表征观测、预报、服务和应对气候变化的核心业务能力指标得分为 36.21 分(满分 40),指标完成度 90.5%,较 2017 年提高 1.44 分和 3.6 个百分点(表 2.1,图 2.5)。

表 2.1　2014—2018 年国家级气象业务现代化评估一级指标得分比较

一级指标	满分	2014 年得分	2015 年得分	2016 年得分	2017 年得分	2018 年得分
基础支撑条件	20	13.70	15.94↑	17.98↑	18.86↑	18.92↑
核心技术水平	40	20.94	28.07↑	27.35↓	28.99↑	33.56↑
核心业务能力	40	28.04	31.10↑	32.17↑	34.77↑	36.21↑
总分	100	62.7	75.1↑	77.5↑	82.6↑	88.7↑

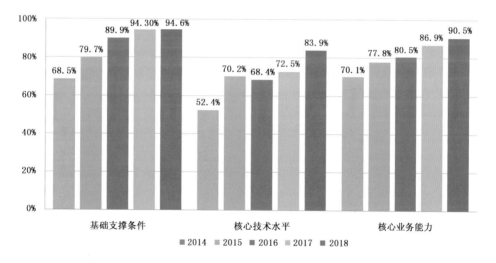

图 2.5　2014—2018 年国家级气象业务现代化评估一级指标完成度

1. 国家级气象业务现代化核心技术水平

GRAPES 全球模式改进升级,全球四维变分同化系统正式业务运行,观测资料同化量增加 50%,其中卫星资料同化量占比率由上年度的 64.5% 提升至 70.3%,使得 GRAPES 全球预报动力场和大型雨带预报的稳定性和参考性得以提高,实现我国全球数值天气预报同化系统里程碑式进展;自主研发并掌握 GRAPES 全球集合预报系统(GRAPES_GEFS)关键技术,GRAPES_GEFS 投入业务运行,性能总体上优于

① 指标完成度为指标当前得分与 2020 年目标值的比值,下同。

T639 全球集合预报,有效助力全球预报业务能力的提升。GRAPES 全球模式北半球区域可用预报天数 7.5 天、东亚区域 7.8 天,较上年明显提升,但与欧洲中期天气预报中心(ECMWF)、美国国家环境预报中心(NCEP)为代表的国际先进水平依然有一定差距(表 2.2)。区域高分辨率模式快速发展,分辨率最高可达 3 千米分辨率,降水预报准确率评分提升至 0.28,使得 2018 年该项指标得分大幅提升,完成度达到 89.6%;联合各区域气象中心推进区域模式发展和关键技术攻关,取得明显进展,华南区域中尺度模式(GRAPES_GZ)3 千米通讯业务准入,其对降水特性及过程演变等精细化特征预报优于 ECMWF 模式。气候模式预报能力方面,初步建立了全球高分辨率气候系统模式业务版本,改善了模式对东亚地区降水、热带气旋等的模拟能力。环境气象数值预报模式可用性达到 5 天,已达到 2020 年目标值,城市环境气象数值模式已具备运行 3 千米分辨率的能力(图 2.6)。

表 2.2　各主要预报模式 2015—2018 年北半球及东亚地区可用预报天数对比(全年平均)

区域	ECMWF				NCEP				GRAPES_GFS			
	2015	2016	2017	2018	2015	2016	2017	2018	2015	2016	2017	2018
北半球	8.7	8.8	8.6	8.9	8.3	8.2	8.1	8.5	6.6	7.4	7.2	7.5
东亚	8.7	8.8	8.7	9.4	8.3	8.1	8.4	8.7	6.4	7.4	7.4	7.8

数据来源:中国气象局数值预报中心。

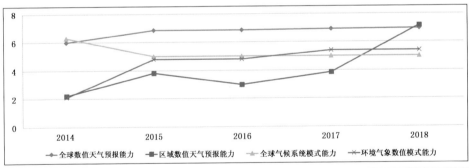

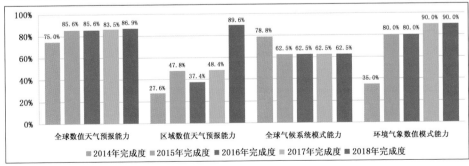

图 2.6　数值预报模式能力指标得分(单位:分)与指标完成度

气象资料再分析技术不断完善,优化了多来源观测资料整合与重处理技术,形成了更加完整的全球陆地、高空、海洋、风廓线定时值数据集,自主研发的常规观测资料统计分析、偏差订正和均一化技术取得较好应用效果,多源融合实况分析产品有力支撑智能网格预报业务。2018年,气象资料再分析水平指标得分 9.04 分,指标完成度 90.4%,较上年提升 12.2 个百分点(图 2.7)。

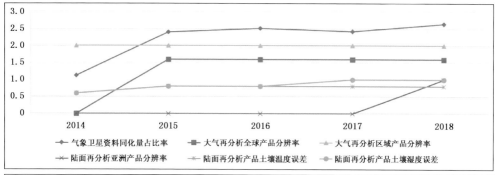

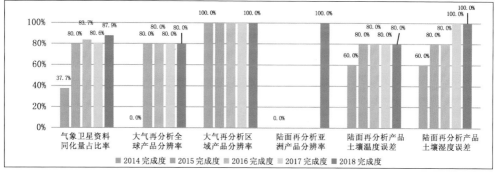

图 2.7 气象资料再分析水平指标得分(单位:分)与指标完成度

2.国家级气象业务现代化核心业务能力

(1)综合气象观测与高性能计算能力

多颗气象卫星在 2018 年投入了业务应用,其中风云四号 A 星实现了对我国及周边地区每 5 分钟一次的高时效多光谱观测,极轨气象卫星(风云三号 D 星)实现了高光谱和微波组合探测,风云二号 H 星肩负起为"一带一路"沿线国家以及亚太空间合作组织成员国提供气象监测服务的重任,碳卫星使我国成为继美国、日本之后第三个可以提供碳卫星数据的国家。天气雷达观测、质控与应用关键技术研发取得进展,天气雷达观测水平持续提升,其中定量降水估测准确率 76%,相位噪声定标精度 S 波段为 0.15°、C 波段为 0.3°,平均业务可用性 99.18%。地空天综合气象立体观测网基本形成,观测在重大保障、模式发展、资料再分析和数据综合应用等方面的效益日益显著。高性能计算方面,新一代"派—曙光"高性能计算机部署到位,计算能力达到 9PFlops,有力支撑全球数值预报模式再升级。2018 年大型气象装备建设水平指标得分 6.06 分,指标完成度达到 86.61%,较上年提升了 11 个百分点(图 2.8)。

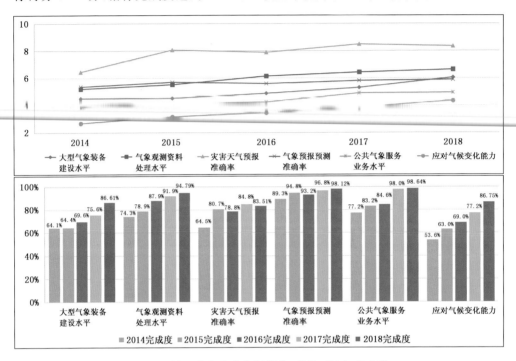

图 2.8　核心业务能力指标得分(单位:分)与完成度

(2)观测资料处理与气象信息集约化

气象观测资料处理水平指标得分 6.64,指标完成度达 94.79%。实时气象观测资料可用率 99.47%,其中自动气象站资料可用率 99.99%、区域自动气象站资料可用率 98.62%、雷达资料可用率 99.28%,都较上年有明显提升,探空资料可用率保持 100%。常规观测资料质量控制覆盖率达 98%,较上年提高 3 个百分点。气象资料在线管理服务率方面,29 类观测数据中开展在线管理服务的观测数据种类为 27 类,部分卫星观测数据也开展在线管理服务,气象资料在线管理服务率为 95%。2018 年通过开展大数据云平台核心能力建设,建立气象特色的大数据存储系统,气象信息集约化程度为 72.9%,较上年大幅提升 35.3 个百分点,其中国家级基础信息资源集约化程度 59.1%,数据资源集约化程度 86.9%(图 2.8)。

(3)气象预报预测准确率

积极发展精准化、智能型网格预报技术和产品体系,不断夯实智能网格预报业务技术的基础,天气预报正在实现由传统站点预报向格点预报转变。气象预报预测准确率持续保持高位运行,指标得分 5.89,完成度 98.12%,基本达到 2020 年现代化目标。全国 24 小时晴雨预报准确率达 85.9%,台风路径 24 小时预报误差缩小到 72 千米,强度预报误差 3.7m/s,保持世界领先水平;预报 24 小时和 48 小时暴雨预报 TS 评分分别为 0.189 和 0.154,相对于 EC 模式分别提高 23.5% 和 31.6%,保持较高准确率;气候预测效果良好,汛期降水预测评分 77 分、气温预测评分 95 分,均创历史新高,月气温和月降水预测平均分分别为 81.1 和 69.4 分,较常年同期大幅提高(图 2.8)。

(4)公共气象服务业务水平

气象防灾减灾救灾效益明显提高,气象服务领域不断拓展,为保障生态文明建设、城市安全、服务"三农"和脱贫攻坚、区域协调发展等发挥了重要作用,气象服务取得显著经济社会效益,公共气象服务业务水平指标完成度 98.64%。2018 年,预警信息社会公众覆盖率达到 86.4%,公众气象服务满意度 90.8 分,气象服务数据精细化水平为 1 千米,气象科学知识普及率 77.76%(图 2.8)。

(5)应对气候变化能力

应对气候变化能力指标得分 4.34,完成度 86.75%,较上年提升 9.6 个百分点。其中,全球气候变化监测水平方面,全球均一性检验站点覆盖率 73.9%,世界气象组织(WMO)12492 个站点中,开展气温资料均一性检验的站点 9520 个,开展降水资料均一性检验的站点 8934 个,较上年增加 749 个;全球气候变量监测率 45.1%,较上年提升 2 个百分点。气象灾害风险管理业务能力 2018 年提升至 85 分。其中暴雨洪涝灾害风险普查率 100%、致灾临界阈值完整率 91%、气象灾害风险区划完成率 93.9%,气象灾害风险区划在 30 个部委和行业得到应用。人工增雨作业条件识别准确率方面,2018 年实现对适合人工增雨条件的云系识别正确率达 68%,较上年提升 5 个百分点(图 2.8)。

3.国家级气象业务现代化基础支撑条件

通过积极实施重点人才工程项目,扎实推进气象科技骨干和青年人才队伍建设,不断提升人才队伍素质水平。人才资源保障度评分 81.64 分(其中人才总体素质程度 34.57 分、高层次人才队伍建设水平 47.07 分),较上年有所提升,该项指标完成度已达 90.7%(图 2.9)。

气象科技贡献率水平为 87.4%,较上年提升 0.5 个百分点。指标完成度已达 100%。其中,科技成果达 38 项,SCI/EI 论文 246 篇,科技奖励国家级一等奖 1 项、二等奖 3 项,省部级一等奖 3 项、二等奖 6 项,发明专利 2 项,实用新型专利 22 项,软件著作权 54 项,国家和部门重点实验室、成果转化中试基地等科研合作平台 25 个。

国家级业务科研单位气象标准化水平指标完成度 91.5%。国家级业科研务单位累计组织修订国标 124 项、行标 235 项。气象标准应用率达到 74.72%,较上年提升 1 个百分点。

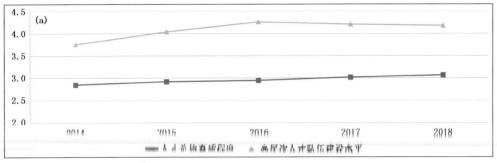

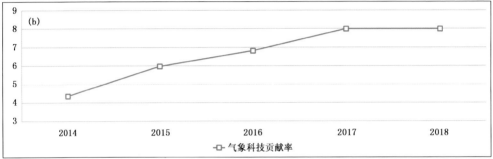

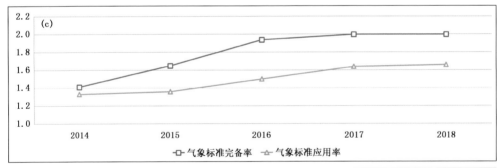

图 2.9 基础支撑条件相关指标得分(单位:分)(a、b、c)与完成度(d)

（二）全国各省气象现代化整体水平提升明显

省级气象现代化着眼于促进全国气象事业全面、协调、可持续发展。依据《省级气象现代化指标体系和评价实施办法》（气发〔2015〕55 号）和中国气象局现代化办公室提供的数据，从防灾减灾能力、预报预警能力、装备技术水平、气象服务能力、保障支撑水平和社会评价六个方面（图 2.10）对 2018 年省级气象现代化发展水平进行了评估。

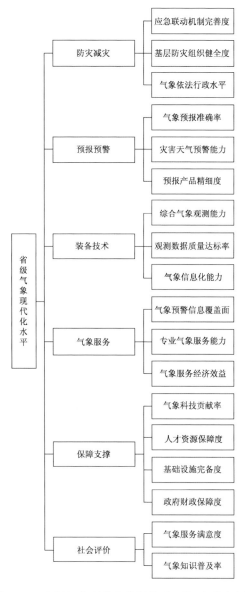

图 2.10 省级气象现代化指标体系（到二级指标层）

评估结果显示,各省(区、市)气象部门坚持趋利避害并举,着力服务保障国家重大战略和地方经济社会发展,全面推进气象现代化取得了良好进展。全国省级气象现代化水平平均达到 96.4 分,省级气象现代化总体水平达到气象现代化阶段性目标。2018 年全国省级气象现代化评估平均得分较 2017 年提高 1.3 分,2014 年以来全国省级气象现代化水平年均增长率达到 5.0%。

1.省级气象现代化平均水平较上年提高 1.4%

2018 年全国省级气象现代化水平平均达到 96.4 分,较 2017 年提高 1.3 分(1.4%),较 2014 年提高 17.2 分(21.7%)(图 2.11)。5 年来,6 项一级指标得分均有所提高,全国省级气象现代化各项工作取得明显进步。

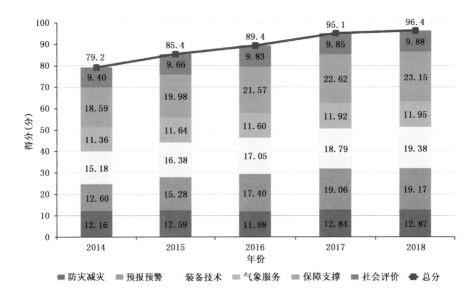

图 2.11　2014—2018 年省级气象现代化总分和一级指标得分

(全国平均。全国平均为 31 个省平均得分,下同)

从一级指标的完成度来看,2018 年防灾减灾、预报预警、装备技术、气象服务、保障支撑、社会评价 6 项一级指标的完成度均达到 90% 以上(图 2.12),分别较 2017 年增长 0.23、0.55、2.95、0.25、2.12、0.30 个百分点,较 2014 年增长 5.46、33.00、21.00、4.91、18.24、4.80 个百分点。全国省级气象现代化二级指标中,有 16.7% 的指标完成度达到 100%,分别为应急联动机制完善度、专业气象服务能力、气象服务满意度;有 61.1% 的指标完成度达到 95%~100%;有 16.7% 的指标完成度达到 90%~95%;有 5.5% 的指标完成度为 80%~90%。

2018 年省级气象现代化水平较 2017 年的进步主要体现在装备技术和保障支撑上,完成度均增长 2 个百分点以上,其他 4 项一级指标完成度增长不到 0.5 个百分点;与 2014 年相比进步最大的是预报预警,完成度增长了 30 个百分点以上,体现了全面推进气象现代化以来,全国现代气象业务体系建设卓有成效,气象灾害监测预报预警能力大幅增强。此外,由于在 2017 年各项一级指标的完成度均已达到 90% 以上,2018 年各项一级指标的年度增长率和前几年相比呈现减缓趋势。

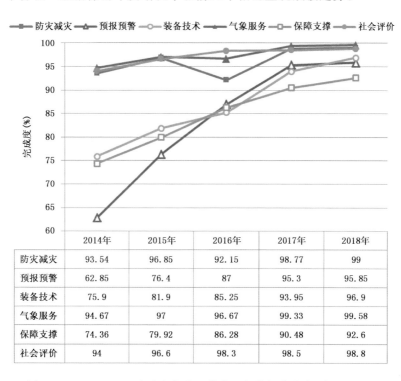

	2014年	2015年	2016年	2017年	2018年
防灾减灾	93.54	96.85	92.15	98.77	99
预报预警	62.85	76.4	87	95.3	95.85
装备技术	75.9	81.9	85.25	93.95	96.9
气象服务	94.67	97	96.67	99.33	99.58
保障支撑	74.36	79.92	86.28	90.48	92.6
社会评价	94	96.6	98.3	98.5	98.8

图 2.12 2014—2018 年省级气象现代化一级指标完成度(全国平均)

气象防灾减灾能力。防灾减灾指标评估各地气象部门应急联动机制的完善程度、基层气象防灾组织体系健全程度以及气象依法行政水平。2018 年气象防灾减灾指标全国平均得分 12.87 分,完成度达到 99.0%,较 2017 年提高 0.2 个百分点,较 2014 年提高 5.5 个百分点。该项指标完成情况各省(区、市)差别很小,均达到 94% 以上(图 2.13),其中有 17 个省(区、市)的气象防灾减灾能力完成度达到 100%。该项指标评估结果体现了五年来基层气象防灾减灾组织体系和气象依法行政的水平日趋完善,反映了近些年来全国气象部门推进“党委领导、政府主导、部门联动、社会参与”的气象防灾减灾机制建设取得显著成效。

气象预报预警能力。预报预警指标通过考察气象预报准确率、灾害天气预警能力和预报产品精细度来综合评估气象预报预测业务水平和推进精细化格点预报的发展水平。2018 年气象预报预警指标全国平均得分 19.17 分,完成度达到 95.9%,较 2017 年提高 0.5 个百分点,较 2014 年提高 33.0 个百分点。体现了五年来,全国 24

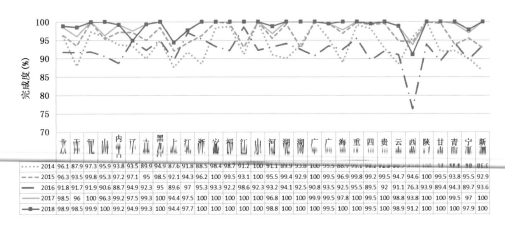

	北京	天津	河北	山西	内蒙古	辽宁	吉林	黑龙江	上海	江苏	浙江	安徽	福建	江西	山东	河南	湖北	湖南	广东	广西	海南	重庆	四川	贵州	云南	西藏	陕西	甘肃	青海	宁夏	新疆
2014	96.1	87.9	97.3	95.9	93.8	93.5	89.9	94.9	87.6	91.8	88.5	98.4	98.7	91.2	100	91.1	89.9	93.6	100	95.5	88.9	99.1							90	95.5	
2015	96.3	93.8	99.8	95.3	57	78.6	57	91	98.5	92.3	93.3																				
2016	91.8	91.7	91.9	90.6	88.7	94.9	92.3	95	89.6	97	95.3	93.3	92.2	98.6	92.3	93.2	94.1	92.5	92.8	93.5	92.5	95.5	89.5	92	91.1	76.3	93.9	89.4	94.3	89.7	93.6
2017	98.5	96	100	96.3	99.2	97.5	100	94.4	97.5	100								99.9		99.5	97.8									97	100
2018	98.9	98.5	99.9	100	99.2	94.9	99.3	100	94.4	97.7	100						99.5	100	99.5	98.9	99.2	100				98.9	91.2	100		97.9	100

图 2.13　2014—2018 年各省(区、市)防灾减灾指标完成度

小时降水和气温预报能力、月降水和月气温预测能力、灾害性天气预警能力、精细化气象格点预报水平均取得明显进展,中国气象局以"信息化、集约化、标准化"的理念和方式部署推进气象业务现代化取得了明显成效。气象预报预警能力受年景影响较大,2018 年 6 个省(区、市)气象预报预警能力完成度达到 100%,除了三个省(区、市)以外其他各地均达到 90% 以上(图 2.14)。

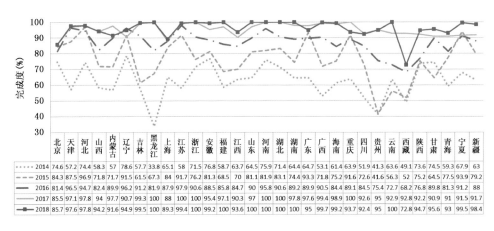

	北京	天津	河北	山西	内蒙古	辽宁	吉林	黑龙江	上海	江苏	浙江	安徽	福建	江西	山东	河南	湖北	湖南	广东	广西	海南	重庆	四川	贵州	云南	西藏	陕西	甘肃	青海	宁夏	新疆
2014	74.6	57.2	74.4	53.1	57	78.6	57	33.8	65.1	71.5	76.8	71.5	68.5	71.5	64.5	79	71.4	64.5	59	61.4	63.9	61	59.9	63.6	63.6	73.6	74.4	59.3	67	63	
2015	84.3	87.5	96.9	71.8	71.7	91.6	61.5	67.3	84	91.7	76.2	81.3	68.5	70	81.1	81.9	81.3	74.4	93.3	71.8	75.2	91.6	72.6	41.6	56.3	52	75.2	64.5	77.5	93.9	79.2
2016	81.4	96.5	94.7	82.4	89.9	96.2	91.2	81.9	87.9	97.9	90.6	88.5	85.8	84.7	90	95.8	90.6	89.2	93.9	90.5	84.4	89.1	84.5	75.4	72.7	68.2	76.8	89.8	81.3	91.2	88
2017	85.5	97.1	97.8	94	97.7	90.7	99.3	100	88	100	100	95.4	97.1	90.3	97	100	97.8	97.6	99.4	98.9		92.6	95	92.9	92.8	92.2	90.9	91	91.5	91.7	
2018	85.7	97.6	97.8	94.2	91.6	94.9	99.5	100	89.3	99.4	100	99.2	93.6	93	95	99.7	99.2	93.7	92.4	95	100	72.8	94.7	95.6	93	99.5	98.4				

图 2.14　2014—2018 年各省(区、市)预报预警指标完成度

气象装备技术水平。装备技术指标评估各地的综合气象观测能力、观测数据质量达标率以及气象信息化能力。2018 年气象装备技术指标全国平均得分 19.38 分,完成度达到 96.9%,较 2017 年提高 3.0 个百分点,较 2014 年提高 21.0 个百分点。各省(区、市)装备技术指标完成度区域差别较小,除了西藏外均在 92% 以上,4 个省(区、市)达到 100%(图 2.15)。该项指标评估结果,反映了五年来强化全国气象部门

综合气象观测能力、数据质量控制以及气象信息化能力建设，取得了较大成效。

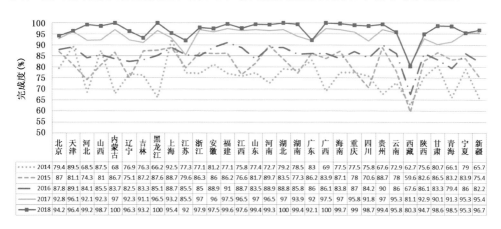

	北京	天津	河北	山西	内蒙古	辽宁	吉林	黑龙江	上海	江苏	浙江	安徽	福建	江西	山东	河南	湖北	湖南	广东	广西	海南	重庆	四川	贵州	云南	西藏	陕西	甘肃	青海	宁夏	新疆
2014	79.4	89.5	68.5	87.5	68	76.9	76.3	66.2	92.5	77.1	81.2	77.1	75.8	77.4	72.7	79.2	78.5	69	77.5	77.5	66.2	72.9	62.7	75.6	80.7	66.1	79	65.7
2015	87	81.1	74.3	81	86.7	75.1	87.2	87.6	88.7	79.6	86.3	86	86.2	76.6	81.7	89.7	83.5	77.3	86.2	83.9	87.1	78	70.6	88.7	78	59.6	82.6	86.5	83.2	83.9	75.4
2016	87.8	89.1	84.1	85.5	83.7	82.5	83.3	85.1	88.7	85.5	85	88.9	91	88.7	83.5	88.9	88.8	85.8	86	86.1	83.8	87	84.2	90	86	67.6	86.1	83.3	79.4	86	82.2
2017	92.8	96.1	92.1	92.3	97	92.3	91.1	96.5	93.7	85.5	97	96	97.5	96.5	97	96.5	97	93.9	92	97.5	97	95.8	91.8	97	95.3	81.1	92.9	90.1	91.3	95.3	95.4
2018	94.2	96.4	99.2	98.7	100	96.3	93.2	100	95.4	92	97.9	97.5	99.6	97.6	99.4	99.3	100	99.4	92.1	100	99.7	99	98.7	99.4	95.8	80.3	94.7	98.6	98.5	95.3	96.7

图 2.15　2014—2018 年各省（区、市）装备技术指标完成度

公共气象服务效益。气象服务指标评估各地的公共气象服务均等化程度、专业气象服务成熟度以及气象服务经济效益。2018 年气象服务指标全国平均得分 11.95 分，完成度达到 99.6％，较 2017 年提高 0.3 个百分点，较 2014 年提高 4.9 个百分点。各省（区、市）气象服务指标完成度差别很小，均达到 94％以上，其中 23 个省（区、市）达到 100％（图 2.16）。该项指标评估结果反映了省级公共气象服务能力成绩突出，体现了各级气象部门认真履行监测预报预警信息发布及应急联动响应职责，及时为各级党委政府提供决策气象服务，为公众和各行各业提供气象灾害预报预警服务，为经济社会发展提供了有力保障。

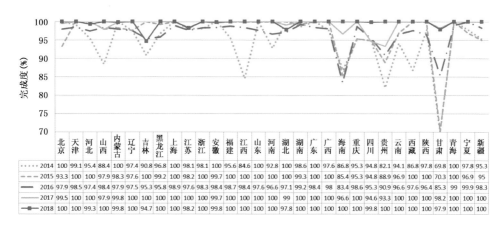

	北京	天津	河北	山西	内蒙古	辽宁	吉林	黑龙江	上海	江苏	浙江	安徽	福建	江西	山东	河南	湖北	湖南	广东	广西	海南	重庆	四川	贵州	云南	西藏	陕西	甘肃	青海	宁夏	新疆
2014	100	99.1	95.4	88.4	100	97.4	90.8	96.8	100	98.1	98.1	100	95.6	84.6	100	92.8	100	98.9	100	97.6	85.4	95.3	94.8	82.1	94.1	86.8	97.8	69.8	100	97.8	95.3
2015	93.3	100	98.4	97.9	98.3	97.6	100	99.2	100	98.2	100	99.7	100	100	100	99.5	100	100	100	97.6	85.4	95.3	98.2	100	100	70.3	100	96.9	95
2016	97.9	98.5	97.4	98.4	97.9	97.6	95.3	95.8	99.6	97.6	98.3	98.4	98.7	94.7	96.6	97.1	99.2	98.4	95	83.4	98.6	96.5	90.9	96.6	97.6	96.4	85.3	99	99.9	98.3
2017	99.5	100	97.9	99.8	100	100	100	100	100	100	100	100	100	99.7	100	99	100	100	100	96.6	100	94.6	93.3	100	98.2	100	100
2018	100	100	99.3	100	99.8	100	94.7	100	98.2	100	100	99.8	100	100	100	97.8	100	100	100	99.8	100	100	97.9	100	100	100

图 2.16　2014—2018 年各省（区、市）气象服务指标完成度

气象保障支撑能力。保障支撑指标通过评估各地科技、人才、基础设施以及财政保障水平，判断各地气象事业可持续发展水平和协调发展水平。2018 年气象保障支撑指标全国平均得分 23.15 分，完成度达到 92.6%，较 2017 年提高 2.1 个百分点，较 2014 年提高 18.2 个百分点。2018 全国气象事业保障支撑能力较 5 年前有一定提升，但可持续发展和协调发展水平仍存在明显的区域差异，东部地区普遍保障支撑能力较高，而中、西部地区相对较低。2018 年有 24 个省（区、市）完成度达到 90% 以上，6 个省（区）在 80% 到 90% 之间，1 个省（区）未达到 80%（图 2.17）。

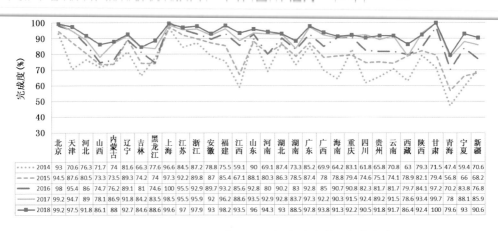

	北京	天津	河北	山西	内蒙古	辽宁	吉林	黑龙江	上海	江苏	浙江	安徽	福建	江西	山东	河南	湖北	湖南	广东	广西	海南	重庆	四川	贵州	云南	西藏	陕西	甘肃	青海	宁夏	新疆
2014	93	70.6	76.3	71.7		81.6	66.3	77.6	96.6	84.5	87.2	78.8	75.5	59.1	90	69.1	87.4	73.3	85.2	69.9	64.2	83.1	61.8	65.8	70.8	63	79.3	71.5	47.4	59.4	70.6
2015	94.5	87.6	80.5	73.3	73.5	89.3	74.2	74	97.3	92.2	89.8	87	85.4	67.1	88.1	80.3	86.3	78.5	87.4	78	78.8	79.4	74.6	75.1	74.1	78.9	82.1	79.4	56.8	66	68.2
2016	98	95.4	86	74.7	76.2	89.1	81	74.6	100	95.5	92.9	89.7	93.2	85.6	92.8	80	83	82.3	81.7	79.7	84.1	97.2	70.2	83.8	76.8						
2017	99.2	94.7	89	78.1	86.9	91.8	84.2	83.5	98.5	95.5	95.9	92	96.2	88.6	93.5	92.9	92.8	83.7	97.3	92.2	94.3	89.2	91.5	78.6	93.4	99.7	78	88.1	85.9		
2018	99.2	97.5	91.8	86.1	88	92.7	84.6	88.6	99.6	97	93	98.2	93.5	96	94.3	88.5	97.8	93.8	91.3	92.2	90.5	91.8	91.7	86.4	92.4	100	79.6	90	90.6		

图 2.17　2014—2018 年各省（区、市）保障支撑指标完成度

气象服务社会评价。社会评价指标通过对城乡居民抽样调查，评估公众对气象服务的满意程度和气象知识普及程度。2018 年气象社会评价指标全国平均得分 9.88 分，完成度达到 98.8%，较 2017 年提高 0.3%，较 2014 年提高 4.8%。各省（区、市）社会评价指标完成度差别很小，均为 96% 以上，其中 10 个省（区）完成度达到 100%（图 2.18）。该项指标评估结果反映了五年来气象事业社会评价稳步发展，各地气象工作得到了公众的普遍认可，气象科学普及也取得了很好的成效。

2. 多数省级气象现代化水平较上年有所提高

31 个省（区、市）气象局中有 26 个省（占比 83.9%）的气象现代化评估得分较 2017 年有所提高，进步最大的为山西（提高 4.1 分）。有 5 个省（占比 16.1%）较 2017 年得分有所下降，分别为内蒙古、吉林、广东、重庆和西藏[①]（图 2.19）。其中内蒙古、广东、重庆 3 省（区、市）得分降低，主要是由于灾害天气预警能力指标年度波动较大，2018 年此项二级指标评分降低。西藏主要是由于天气预报准确率和灾害天气预警能力指标得分下降较多。吉林主要是受气象灾害国内生产总值（GDP）影响率指标影响，该指标评估吉林省春季大风沙尘、夏季暴雨等气象灾害导致经济损失严

---

① 排名不分先后，下同。

重,指标评分降低较多。

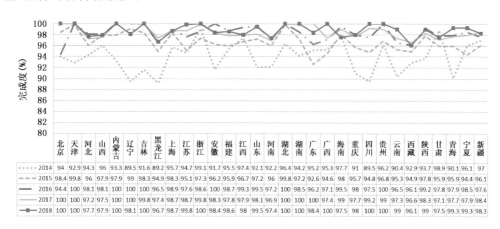

	北京	天津	河北	山西	内蒙古	辽宁	吉林	黑龙江	上海	江苏	浙江	安徽	福建	江西	山东	河南	湖北	湖南	广东	广西	海南	重庆	四川	贵州	云南	西藏	陕西	甘肃	青海	宁夏	新疆
2014	94	92.9	94.3	96	93.3	89.5	91.6	89.2	95.7	94.7	91.7	95.9	91.7	95.9	94.2	91.2	92.2	96.4	92.5	95.2	93.7	93.9	92	90.4	93.7	93.9	90.1	96.1			97
2015	98.4	98	96	97.9	97.9	99	98.3	94.9	98.3	95.1	97.3	96.2	95.9	96.7	97.2	96	99.8	97.2	92.6	94.6	98	95.7	94.8	96.8	95.3	94.9	97.8	95.9	95.9	94.4	96.1
2016	94.4	100	98.1	98.1	100	100	98.3	96.5	98	97.6	98.6	100	98.7	99.3	99.5	97.2	100	98.5	96.2	97.1	99.5	98	97.5	100	96.5	96.1	99.2	97.8	97.9	98.5	97.6
2017	100	100	97.2	97.5	100	100	99.8	97.4	98.7	98.7	99.8	98.3	97.9	98.1	96.9	100	100	100	97.7	99.2	97	96.6	98.3	97.7	97.9	98.4					
2018	100	100	99.7	97.9	98.1	99	96.7	98.7	99.8	98.4	98.6	98	99.5	97.4	100	98.4	99.6	96.1	99	97.5	99.3	99.3	98.3								

图 2.18 2014—2018 年各省(区、市)社会评价指标完成度

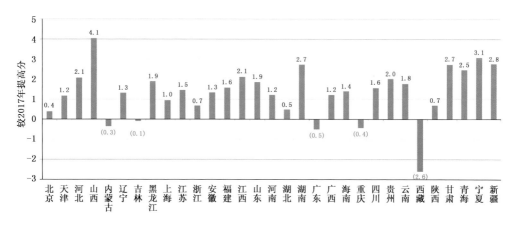

图 2.19 2018 年各省(区、市)气象现代化得分较 2017 年提高情况分布

3.省级气象现代化区域差异较 5 年前明显缩小

有 27 个省(占比 87.1%)的气象现代化得分达到 95 分以上,有 3 个省(占比 9.7%)气象现代化得分为 90～95 分,有 1 个省(占比 3.2%)气象现代化得分在 90 分以下。2014 年以来,全国省级气象现代化区域差异呈缩小趋势,各省(区、市)气象现代化水平得分离散度从 2014 年的 5.3 下降到 2018 年的 2.4(图 2.20)。2018 年离散度较 2017 年略有回升。

具体来看:

(1)全国情况。有 20 个省(区、市)(占比 64.5%)气象现代化得分高于全国平均水平,分别为天津、河北、江苏、浙江、福建、山东、广东、海南、黑龙江、安徽、江西、河

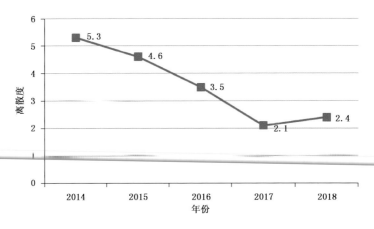

图 2.20 2014—2018 年省级气象现代化得分离散度

南、湖北、湖南、广西、贵州、云南、甘肃、宁夏、新疆，其他 11 个省（区、市）（占比
35.5%）气象现代化得分低于全国平均水平。

（2）东部地区。东部地区气象现代化平均得分为 97.3 分，天津、浙江、福建、山
东、海南 5 个省（市）得分高于东部地区平均，其他 6 省（市）得分略低于东部地区
平均。

（3）中部地区。中部地区气象现代化平均得分为 96.6 分，黑龙江、安徽、河南、湖
北、湖南 5 省得分高于中部地区平均，其他 3 省得分低于中部地区平均。

（4）西部地区。西部地区平均得分为 95.5 分，广西、重庆、四川、贵州、云南、陕
西、甘肃、宁夏、新疆 9 个省（区、市）得分高于西部地区平均，其他 3 省（区）得分低
于西部地区平均。

4. 80.0%的省级三级指标完成度达到 95%以上

全国 80.0%的省级气象现代化三级指标完成度达到 95%以上。其中，有
35.0%的指标完成度达到 100%，分别为气象灾害应急预案完备率、气象应急联动部
门衔接率、联动部门防灾减灾信息双向共享率、乡镇（街道）气象协理员配置到位率、
村（社区）气象信息员配置到位率、24 小时晴雨预报准确率、月气温预测准确率、观测
装备业务可用性、区域自动站数据省内到达时间、雷达数据省内到达时间、气象预警
信息社会单元覆盖率、气象预警信息广电媒体覆盖面、专业气象服务成熟度、气象服
务公众满意度；有 45.0%的指标完成度达到 95%以上；有 15.0%的指标完成度达到
90%～95%；有 5.0%的指标完成度在 90%以下，分别为高层次人才队伍建设水平
（80.6%）和地方中央财政支撑匹配度（70.0%）。

此外，2018 年省级气象现代化评估中，有 3 项三级指标进步明显，分别是观测数
据质量控制覆盖率、气象信息集约化程度、基层气象机构基础设施达标率，指标实际

值分别较 2017 年提高 6.75、12.96、6.93 个百分点。体现出 2018 年在中国气象局总体部署下,各省(区、市)气象局在数据质量控制业务建设、气象信息化集约化建设以及基层台站建设上取得明显进展。有 4 项三级指标得分较 2017 年降低,分别为基层气象防灾减灾工作机构健全率、24 小时晴雨预报准确率、24 小时气温预报准确率、气象观测数据可用率,降低幅度都在 0.3% 以内,在正常年度波动范围之内。

(三)"十三五"重大工程建设有序推进

1.重大工程总体落实情况

按照"十三五"时期国家经济社会发展对气象保障服务的需求,《气象发展"十三五"规划》以提高防灾减灾能力、应对气候变化能力等为重点,紧密围绕科教兴国、人才强国、创新驱动发展、乡村振兴、区域协调发展、可持续发展,提出了气象防灾减灾预报预警工程、气象科技创新工程、气象信息化系统工程、海洋气象综合保障工程、气象卫星探测工程、气象雷达探测工程、人工影响天气能力建设工程、现代气象服务能力建设项目、基层气象防灾减灾能力建设项目、生态文明建设气象保障项目、应对气候变化科技支撑能力建设项目、粮食生产气象保障能力建设项目、气象综合观测设备设施建设工程、区域协调发展气象保障能力建设项目(京津冀、长江经济带、丝绸之路等)、基层台站基础设施建设项目、山洪地质灾害防治气象保障工程、国家突发事件预警发布能力提升工程、国家气象保障工程、军民兼用空间天气监测预警体系建设、人工影响天气等 20 项全局性重点工程。

2018 年,气象部门实际开展了海洋气象综合保障工程、气象卫星探测工程、气象雷达探测工程、人工影响天气能力建设工程、区域协调发展气象保障能力建设项目、基层台站基础设施建设项目、山洪地质灾害防治气象保障工程等 7 项重点工程。其中气象卫星探测工程、气象雷达探测工程和山洪地质灾害防治气象保障工程 3 项延续性工程得到持续投入,山洪地质灾害防治气象保障工程在国家规划带动下连续得到大量资金投入成为"十三五"时期除卫星、雷达外最主要的建设资金来源,基层台站基础设施建设项目成为基层台站建设的重要持续性资金来源。海洋气象综合保障工程、人工影响天气能力建设工程、区域协调发展气象保障能力建设项目按照有关规划部署有序进行,已落实海洋气象综合保障工程(一期)、西北区域人工影响天气能力建设工程、京津冀交通一体化安全气象保畅服务工程(一期)、长江黄金水道及近海航运交通气象服务系统建设项目、丝绸之路经济带西北五省区公路交通和风能太阳能气象保障服务工程等实际项目的立项和投资(表 2.3)。

截至 2018 年 6 月底,累计投入规划重点工程建设的中央固定资产投资达到 75 亿元。中央资金近七成投向省级及以下基层气象业务能力建设,近五成的资金投向中部和西部地区,调动了地方政府参与气象工程建设的积极性,推进了地方气象事业尤其基层气象事业发展,进一步促进了气象区域协调发展。

表 2.3　"十三五"期间重点工程项目落实情况表

序号	重点工程项目	进展情况	"十三五"下达基本建设资金（万元）
1	气象防灾减灾预报预警工程	—	财政专项经费
2	气象科技创新工程	—	科技经费
3	气象信息化系统工程	立项前期	—
4	海洋气象综合保障工程	一期建设中，其他立项前期	20000
5	气象卫星探测工程	建设中	48262
6	气象雷达探测工程	建设中	102190
7	人工影响天气能力建设工程	西北建设中，其他区域立项前期	26000
8	现代气象服务能力建设项目	—	财政专项经费
9	基层气象防灾减灾能力建设项目	—	财政专项经费
10	生态文明建设气象保障项目	规划编制	—
11	应对气候变化科技支撑能力建设项目	—	财政专项经费（2016 年十二五项目"气候变化应对决策支撑系统工程"收尾 21963 万元）
12	粮食生产气象保障能力建设项目	纳入生态气象规划	—
13	气象综合观测设备设施建设工程	纳入山洪等工程	—
14	区域协调发展气象保障能力建设项目（京津冀、长江经济带、丝绸之路等）	建设中	7107
15	基层台站基础设施建设项目	建设中	150000
16	山洪地质灾害防治气象保障工程	建设中	324249
17	国家突发事件预警发布能力提升工程	立项前期	
18	国家气象保障工程	立项前期	
19	军民兼用空间天气监测预警体系建设	立项前期	
20	人工影响天气工程	立项前期	

2. 2018 年气象重大工程建设进展

（1）海洋气象综合保障工程

"海洋气象综合保障一期工程"已经国家发展改革委核定概算 3.7 亿元，2018 年 6 月中国气象局批复初步设计。已下达中央预算内基本建设项目投资 2 亿元，主要用于建设海洋气象观测、装备保障系统，开发海洋气象预报预警系统和公共服务系统，升级改造海洋气象通信支撑系统等，将完成 239 个海基自动气象站设备更新，新建 25 个石油平台自动气象站等任务。依据《海洋气象发展规划(2016—2017)》,按照国家海洋发展战略以及中国气象局气象发展战略,围绕到 2025 年,逐步建成布局合理、规模适当、功能齐全的海洋气象业务体系,实现近海公共服务全覆盖、远海监测预警全天候、远洋气象保障能力显著提升的总目标,凝练出六大任务,2018 年正在开展海洋二期工程可研设计工作。

(2)气象卫星探测工程

"十三五"以来,中国气象局持续开展气象卫星工程建设,项目总投资 156 亿元。主要用于推进风云三号、四号系列卫星系统建设及业务应用,发展晨昏轨道卫星、降水测量雷达卫星以及静止轨道微波探测卫星,实现多星组网观测业务格局;统筹建设卫星地面接收站网,完善遥感卫星地面辐射校正场与真实性检验系统;发展卫星应用技术,建立卫星遥感综合应用体系,实现一星多用和资源共享,综合满足相关领域业务需求。2016—2018 年,气象卫星工程已下达中央预算内基本建设项目投资 4.8 亿元、财政专项投资 24 亿元。风云四号 A 星成功发射,完成在轨测试并交付正式业务运行,完成静止气象光学卫星的技术升级换代。风云三号 D 星成功发射,并开展在轨测试,即将投入业务运行。

(3)气象雷达探测工程

"十三五"以来,已下达中央预算内基本建设项目投资 10.2 亿元。到 2018 年,基本建成覆盖全国新一代天气雷达网,完成 233 部新一代天气雷达建设,9 部双偏振新一代雷达启动在建。206 部雷达纳入全国组网运行。启动 127 部雷达技术升级,32 部新一代天气雷达双偏振改造,统一组网雷达技术标准,提升早期已建雷达探测能力。依托中央和地方支持,开展 X 波段天气雷达建设,弥补全国新一代天气雷达网探测盲区。启动了苏皖平原、长江三角洲和汉江平原等龙卷、对流多发地区 X 波段天气雷达局域组网建设工作。编制了双偏振、X 波段天气雷达中央投资标准并实施。

(4)人工影响天气能力建设工程

通过落实《全国人工影响天气发展规划(2014—2020 年)》,"东北区域人工影响天气能力建设工程"已基本完成全部建设任务;"西北区域人工影响天气能力建设工程"已下达资金 2.6 亿元,完成了作业飞机的采购;"中部区域人工影响天气能力建设工程"已上报可行性研究报告。财政对人工影响天气专项投入稳定在每年 2 亿元。工程建设和中央财政资金投入,有效保障了人工影响天气(以下简称"人影")工作的开展,已初步建立了以国家级为龙头、省级为核心、市县为基础的现代人影业务体系,首次建立了完整覆盖催化作业全过程的人影特色五段实时业务,实现了人工影响天气"横向到边"的完整业务流程;各地引进或自主建设了人工影响天气业务系统,国家—省—市县—作业点逐级指导的"纵向到底"现代人影业务系统已初步形成;水平分辨率达 3 千米的国家级云降水预报系统实现业务试运行,人工影响天气综合业务系统、物联网监控系统和飞机作业信息实时采集系统实现推广应用。

(5)区域协调发展气象保障能力建设项目

2016 年安排"京津冀交通一体化安全气象保畅服务工程(一期)"投资 1876 万元,2017 年安排"长江黄金水道及近海航运交通气象服务系统建设项目"投资 2325 万元和"丝绸之路经济带西北五省区公路交通和风能太阳能气象保障服务工程"投资 2906 万元,均已完成项目建设。其中通过"京津冀交通一体化安全气象保畅服务工程(一期)"在京昆高速、京津塘高速、京藏高速、保津高速、京承高速、张承高速(张家口至崇礼段)等 6 段高速公路建设完成 44 套交通气象道面观测站,完善了京津冀现有交通气象监测站网;"长江黄金水道及近海航运交通气象服务系统建设项目"建设完成长江黄金水道及近海航运交通气象服务系统;"丝绸之路经济带西北五省区公路交通和风能太阳能气象保障服务工程"建设完成 61 套交通气象站和公路交通气象灾害风险区划、公路交通气象预报预警、公路交通气象服务等业务系统。

(6)基层台站基础设施建设项目

"十三五"以来,综合考虑基层气象现代化建设的实际需求、探测环境保护和地方政策保护及支持程度等因素,按照集中财力解决顶层设计完善、建设条件成熟、快速提升台站业务服务保障能力为原则,筹措中央资金达到 29.32 亿元,安排实施了 650 余个台站基础设施建设项目和 1250 多个台站维修项目,全国 2400 余个基层气象台站建设率达到 80% 以上。经过多年的投入和建设,台站业务用房整体不足的局面明显扭转,配套基础设施不完善的情况明显改善,中西部台站建设短板正在逐渐补齐,基层气象台站基础设施规模和现代化达标率逐年提高。县级气象机构房屋保有规模逐步提高,从 2011 年底的 272 万米^2,增加到 2018 年底的 369 万米^2,增长 35.7%;基层气象业务运行环境和工作平台格局得到优化,预计到 2020 年底基本完成基层台站基础设施建设;基层气象台站配套基础设施条件逐步改善,有效解决了基层台站存在的配套设施老旧、功能运行不稳定和存在安全隐患等紧迫问题;基层气象台站面貌焕然一新,逐步改善了部分老旧台站探测环境压力大的现状,台站院落功能区规划合理、整体协调、功能齐备、环境美化,台站业务和工作、生活条件得到了较好的改善;同时部分台站依靠基础设施条件改善,积极开展文明单位创建等活动,有力促进了基层单位工作的全面进步。

(7)山洪地质灾害防治气象保障工程

2016 年、2017 年继续在 31 个省(区、市),4 个计划单列市和国家级业务单位开展山洪工程的布局建设和系统软件升级改造及配套建设设施,继续在新疆生产建设兵团和黑龙江省农垦总局气象部门进行山洪工程的布点建设工作。2017 年编制上报了《山洪地质灾害防治气象保障工程第四批实施方案》,按照实施方案确定的任务安排落实了 2018 年建设任务。2016 年、2017 年和 2018 年陆续安排建设资金 126461 万元、113688 万元和 84100 万元,至 2018 年 6 月底山洪地质灾害防治气象保障工程累计落实投资达到 73.5 亿元。通过工程建设,在全国重点防治区基本建立层次分明、功能全面、技术先进、快速高效的气象灾害监测预警和风险评估服务体系；对监测灾害防治区局地突发性强降水及其引发的中小河流洪水、山洪、地质灾害等的气象观测站网布局进一步优化，预报服务精细化程度不断提高，预警和风险评估能力有了明显提升；气象灾害预警信息发布能力和智慧化程度进一步加强；易灾地区生态文明气象保障服务能力进一步提升。

3.省级规划工程项目进展情况

"十三五"期间，省（区、市）级气象发展"十三五"规划全部批复印发，其中，省（区、市）政府批准印发实施的7个，中国气象局和省政府联合印发3个，省（区、市）发展改革委印发的1个，省（区、市）气象局和发展改革委联合印发的18个，省（区、市）气象局自行印发的2个。另外，新疆、西藏、青海、云南、四川、甘肃等省（区）局将气象部门建设内容纳入新疆、西藏和青海、云南、四川、甘肃等四省藏区"十三五"规划中，"十三五"新疆、西藏和四省藏区确定的专项气象项目投资达到5.45亿元。各省（区、市）级已立项重大工程项目235个，估算总投资数为264.97亿元，已陆续落实地方投资近62亿元，其中东、中、西部分别为23.84亿元、16.13亿元、21.52亿元，中央和地方投资落实比例分别为东部1：1.73、中部1：0.73、西部2：1.28。依托省级重点工程建设，基层气象业务能力得到增强，地方气象事业得到发展。以省部合作为纽带，以重点工程为抓手，加深了气象部门与地方政府在公共气象服务、气象防灾减灾、气象现代化建设、气象科技人才培养等多方面联系，提高了地方气象服务的针对性和有效性，推动了气象事业和地方经济社会的协调发展，也促进了各地政府对气象事业发展的关心和支持，优化了气象事业发展环境。

三、评价和展望

开展气象现代化评估五年来，国家级气象业务现代化水平和能力明显提升，基本建成了结构完善、功能先进的现代气象业务体系，气象综合观测、信息化水平、卫星技术及气象服务等达到或接近世界先进水平，数值预报模式等核心技术自主可控的能力不断增强，综合评分接近2020年预期目标。各省（区、市）气象部门坚持趋利避害并举，着力服务保障国家重大战略和地方经济社会发展，全面推进气象现代化取得了重大进展，到2018年全国省级气象现代化总体水平达到气象现代化阶段性目标，平均得分达到96.4分，2014年以来年均增长率达到5.0%。

但在不同业务技术领域，气象现代化依然存在发展不平衡不充分问题，气象核心技术水平和业务能力仍有明显短板，相关核心业务技术指标进展缓慢，个别指标完成度偏低，气象科技水平特别是核心技术距离世界先进水平还有一定差距，智慧气象发展还需要进一步加强，个性化、专业化、精准化服务产品供给仍显不足，气象服务供给侧结构性改革亟需推进，参与全球气象服务和应对全球气候变化力度不够，全球气象治理体系和治理能力建设还有待加强。

　　国家级业务科研单位距完成 2020 年气象业务现代化阶段性目标任务还有两年时间,特别需要关注核心业务技术指标,继续通过强化创新驱动,集中资源和力量推进核心业务技术能力建设。要以达到世界先进水平为目标,坚持自主创新解决气象核心和关键技术问题,切实提高全球监测、全球预报、全球服务能力,进一步提升国家级气象业务现代化水平。

　　各省级气象现代化建设特别需要关注,一是持续提升气象业务能力,推动从基础资源设施整合、集约建设向强化应用支撑能力的转变,提升气象信息化水平;适应智能网格预报业务发展,建立优化观测、预报和服务互动的业务流程和运行机制,推动智慧气象业务发展;二是大力推动科技创新,着力解决重点领域科研能力与现代化发展和业务服务需求不相适应等问题,加强新技术业务应用,增强市县级服务业务科研能力,提升科技支撑能力;三是发展研究型业务,促进气象事业发展转型升级,进一步强化科学技术引领,建设新时代研究型气象业务,发展智能感知气象观测业务,完善智能气象预报业务,拓展智慧气象服务和智能运控业务;探索统筹集约的研究型业务布局,构建智能集约贯通的业务流程;加强基础设施建设,提升研究型业务信息化支撑能力;推进科技创新和人才队伍建设,夯实研究型业务基础;完善保障机制建设,支撑研究型业务发展。

　　此外,通过"十三五"中期评估发现,部分重点工程项目前期工作相对滞后,也存在重点工程前期预研不足、项目设计深度不够,影响了投资计划执行,影响了工程项目建设效益发挥。部分省份落实地方投资进度缓慢,各地对接国家级重点工程落地、落实地方重大任务需求方面仍显不足,中央与地方有机结合和良性互动机制有待完善,中央投资带动地方投资的效果体现不充分。因此国家级和省级应高度重视"十三五"规划的贯彻落实,加快推进重点工程建设。

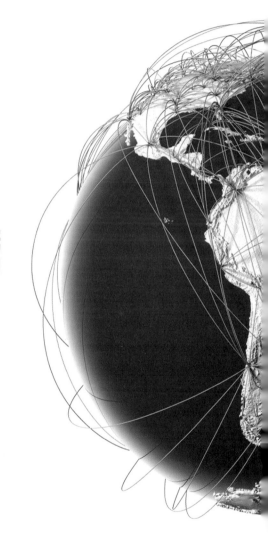

减灾与趋利篇

第三章　气象灾害防御

　　2018 年,针对频发的台风、灾害性极端天气以及山体滑坡、泥石流、森林火灾等重大灾害,全国气象系统深入贯彻落实习近平总书记关于防灾减灾救灾的重要批示、指示精神和中央各项部署,围绕落实《中国气象局关于加强气象防灾减灾救灾工作的意见》(气发〔2017〕89 号)等文件要求,继续强化气象灾害防御科技支撑,努力提高灾害监测预报能力、突发灾害预警能力和灾害风险防范能力,努力做到重大灾害天气过程不漏报、重大灾害天气服务无失误,最大程度减少了人民生命财产损失。

一、2018 年气象灾害防御概述

　　2018 年,我国气温偏高,降水偏多。全年生成和登陆台风数量多,登陆台风北上比例高,灾害损失重。低温冷冻害及雪灾频发,夏季暴雨过程频繁,东北及中东部地区极端性高温突出,区域性和阶段性干旱明显。面对复杂的天气气候形势,全国气象系统积极推进气象防灾减灾救灾体系建设,努力实现精到监测、精准预报、精确预警、精心服务,气象灾害监测预警能力不断提升,气象防灾减灾效益显著。与近 5 年相比,因气象灾害造成的农作物受灾面积、死亡失踪人口以及直接经济损失均明显减少[①]。

　　(一)气象灾害预报预警水平持续提升

　　全国气象灾害预报能力不断增强。我国气象预报服务统一数据源的"一张网"网格预报业务已经开始正式运行,不仅可以提供全国上下联动的 10 天逐 3 小时 5 千米多气象要素智能网格预报,还可以提供时间分辨率可达 1 小时,最高达 10 分钟,空间分辨率达到 5 千米的降水、气温、风、湿度、总云量、能见度等 6 大类 18 种实况分析产品;并且可逐步实现主客观预报融合,实现基于公众位置的 0～12 小时内精准化预警。

　　全国气象灾害监测能力提升,气象预警信息发布的覆盖面和时效性持续提高,灾害性天气预警能力不断强化,气象灾害应急服务水平大幅提升。相较于 2017 年,强对流预警时间提前量由 36 分钟提高到 38 分钟,暴雨预警准确率由 83％提高到86％。全国汛期降水、气温预测评分分别为 77 和 95 分,均为历史最好成绩。雾、霾

---

　　①　2018 年中国公共气象服务白皮书。

预报时效延长至 5 天,1～10 天 $PM_{2.5}$ 浓度和能见度预报产品已提供应用。全国 24 小时晴雨预报准确率 86.9%,最高温度、最低温度预报准确率分别为 80.4%、84.5%,与近 5 年持平;5 天内台风路径预报持续保持世界领先。

(二)气象灾害防御减损效益显著

1.气象灾害直接经济损失占比持续下降

2018 年,气象灾害共造成全国 1.3 亿人次受灾,直接经济损失 2615.6 亿元,比近 5 年平均损失低 17%。其中,因台风造成的直接损失 697.3 亿元,暴雨洪涝造成的直接经济损失 1060.5 亿元,高温和干旱造成的直接经济损失 255.3 亿元。从多年经济损失变化趋势看,全国气象灾害造成的直接经济损失占 GDP 的比例持续下降,2018 年降至 0.29%,为 2004 年以来最低值(图 3.1),这一趋势表明,由于气象灾害防御能力不断提升,因气象灾害造成的直接经济损失占比呈逐年下降。

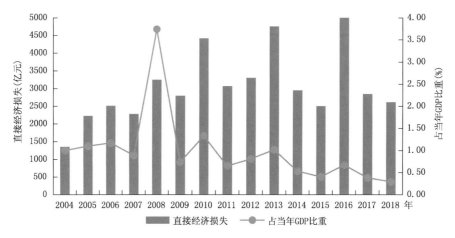

图 3.1　2004—2018 年全国气象灾害直接经济损失及占当年 GDP 比例情况
(数据来源:《气象统计年鉴》,2010—2018)

全国 31 个省(区、市)受到不同程度的气象灾害影响。其中,气象灾害造成直接经济损失超过 200 亿元以上的有 4 个省份,分别为甘肃 249.8 亿元,广东 258.6 亿元,山东 289.6 亿元以及四川 340 亿元;气象灾害直接经济损失低于 10 亿元以下的有 5 个省份,分别是上海、天津、宁夏、海南、西藏(图 3.2)。

2.农业气象灾害防御效益明显

2018 年,全国主要气象灾害造成农作物受灾面积 2081.43 万公顷,绝收面积 258.5 万公顷,是自 2004 年以来的第二低农作物受灾年份。近年来,通过不断加强农业气象灾害监测,持续推进气象为农服务,有效提升了农业气象防灾减灾能力。截至 2018 年,气象部门共有 653 个农业气象观测站、约 80 个农业气象试验站、2000 多个自动土壤水分观测站,不仅可以实时监测农作物生长状况和生长环境,也可及时根

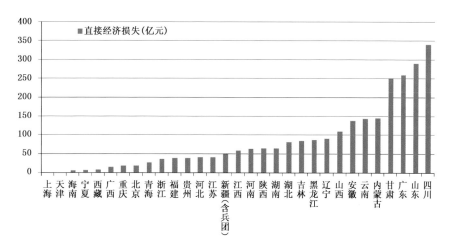

图 3.2　2018 年全国各省(区、市)气象灾害造成的直接经济损失情况(单位:亿元)

(数据来源:《气象统计年鉴》,2010—2018)

据农作物属性提供更加适应性的气象灾害预警服务。数据显示,2007 年以来全国农作物受灾面积基本上呈逐年降低趋势,一些年份会出现一定波动,但波动幅度不大,仍然保持持续减少趋势(图 3.3)。这说明全国农业气象防灾减灾救灾能力建设产生取得了明显成效,也说明全国农业防灾减灾措施越来越完善,农作物良种改造、农业结构调整取得了明显效果,有效地降低了气象灾害的影响。

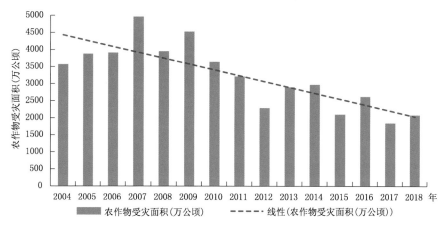

图 3.3　2004—2018 年全国农作物气象灾害受灾面积情况

(数据来源:《气象统计年鉴》,2010—2018)

从各省(区、市)农作物气象灾害受灾面积分布来看,2018 年气象灾害造成农作物受灾面超过 100 万公顷的省份有 6 个,分别为湖北 107.61 万公顷、河南 116.77 万公顷、吉林 131.97 万公顷、辽宁 146.73 万公顷、内蒙古 262.98 万公顷以及黑龙江 415.5 万公顷;农作物受灾面低于 10 万公顷的有 8 个省份,相较于 2017 年增加 1 个省份,分别是:北京、上海、天津、青海、重庆、福建、海南、西藏(图 3.4)。

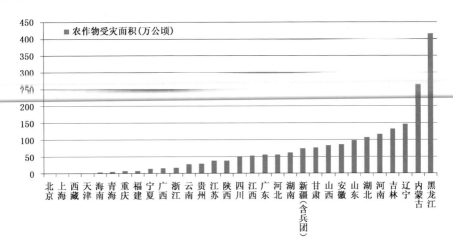

图 3.4　2018 年全国各省(区、市)农作物气象灾害受灾面积分布(单位:万公顷)

(数据来源:《气象统计年鉴》,2010—2018)

3.因气象灾害死亡人口继续减少

2018 年,全国气象灾害造成的死亡(失踪)人数为 566 人,为 2004 年以来死亡人口最低年份;受影响人口 13517.8 万人,是 2004 年以来受影响人口最低年份(图 3.5)。从成因上分析,2018 年气象灾害造成的人口死亡(失踪),主要是因为暴雨洪涝及滑坡、泥石流等次生衍生灾害所导致的,由此造成的死亡失踪人口占总死亡人口的 7 成以上。由于本年度有强台风“山竹”“玛莉亚”“安比”“温比亚”“苏力”等,全国由于台风造成的死亡人口为 80 人,为 2001 年以来死亡人口平均值的 41%(图 3.6)。

从各省份气象灾害死亡(失踪)人口分布上看,2018 年气象灾害造成人口死亡(失踪)在 40 人以上的有 4 个省份,即山东 40 人、新疆(含兵团)42 人、甘肃 81 人以及云南 82 人;没有发生人口死亡或失踪的有 6 个省份,分别是北京、上海、天津、海南、吉林以及辽宁(图 3.7)。

4.人工影响天气防灾减灾效益显著

到 2018 年,我国人工影响天气事业已走过了 60 年发展历程。随着经济社会发展与防灾减灾需求的不断提高,我国人工影响天气服务领域已拓展到农业抗旱减灾、森林草原防火、机场公路消雾、应对突发污染事件、城市降温等多个领域,发挥了“趋利避害”的独特作用。

人工影响天气不仅能够有效地抗旱防雹,而且能够有效地辅助森林草原扑火、降低森林火险等级。2018 年,全国各地共组织开展了飞机人工增雨(雪)作业 1256 架

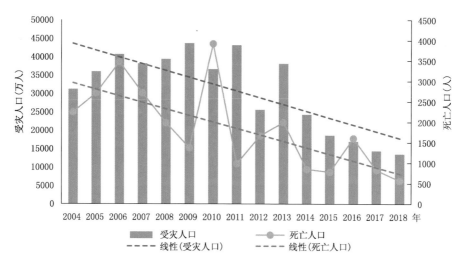

图 3.5　2004—2018 年全国气象灾害造成的受灾人口和死亡人口情况

（数据来源：《气象统计年鉴》，2010—2018）

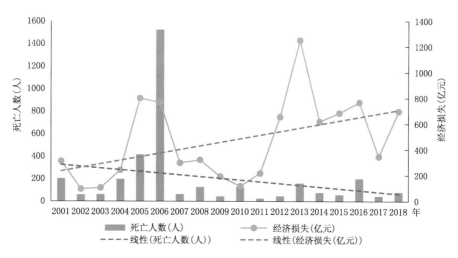

图 3.6　2001—2018 年全国因台风造成的直接经济损失、死亡人口情况

（数据来源：《气象统计年鉴》，2010—2018）

次，人工增雨作业影响面积达 490.44 万千米²，人工增加降水达 404 亿吨，抗旱增雨惠及人口约 6 亿，防雹保护面积达 50.8 万千米²。2018 年，国家增雨飞机多次赴内蒙古大兴安岭北部原始林区汗马国家级自然保护区、奇乾林业局阿巴河林场等森林火灾区实施人工增雨作业，有效地配合消防扑灭火灾，防止了火势蔓延。

　　人工影响天气同时也通过保护重点生态区域，增强生态涵养能力，降低所属区域的脆弱性，提高其灾害恢复力。2018 年，人工影响天气进行保护生态作业面积 230.44 万

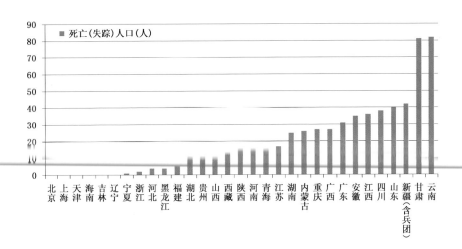

图 3.7　2018 年全国各省(区、市)因气象灾害死亡人口分布(单位:人)

(数据来源:《气象统计年鉴》,2010—2018)

千米^2,生态重点区作业 16713 次。与此同时,着力促进生态重点区域的生态恢复,如针对北京地区密云、官厅水库汇水区建成不同天气形势、覆盖全年各时段的全天候人工影响天气作业体系,明显增加该区域总水量;在青海湖、黄河上游等地开展增雨作业,有力促进湖泊湿地面积扩大,草地生物量和覆盖度增加;加大南水北调中线水源地丹江口水库水源区飞机增雨作业力度,发挥人工增雨对南水北调水源区补水作用;对新疆连续 40 年实施冬季人工增雪作业,对天山、阿勒泰山和昆仑山冰川进行补水等。

二、2018 年气象灾害防御工作进展

2018 年,为了更好地落实总体安全观,"遏制重特大事故",加强重特大事故的应急处置能力,真正做到"一件事情归一个部门"管理、"一项功能归一个部门"的综合管理。国家先后整合了 11 个部门的 13 项职能,其中包括 5 个国家指挥协调机构的职责,于 2018 年 3 月 21 日成立应急管理部。截止到 2018 年 11 月 30 日,全国 31 个省级应急管理厅(局)全部挂牌成立。

应急管理部涉及安全生产类、自然灾害类中的事故灾难、火灾、水旱灾害、地质灾害、地震灾害、气象灾害等灾害的应急管理任务,是一个职责多、体量大的管理机构,使得以往由各个部门应对单一灾种的情况转向防范化解重大安全风险、应对处置各类灾害事故的综合应急管理。这不仅有助于整合优化应急力量和资源,推动形成统一指挥、专常兼备、反应灵敏、上下联动、平战结合的中国特色应急管理体制,也有助于提高综合防灾减灾救灾能力,确保人民群众生命财产安全和社会稳定。

新形势下,全国气象系统认真落实气象防灾减灾救灾工作的新要求,积极融入新的应急管理体制,在气象灾害监测预报预警体系、气象灾害预警信息发布体系、气象灾害

风险防范体系、气象灾害组织责任体系建设方面取得了显著进展,气象防灾减灾能力和气象服务保障经济社会持续发展的能力都得到了显著提升。中国气象局积极配合应急管理部开展防灾减灾救灾工作,开展多次视频会商,不仅成功应对了强台风"玛莉亚""安比""温比亚""苏力""贝碧嘉""山竹";还成功应对了金沙江、雅鲁藏布江堰塞湖、山西乡宁山体滑坡、内蒙古汗马森林火灾、山东寿光洪涝灾害等一系列重大自然灾害。

(一)气象灾害监测预报预警体系建设

1.立体化气象灾害监测网日趋完善

2018 年全国"海—陆—空—天"四位一体的气象灾害监测网络建设,形成了以海岛气象站、船舶自动站、海洋气象浮标站、海洋探测基地、港口检监测、海上气象灾害应急艇、地面探空、自动气象站、探空观测、高性能无人机及卫星监测等立体全过程观测系统。气象灾害监测"盲区"越来越少,气象灾害高发区和易发区、西部地区、资料稀疏区和国家重要基础设施沿线气象灾害监测能力有效提升,全球气象灾害监测覆盖面逐渐扩大。

尤其是我国的风云气象卫星所形成的监测"天网",在气象灾害监测与全球服务方面,发挥的作用越来越大。截至 2018 年,我国已累计发射 17 颗风云气象卫星,有 7 颗气象卫星仍在太空中坚守各自的使命,织就了"多星在轨、组网观测、统筹运行、互为备份、适时加密"的监测"天网"。2017 年 11 月 15 日,"风云三号 D"气象卫星成功发射,实现了极轨气象卫星业务组网观测,综合气象观测能力不断提升的同时,也为进一步提高灾害性天气预报准确率增添了"利器"。在此基础上,2018 年完成风云三号 D 星和风云四号 A 星在轨测试并投入业务运行。风云二号、风云三号、风云四号卫星运行稳定,全年接收成功率达到 99％以上,超过考核指标要求。

相比于"风云二号"G 星、F 星,"风云四号"A 星具有空间分辨率高、时间分辨率高及产品要素丰富的特点。"风云四号"A 星的高时空分辨率观测图像在对台风监测上有着质的飞跃,不仅可以反映台风云结构及其演变的精细化动态信息,特别是对台风眼区的监测,而且可以弥补此前在轨卫星空间分辨率和时间分辨率不够高的局限,为台风定位、定强提供分析依据,可为研究和预报台风发生、发展、演变和消亡提供有力支撑。此外,风云四号的生态环境监测能力、大气环境监测能力都有明显提升,可实现对空气质量、森林火险等的实时监控。基于此,中国气象局率先开展"风云四号"产品数据在专业气象服务和公众气象服务领域的试应用,研究建立新一代"风云四号"气象卫星产品在太阳能资源监测和短时临近预报、高速公路路面温度监测、森林草原火险监测和预报、航空领域气象服务、电网雷击灾害监测和预警等五个专业方向应用的技术方法,并建立业务系统①。

---

① 　https://baijiahao.baidu.com/s? id＝1618529279446289604&wfr＝spider&for＝pc
　　https://baijiahao.baidu.com/s? id＝1599931830420452025&wfr＝spider&for＝pc

基于此,我国遥感服务能力在进一步增强。根据《中国气象局关于卫星遥感综合应用体系建设的指导意见》,依托山洪项目等项目支持,联合内蒙古、山东、辽宁、广西、重庆等18个试点省(区、市),初步形成涵盖"山水林田湖草气土城"等特色应用的全国生态遥感业务体系布局;建立卫星遥感区域生态环境评价方法和指标,为重大灾害卫星遥感监测服务提供及时有效保障;开展卫星遥感区域生态环境评价方法和指标的研制工作,建立了温湿指数模型和释氧量、人居舒适度等评价指标,在天然氧吧评估中取得了较好应用效果。

2018年4月,我国风云卫星国际用户防灾减灾应急保障机制发布;7月,中国气象局将原定点于东经94.5度的风云二号H星漂移到东经79度,观测区域更好地覆盖了"一带一路"沿线国家,气象灾害监测"盲区"越来越少,全球气象灾害监测覆盖面逐步完善,同时参与国际事务的能力显著增强。

《风云卫星国际用户防灾减灾应急保障机制》

为使风云气象卫星更好地为"一带一路"沿线国家气象防灾减灾提供服务,中国气象局创建了《风云卫星国际用户防灾减灾应急保障机制》。2018年4月24日,该机制发布,并得到国内外媒体的广泛报道,人民日报、环球时报(英文版)、中国气象报等媒体均对该机制进行详细报道。

"一带一路"沿线国家在遭受台风、暴雨、强对流、森林草原火情、沙尘暴等灾害时,可通过世界气象组织常任代表或其指定的联系人申请启动风云卫星国际用户防灾减灾应急保障机制。

该机制生效后,中国气象局将调动值班的风云气象卫星,对受灾区域进行5～6分钟一次的高频次区域观测,并处理生成图像和定量产品,通过中国气象局数据广播系统(CMACast)、国际互联网及卫星广播直接接收等多种方式向申请国家提供卫星云图及相关定量产品,为其防灾减灾救灾提供及时的信息保障。

中国风云卫星国际用户防灾减灾应急保障机制自建立,已成功开启多次服务。如:2018年9月14日,针对越南应对台风"山竹"的需求,中国气象局首次启动风云气象卫星国际用户防灾减灾应急保障机制服务,开展风云二号F星的加密观测,为用户提供478次加密观测数据;2018年10月30日,针对菲律宾应对台风"玉兔"的需求,风云二号F星和风云二号H星同时进行加密观测,为用户提供736次加密观测数据;在"肯尼斯"登陆莫桑比克后,接受莫桑比克国家气象局申请,向莫桑比克气象局通报了卫星监测情况,提供了风云卫星监测产品,并建议莫方使用风云卫星天气应用平台,协助莫方做好各项监测预警服务工作。

2.灾害性气象预报预警水平有新提高

2018年,积极发展精准化、智能型网格预报技术,有效解决了气象站点分布不均、气象预报空间准确率不高的问题。智能网格预报业务可实现网格化逐3小时发布未来7天的天气预报。降水、气温、风、湿度、总云量、能见度等6大类18种实况分析产品已经试运行,时间分辨率可达1小时,最高达10分钟,空间分辨率达到5千米。

智能网格预报业务基本实现对短临预报产品的智能化分析、自动化报警、智能化引导、自动化生成,并支撑智慧预警靶向发布,基于公众位置提供0～12小时内雷暴大风、冰雹、雷电等的预报预警,实现精准化预警业务。2018年6月实现10千米分辨率1天8次滚动更新的逐小时雷暴、短时强降水、雷暴大风和冰雹概率预报产品;并且接入多模式集成$PM_{2.5}$、PM_{10}格点预报,雾、霾、能见度网格预报时效延长至5天逐3小时。截至2018年11月1日,国省网格预报滚动融合流程进一步优化,完成适应单轨运行的格站点一体化业务升级,实现全国智能网格预报业务单轨运行。这意味着,未来这张大网上的短中期预报可在空间上实现精细化,从传统的大城市预报发展到县、乡镇,甚至村及到任意点位预报;在时间间隔上也更精细,从原来的分白天、夜间预报,发展为逐3小时、逐1小时甚至分钟级预报,实现即时更新、滚动订正。

2018年,全国强对流预警、暴雨预警、气候趋势预测准确率,以及台风路径预报水平都有新提高。强对流预警时间提前量由2017年的36分钟提高到38分钟;暴雨预警准确率由2017年的83%提高到86%;全国汛期降水、气温预测评分分别为77分和95分,均为历史最好成绩;5天内台风路径预报持续保持世界领先。

由图3.8可知,2018年全国各省(区、市)大风(台风)准确率最高的省份分别是河南(100%)、湖北(99.8%)以及广西(99.7%);准确率在60%以下的省份有4个,分别是北京(57.3%)、安徽(50.9%)、江西(38%)以及湖南(56.13%)。总体来说,全国各省(区、市)大风(台风)平均准确率为70.15%,较2017年平均准确率提升4%。

由图3.9可知,2018年全国各省(区、市)暴雨预报准确率最高的省份分别是河南(99.6%)、湖北(99.5%)、广西(99.9%)、四川(99.3%)以及宁夏(100%);准确率在75%以下的省份有4个,分别是北京(69%)、内蒙古(68.1%)、江西(72%)及西藏(70%)。总体来说,全国各省(区、市)暴雨准确率平均值为86%。

由图3.10和图3.11可知,2018年各省份发布的预警信息准确率相较于上年基本呈现上升趋势。其中,2018年上海市和海南省分别共发布了1317条和1748条预警信息,预警准确率达到100%。天津市和广东省2018年分别发布的1202条和12412条预警,预警错误率分别为千分之一和万分之一。2018年预警准确率提升超过0.30%的省份共有6个,分别是江苏省(提升0.31%)、河北省(提升0.36%)、云南省(提升0.43%)、山西省(提升0.44%)、黑龙江(提升0.69%)以及重庆(提升0.87%)。总体来说,2018年除个别省份外,绝大多数省份预警准确率超过99%,全

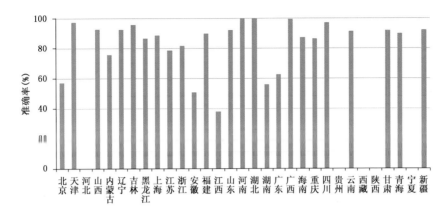

图 3.8　2018 年全国各省(区、市)大风(台风)预报准确率(数据来源:气象现代化指标)

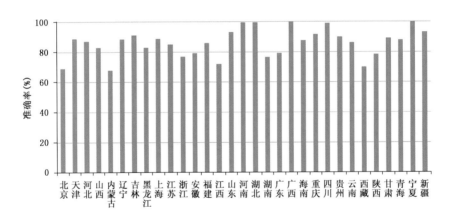

图 3.9　2018 年全国各省(区、市)暴雨预报准确率(数据来源:气象现代化指标)

国预警平均准确率提升 0.09%,预警能力有所提高。

3. 气象灾害预报预警应急服务取得新进展

针对灾害性天气,气象部门积极配合有关部门,不断完善和发挥气象灾害预报预警在灾害应急中的先导作用,气象灾害应急响应制度和应急体系更加完善。2018年,全年共启动省级以上应急响应 300 余次,发布突发事件预警信息 25 万余条,预警覆盖率达 86.4%,较 2017 年提高 0.6%。面对复杂的天气气候形势,全国气象行业精细监测、精准预报、精确预警、精心服务,科学防御年初低温雨雪冰冻、汛期暴雨防汛、盛夏北方高温以及"温比亚""山竹"等集中登陆台风,主动做好大兴安岭森林火灾、金沙江雅鲁藏布江堰塞湖抢险、广西田林 6·24 地质灾害、甘肃舟曲南峪江顶崖滑坡等重大突发事件气象服务工作。

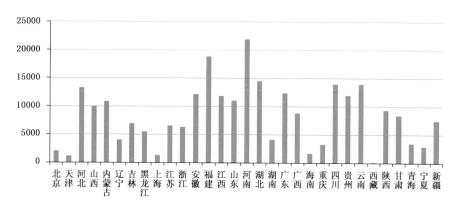

图 3.10　2018 年全国各省(区、市)气象灾害预警信息发布情况(单位:条)
(数据来源:气象现代化指标)

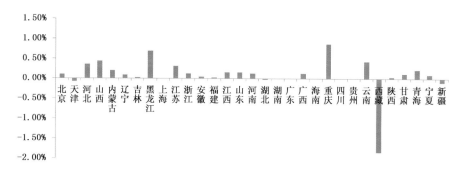

图 3.11　2018 年相较于 2017 年全国气象灾害预警信息发布准确率提升情况
(数据来源:气象现代化指标)

基层气象防灾减灾救灾进一步规范。2018 年,全国气象部门开展了基层气象防灾减灾救灾"一本账、一张图、一张网、一把尺、一队伍、一平台"标准化建设,印发《基层气象灾害预警服务规范》《基层气象灾害预警服务能力建设指南》,健全基层气象灾害预警服务规范。完成基层信息员平台二期建设,平台活跃人数达 17.5 万人,线上培训达 4.3 万次,基本实现全国气象信息员动态管理。联合应急管理部制定印发综合减灾示范社区管理办法和创建标准,满足基本条件的社区即可参与综合减灾示范社区①的评比。2018 年,国家减灾委员会、应急管理部、中国气象局、中国地震局在全国范围内评出 1488 个综合减灾示范社区,其中,综合减灾示范社区数量超过 80 个的省份共有 3 个,分别是江苏(119 个)、广东(97 个)以及浙江(81 个);综合减灾示范

---

①　参与综合减灾示范区评比的三个条件:(1)社区近 3 年内没有发生因灾造成的较大事故;(2)具有符合社区特点的应急预案并经常开展演练活动;(3)社区居民对社区减灾状况满意度高于 70%。

社区数量低于 20 个的省份有 4 个,分别是天津(11 个)、海南(4 个)、西藏(0 个)以及宁夏(10 个)(图 3.12)。社区是开展城市综合减灾能力建设的前沿阵地。综合减灾示范社区的创建不仅有助于普及防灾减灾知识和技能,增强城市居民防灾减灾意识和避灾自救能力,而且也起到了"以点带面"的促进作用,有力带动周边地区的防灾减灾救灾能力。

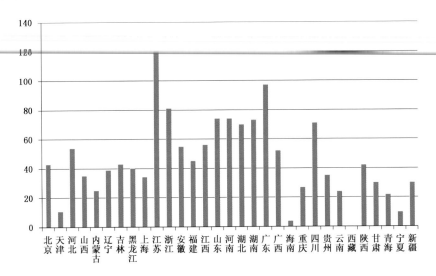

图 3.12　2018 年全国各省(区、市)综合示范区分布情况(单位:个)

粤港澳大湾区防灾减灾救灾机制进一步完善。2018 年 6 月,广东省印发《中共广东省委广东省人民政府关于推进防灾减灾救灾体制机制改革的实施意见》(粤发〔2018〕1 号),提出深化泛珠三角区域内地 9 省(区)和粤港澳应急管理合作,开展灾害监测预警、信息共享、风险调查评估、应急救援、应急救助和恢复重建等方面的协作,提高跨地区的灾害联防联控和应急响应能力。自 2018 年 9 月 13 日,中央气象台与港、澳两地天文台举行历史首次三方联合视频会商,研判"山竹"的发展趋势与影响之后,建立了中央气象台、国粤港澳联合会商工作机制。中央气象台与港澳气象部门的互动越来越紧密,这意味着三方联合会商机制将步入常态化,这对做好区域防灾减灾、服务粤港澳大湾区建设有着重要意义。

4.气象预警国际合作不断深入

(1)面向全球的气象防灾减灾能力逐步加强

随着我国气象在世界气象舞台上的显示度、国际影响力日益扩大,为更好地提高面向全球的气象防灾减灾能力,中国气象局大力推动世界天气中心(北京)、亚洲沙尘暴预报专业气象中心、亚洲航空气象中心等国际中心建设。2018 年 1 月 16 日,世界气象中心(北京)正式授牌;6月6日,已通过审定的世界气象中心(北京)门户网站①正式上线。这也是5家世界气象中心中,目前开设的唯一一家门户网站,可为世界各国用户实时提供多项气象预报预测业务产品及支持,并已实现一天两次的0～10天全球网格气象要素指导预报。未来,世界气象中心(北京)将着力发展全球数值预报技术,建成大区域性国际会商平台,提升大区域性气象灾害预警能力。亚洲沙尘暴预报专业气象中心自2017年成立以来,沙尘预报时长从3天提高到5天,空间分辨率也有了很大提高,预报区域从国内延展到亚洲区域,预报准确率从60%提高到80%;自主研发的基于风云二号系列卫星的沙尘暴分布及强度的卫星定量遥感技术及业务系统,是目前国际上唯一能够同时同化地基和天基沙尘暴观测资料,并且能够实时参与沙尘暴数值预报的同化系统。2018年,由中国民用航空局、中国气象局和香港天文台联合建设的亚洲航空气象中心正式成立并开始运行。该中心每天滚动制作发布的亚洲危险天气例行咨询产品多达32种,覆盖亚洲26个国家和地区、51个飞行情报区;并且通过亚洲危险天气咨询中心网站和亚洲航空气象服务网将危险天气咨询产品发送给区域内的气象监视台、空管用户和航空企业等用户,切实提升了区域内气象敏感行业的风险抵抗能力。

(2)"一带一路"气象灾害服务能力进一步提升

2018年,围绕国家"一带一路"倡议,中国气象局先后编写了《风云二号气象卫星服务上海合作组织行动方案》《风云卫星服务阿拉伯国家行动方案》《风云卫星服务"一带一路"沿线国家行动方案》和《风云卫星国际用户防灾减灾应急保障机制服务描述》,为"一带一路"沿线国家提供数据和遥感应用服务进行顶层设计,展现我国合作共赢、共享科技成果的诚意。目前,使用风云卫星数据的国家数量已增加至98个(包括72个"一带一路"沿线国家),19个国家通过中国气象局卫星广播系统(CMACast)实时接收风云卫星数据,29个国家已经建成风云卫星数据直收站,23个国家已经注册成为《风云卫星国际用户防灾减灾应急保障机制》(FY_ESM)用户,风云气象卫星应用平台也已经部署在多个国家,为当地提供优质气象服务。与此同时,申报亚洲区域合作专项资金项目取得成功,"亚洲区域灾害早期预警能力提升示范项目建设及在东盟推广项目"等3个项目获得批准,并联合香港天文台协调推进亚洲多灾种预警系统(GMAS-A)试运行。

---

① 世界气象中心(北京)门户网站:http://wmc-bj.nmc.cn/f

亚洲多灾种预警系统(GMAS—A)

2017 年 2 月 12—16 日在阿联酋阿布扎比召开世界气象组织(WMO)二区协(亚洲)第 16 次届会议中国气象局联合香港天文台在本次会议上提出了"提升世界气象组织二区协(亚洲)减轻气象灾害风险能力试点项目"。该项目已进入初步实施阶段,重点推进亚洲区域气象预警支持平台(GMAS—A)。中国气象局和香港天文台已经完成了相关网站建设,以及 CAP 警告信息的提取和存储,并通过该网站正式向项目所涉及的东南亚四国提供基于中国数值预报系统和风云二号卫星开发的指导产品。(网址:https://gmas.asia/)

2018 年 9 月,亚洲区域多灾种预警系统与我国国家突发事件预警信息发布系统实现对接,访问者除可实时获取中国大陆各地区的预警信息外,还可以获取亚洲区域包括泰国、缅甸、科威特、马尔代夫、俄罗斯、中国香港等国家和地区在内的预警信息。通过该系统,各国气象水文部门发布的权威预警信息可第一时间汇集并显示,相关专家也可获取气象风险预警产品,交流防灾减灾经验。全球约 60 个世界气象组织会员发布的预警信息通过全球预警终端,实现与亚洲区域多灾种预警系统的互联互通,实现各国气象和水文机构发布的权威警示信息向全球公民的快速、准确传播,为联合国或跨区域国际救援行动、有效开展跨国界减灾合作提供保障。

(3)区域气象防灾减灾合作不断推进

2018 年 9 月,由中国气象局和广西壮族自治区政府联合主办的第二届中国—东盟气象合作论坛(以下简称气象论坛)在南宁召开。本届气象论坛的举办标志着 2016 年签订的《中国—东盟气象合作南宁倡议》(以下简称《南宁倡议》)进入了从理念到行动、从规划到实施的新阶段。《南宁倡议》为中国与东盟国家区域气象合作打开了一扇门。中国气象局运用风云气象卫星国际用户防灾减灾应急保障机制,多次为东盟国家提供灾害性天气的卫星区域加密观测服务;并首次在南宁开展面向东盟国家开展的灾害性强对流天气临近预报技术培训班,为东盟国家培养气象防灾减灾科技骨干。

2018 年 9 月,在中非合作论坛北京峰会暨第七届部长级会议期间,中国和非洲各国共同制定并一致通过了《中非合作论坛—北京行动计划(2019—2021 年)》。在该行动计划的基础上,中国气象局将为非洲国家提供风云气象卫星数据和产品以及必要的技术支持,继续向非洲国家提供气象和遥感应用设施和教育培训援助,支持非洲气象(天气和气候服务)战略的实施,提升非洲国家防灾减灾和应对气候变化能力。

(二)气象灾害预警信息发布体系建设

1.国家突发事件预警信息服务能力提升

国家预警信息发布业务体系不断完善。国家预警信息发布中心建立了预警信息发布工作评价指标体系,开展典型案例收集与分析评价工作,进一步完善了预警信息发布标准体系。并且,升级预警信息发布管理平台,新增质量控制功能和垂直下发等功能,完成了全国范围内平台升级部署。为了增强科技支撑,提升预警发布核心能力,2018年5月,国家预警信息发布中心与中国信息通信研究院、广播科学研究院、清华大学公共安全研究院和北方工业大学等4家科研院所和高校签约,共建应急预警开放实验室。围绕预警信息发布更精准、更高效、广覆盖的目标,依托应急预警开放实验室,整合并发挥各方优势,在国家重大科研项目申报和实施、工程项目建设和科技攻关、应急预警人才培养、国际交流等方面深入合作,提升我国突发事件预警发布科学研究的国际化水平。

国家预警信息发布系统功能进一步增强。国家预警信息发布系统为16个部门的76种预警信息提供发布平台服务,接入外交部关于海外安全的提示、药监局关于药品不良反应的提示。2018年,国家预警信息发布系统的预警信息发布正确率提升至99.95%,创历史最高值;发布自然灾害、事故灾难、公共卫生和社会安全四大类预警信息261959条,其中:气象类预警信息发布254100条,占总量97%以上;非气象类预警信息发布6657条,其中国土、林业、水利占比达87%。向应急责任人发送短信预警28.5亿人次;12379接口直接服务用户2400万次,同比增长107%。国家统计局调查显示,2018年公众对预警信息发布满意度为89.7分,同比2017年提高1.3分。基于其优秀表现,国家预警发布系统荣膺"2018年中国应急管理信息化卓越成就奖"。

气象防灾减灾救灾部门联动进一步深化,气象与其他部门间的合作领域不断拓展。气象部门主动与自然资源、生态环境、文化旅游、卫生健康、应急管理等部门深入对接、强化合作,做好气象服务的"加法",共同提升我国综合防灾减灾救灾能力。截至2018年底,中国气象局与20多个部门联合完善了国家气象灾害预警服务部际联络员制度。与应急管理等部门建立应急管理与气象监测预报预警服务联动工作机制,修订"国家级森林火险预警信息发布规范",主动及时提供森林火灾气象保障服务,保障火场扑救,受到应急部的肯定;牵头完成《国家预警信息发布能力提升工程可研报告》的编写,气象信息决策支持系统入驻应急管理部指挥大厅;联合自然资源部、工信部及社会新媒体政务平台、短视频平台推进预警发布技术能力和机制建设;与文化与旅游部联合发文加强旅游气象服务工作;与自然资源部合作实现全国县级地质灾害气象风险预警业务的全覆盖;与住房和城乡建设部共同推进暴雨内涝防治试点,截至2018年,已完成600余个暴雨强度公式(雨型)编制,在24个试点城市实现暴雨内涝信息共享、20个城市实现联合会商和开展内涝预报预警业务;与应急管理部、水利部、生态环境部、自然资源部等开展台风、堰塞湖等专题会商 40 余次；与国家林业和草原局联合每日发布森林火险气象预报；与交通运输部联合每日发布全国主要公路气象预报。

2018 年，全国 31 个省级气象部门普遍与政府各有关部门建立了有效的气象灾害信息共享机制，各省份实现气象灾害信息双向共享部门达到 527 个，部门双向共享实现率达到 95%，比 2017 年提高 2 个百分点，其中有 23 个省级单位实现了气象灾害信息 100% 双向共享(图 3.13)。

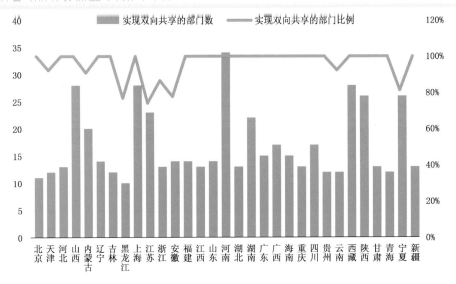

图 3.13　各省实现双向共享的部门数和实现双向共享的部门比例
(数据来源：气象现代化指标)

2.气象灾害防御决策智能化水平明显提高

在各部门的大力支持下，气象部门推动决策服务、预警发布等工作从零散化、纸质化向集约化现代化发展，开发了决策气象服务业务系统和气象信息决策支撑平台——"中国气象"和 12379 手机 APP，该平台融合了各类气象数据和预警、国土、水利等数据，实现在国务院应急办部署运行，并在气象灾害应急联络员会议成员单位中全面推广应用。

随着气象灾害决策服务智能化水平的不断提升，决策气象服务产品也更加精准有效。统计数据显示，2010—2018 年，全国气象部门向中央政府、部门和地方各级政府提供决策气象服务产品总量达到 496.76 万期(次)，基本呈稳定增长态势(图 3.14)。2018 年，全国决策气象服务产品总量达到 66.03 万期(次)，基本与 2017 年持平。

2018 年，中国气象局针对重大灾害性天气和泥石流、滑坡、地震、火灾等灾害服务，向党中央、国务院及有关部门报送《中国气象局值班信息》469 期、《重大气象信息

图 3.14 2010—2018 年全国决策气象服务产品数量(单位:期)

(数据来源:《气象统计年鉴》,2010—2018)

专报》65 期、《灾害天气与灾情快报》196 期,专项服务材料 214 期。

各省(区、市)气象局向省级政府提供的决策服务信息达 46428 期,比 2017 年增加 4999 期,增幅达 10.77%;向地(市)级政府提供的决策服务信息达 137568 期,比上年增加 11990 期,增幅达 10.16%;向县级政府提供的决策服务信息达 492469 期,比上年增加 7556 期,增幅达 5.49%。从近 8 年的数据看,总体上,向省级、地(市)级政府提供的决策气象服务产品基本保持稳定,但向县级政府提供决策气象服务产品却呈现增长,2018 年的数量达到了 2010 年的 1.8 倍(图 3.15)。

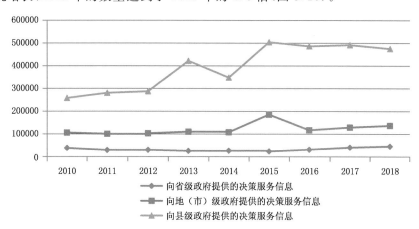

图 3.15 2010—2018 年向省级、地(市)级、县级政府提供的决策气象服务数量(单位:期)

(数据来源:《气象统计年鉴》2010—2018。向省级、地(市)级、县级政府的提供决策服务

信息包括重要气象信息服务和其他气象信息服务)

地质灾害防御气象服务效益显著。2018 年地质灾害主要发生在全国 29 个省(区、市),仅海南和上海未发生地质灾害。其中,地质灾害主要集中在四川、甘肃和湖

南等省;地质灾害造成的人员死亡(失踪)主要集中在重庆(14人)、云南(12人)和甘肃(12人)等省(市);地质灾害造成的经济损失主要集中在甘肃、四川和云南等省(图3.16—图3.18)。中国气象局与自然资源部门联合开展地质灾害气象风险预警,全年成功预报地质灾害496起,避免人员伤亡23560人,避免直接经济损失9.6亿元;2018年地质灾害造成的总死亡人数及直接经济损失皆是2009年以来最低的一年①。

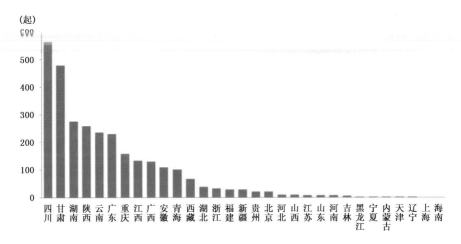

图3.16　2018年全国各省(区、市)地质灾害发生情况

(资料来源:全国地质灾害通报2018)

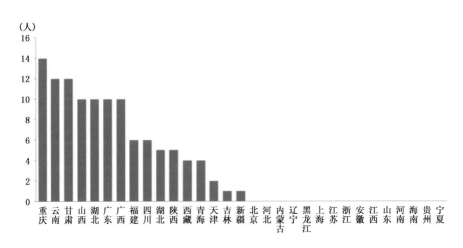

图3.17　2018年全国各省(区、市)地质灾害造成死亡失踪人数分布

(资料来源:全国地质灾害通报2018)

————————————

① 资料来源:《全国地质灾害通报2018》。

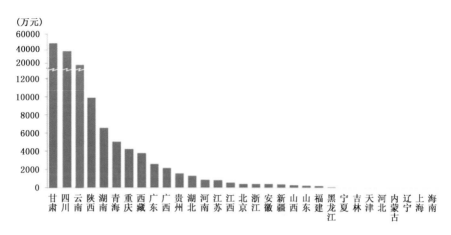

图 3.18　2018 年全国各省(区、市)地质灾害造成直接经济损失

(资料来源：全国地质灾害通报 2018)

3.气象灾害预警信息发布更加精准

发展以用户为中心、面向全媒体的智慧气象服务,实现预警信息精准推送。中国气象局不断打造"中国天气网"服务品牌,提升其社会号召力。2018 年中国天气网单日最高浏览量 8231 万页,创历史新高;发布各类预警信息 5500 余次。在扩大社会影响力的同时,中国天气频道进行气象灾害大型直播报道 9 次,跟踪报道台风"山竹""安比""玛莉亚"等气象灾害事件,进行灾害现场报道 23 次。与此同时,中国气象局与个推、UC 阿里新媒体政务平台等互联网公司建立预警信息推送及共享机制;与抖音、快手等社会主要短视频平台合作实现预警信息精准推送。国、省、市、县四级预警信息发布中心 2000 余个单位的新媒体集体入驻今日头条、抖音,将图文预警信息自动转换成 15 秒的短视频,在预警发布 1 分钟之内触达用户,实现预警信息的精准推送,有效解决信息发布的"最后一公里"问题。同时,国家预警信息发布中心与字节跳动合作建立预警信息新媒体立体传播网络、预警信息传播效果评估反馈机制,并将联合开展防灾减灾科普传播服务,使公众能准确、及时接收到实用有效的预警信息和防灾减灾科普知识。

到 2018 年底,全国已初步实现气象灾害和突发事件预警信息的全网、全民发布。全国省级开通气象灾害预警信息绿色通道的电视频道数已达到 242 个,占应开通数的 99%,其中 29 个省份实现了 100% 开通;全国省级开通绿色通道的广播电台数达 912 个,占应开通数的 98%(图 3.19),有 29 个省份实现了 100% 开通。全国省级 100% 开通气象灾害预警信息绿色通道省份较 2017 年增加 2 个。

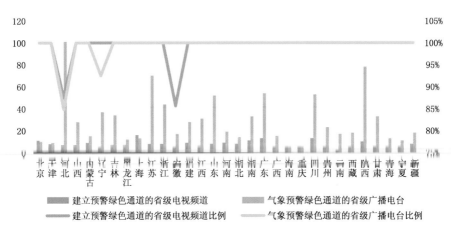

图 3.19　各省(区、市)建立预警信息的省级电视频道和省级广播电台及相应比例

（数据来源:气象现代化指标）

4.气象灾害预警信息传播城乡覆盖率达百分之百

气象信息服务站、气象信息员、城乡社区成为基层气象防灾减灾救灾的中坚力量。截至 2018 年底,全国气象灾害预警信息覆盖了 548293 行政村和 93420 城市社区,行政村和城市社区覆盖均实现了 100%（图 3.20）。全国配备气象信息员的行政村达到 607276 个,占全国行政村的 99%,其中 27 个省份实现了 100%配备(图 3.21)

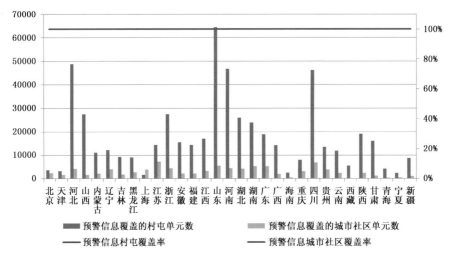

图 3.20　各省(区、市)预警信息覆盖的村屯单元数、城市社区单元数及相应覆盖率

（数据来源:气象现代化指标）

2018 年,全国省市县级进一步深化了基层防灾减预警服务机制,积极创新开展综合减灾示范社区建设,各地均组织开展应急演练,实现了突发灾害性天气监测预报

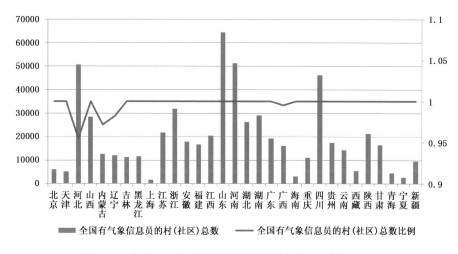

图 3.21　各省(区、市)有气象信息员的村(社区)总数及比例

预警、信息发布、应急响应流程化,健全了覆盖到乡镇和村屯的气象灾害防御工作责任体系。特别是气象灾害应急演练基本实现了常态化和机制化,到 2018 年全国有 2266 个县市区政府制定了气象灾害应急预案,占应建立数的 86%(图 3.22)。

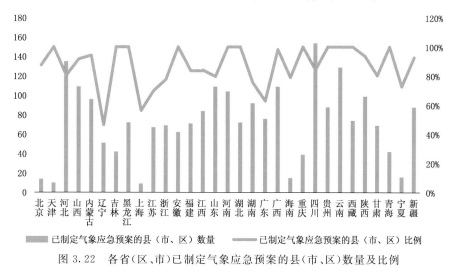

图 3.22　各省(区、市)已制定气象应急预案的县(市、区)数量及比例

(三)气象灾害风险防范体系建设

1.气象灾害风险防范更加重视

近些年来,全国各级都非常重视气象灾害风险防范,进一步加强了气象灾害防御规划建设。截至 2018 年,全国有 374 个地市制定了气象灾害防御规划,占应制定地市的 90%,其中有 24 省份实现了 100%;有 2101 县市制定了气象灾害防御规划,占

应制定县市的 95％,其中 22 个省份实现了 100％(图 3.23)。

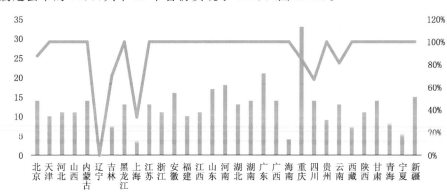

图 3.23　各省(区、市)已制定气象灾害防御规划的地(市)数和比例

2.气象灾害风险预警实现业务化和标准化

近年来中国气象局大力推进气象灾害风险管理工作。当前,全国气象灾害管理工作的重点已经由应急防御、灾后救助和恢复为主向灾前风险防范转变,更加强调变被动防灾为主动应对,使防灾减灾工作由减轻灾害损失向降低灾害风险转变。在智能网格气象预报的基础上,完善高温、暴雨、强降温等重要过程的延伸期集合预报和概率预测,建立污染气象条件实时预测系统,发展预测检验评估技术,集成最新预测技术到 CIPAS 平台;改进灾害风险评估产品,挖掘具有气候特色的国家气候标志产品;完善卫星遥感和动力模型结合的生态气候服务技术。

2018 年,进一步加强了气象灾害风险业务能力建设,制定发布气象灾害风险普查和实地调查技术标准,完成全国所有区县山洪气象灾害风险区划和入库工作。完善气象灾害风险数据库,新增数据 100 万条,初步建立全国气象灾害风险数字化地图。完善气象灾害风险管理系统,搭建干旱和台风气象灾害风险评估平台,优化干旱系统和影响评估业务,完成暴雨洪涝、干旱、台风、高温、低温等 5 个灾种分县的灾害风险区划。水文气象风险预警发展了基于山洪地质灾害的生态风险影响评估技术,初步实现山洪地质灾害向生态领域的延伸。

3.基于大数据的气象灾害风险管理系统基本建成

2018 年,气象部门在基于大数据的气象灾害风险管理系统的建立和完善上取得了进一步突破。完善了气象灾害信息大数据库,山洪地质灾害风险普查达 7800 万条,确定灾害风险隐患点阈值 15.7 万个。完成县域尺度暴雨洪涝、城市内涝、冬小麦干旱、台风等灾害风险区划图 220 余张,建成气象灾害风险管理系统 1.0 版。完成了基于滚动预报预测的玉米干旱风险评估模型、相似台风风险评估模型和长江流域水资源评估及洪涝风险模型研发。

气象部门不断推进大交通、大能源、大金融领域服务创新。建设交通气象大数据服务平台,高铁气象服务系统,打造"五位一体"航空气象服务解决方案,开展近海海洋及远洋导航服务;打造精细化服务核心技术体系和基于影响的服务产品,建立电网气象灾害精准预测预警技术体系,升级能源管道气象服务专网;研发动态航空延误定价模型产品、中国主要经济作物农业风险模型、积雪覆盖和雪深产品。

部分城市依托气象大数据,开展巨灾保险试点服务。2018 年,基于太平洋保险公司和黄浦区政府合作开展的《黄浦区巨灾保险项目》,保险公司委托上海市气象局开展专属天气预警服务。上海市气象局基于气象大数据,将风险预警由"发令枪"式预警提升到全程精细化"贴身"服务:提供精细化服务近 20 次,包括台风(大风)、暴雨、降雪、冷空气等重大天气过程和节假日及大型活动专题服务;发布太湖流域 10 天面雨量趋势预报 23 期,提供实时咨询服务 99 次[①];基本按照灾害天气发生前、灾害天气发生时、灾害天气发生后三个时间点建立了服务流程和服务产品。这些服务全面提高了气象灾害防御能力、减少了市民受灾损失,也使政府精细化社会治理效率得到良性循环。上海市气象局为黄浦区提供巨灾保险试点服务,也是我国国内大城市气象灾害防御的首创之举。

4.公众气象灾害风险防范意识和应急处置能力持续强化

提升公众气象防灾减灾救灾科普素养,是增强气象灾害社会防御能力的重要途径,也是强化气象灾害风险防范的重要内容。2018 年 5 月 12 日是我国第十个全国防灾减灾日,本次主题是"行动起来,减轻身边的灾害风险"。在为期一周的防灾减灾宣传周中,各省(区、市)通过开展技能演示、知识竞赛、现场咨询、黑板报展示等活动,向社区等基层单位发放宣教资料等多种方式,开展形式多样的社会宣传活动。7 月上旬到 8 月下旬,由中国气象局、教育部、共青团中央、中国科学技术协会和中国气象学会主办,成都信息工程大学、中国气象局公共气象服务中心、中国气象局气象宣传与科普中心承办的 2018 年气象防灾减灾宣传志愿者中国行活动全面启动。80 余支气象防灾减灾宣传队、1500 余名志愿者分赴全国各地,深入乡村、中小学、城镇社区、企事业单位等,开展为期一个月的气象科普宣传活动。2018 年 10 月,由中国扶贫基金会和中国气象局公共气象服务中心共同发起并联合主办的《小小减灾官全国科普大赛》正式落幕。来自北京赛区、天津赛区、山西赛区、西北赛区、华南赛区、华东赛区的 60 余名参赛选手获得"小小减灾官优秀代表"称号。这次大赛的主题是"向灾害SAY NO",旨在通过加强儿童减灾意识和知识技能,让小手拉大手,带动家庭、学校和社区综合减灾能力提升。

---

① https://finance.sina.com.cn/roll/2019-03-23/doc-ihtxyzsk9737755.shtml.

三、评价与展望

气象防灾减灾救灾是气象工作的重中之重，是国家综合防灾减灾救灾不可替代的重要力量，是国家公共安全体系的重要组成部分。为深入落实《中共中央 国务院关于推进防灾减灾救灾体制机制改革的意见》《中国气象局关于加强气象防灾减灾救灾工作的意见》，气象部门不断强化灾害监测预报、突发灾害预警、灾害风险防范能力，做好突发事件预警信息发布系统能力提升和应用，提高科技支撑水平，深化国际交流合作，全面提升全社会抵御气象灾害的综合防范能力；但仍存在着以下几个问题：

一是气象灾害精准监测、精准预报预警、精准发布推送和精准布防还存在差距，局地性和突发性灾害监测预警能力不够强、信息快速发布传播机制不完善、预警信息覆盖存在"盲区"等问题在一些地方仍然存在；二是智能监测、智能预报预警和智慧气象服务发展还不充分，在气象防灾减灾气象服务中基于互联网、大数据、人工智能等高新科技应用能力还有待提升；三是气象灾害风险评估和区划的针对性和实用性水平还有待提高，从灾害性天气预报向灾害性风险预报的技术基础还不够扎实，气象灾害风险转移能力还相对较弱；四是气象灾害风险防范意识有待提高，公众对预警的重视程度和面对极端气象灾害事件时的应对能力还有待提升；五是仍需加强全球气象"共享、共治"，提升面向全球的防灾减灾救灾能力。

展望未来，我国仍需进一步推进气象卫星、新一代天气雷达、高性能计算机系统等建设，建立形成更高水平的气象灾害立体观测网，提高对气象灾害高发区和易发区、西部地区、资料稀疏区和国家重要基础设施沿线的气象灾害监测能力以及对中小尺度灾害性天气变化的监测精度；不断完善遥感应用体系，充分利用风云卫星数据，支撑精准化气象灾害预报预警。同时发展基于影响的预报预警和面向决策的智慧服务，发展客观定量化致灾临界气象条件分析技术，细化气象灾害对敏感行业定量化风险评估指标，从极端天气气候事件对基础设施、能源供应、航运交通、人民生命财产安全等生命线安全运行影响和防灾减灾救灾安排调度着手，应用大数据和人工智能技术，推进气象数据与多领域数据的融合应用，建设气象灾害决策指挥支撑平台，为决策者应对各类突发事件提供数据和技术支持。

展望未来，我国仍需进一步深化气象灾害风险评估和区划，推进各部门监测数据和信息共享共用；通过全国风险普查，建立全国气象灾害风险管理数据库，形成全国数字化气象灾害风险地图，提高气象灾害风险实时动态研判能力；发展定量化的气象灾害风险评估方法和模型，开展对气候变化背景下极端灾害多发性及其影响异常性的风险分析和评估。推动气象灾害风险评估在保险、期货等行业的应用，为开发气象灾害保险险种、保险费率厘定、保险查勘理赔等提供技术支撑，充分发挥气象灾害救助积极作用。同时不断提高公众气象灾害风险防范意识。通过支持企业建设面向公众的气象灾害防御培训演练和自救互救体验馆,推动社区、企事业单位、学校、人员密集场所普遍开展气象防灾减灾救灾群众性应急演练,推动防灾减灾救灾教育纳入国民教育体系,提升公众防灾减灾意识和自救技能,切实降低社会脆弱性,提高灾害恢复力。

　　展望未来,我国仍需在国际组织框架下主动提出自然灾害防治的全球和区域的合作建议,加快国际中心和国际预警系统平台建设。在国际自然灾害防治治理框架下充分利用国际合作资源,深入参与国际计划,参与乃至引领国际标准制定。这不仅有利于降低我国在双边领域开展合作的难度和敏感性,也有利于提高我国在世界防灾减灾领域的影响力和话语权,构建人类命运共同体。

第四章　重大保障与气象服务

为人民群众的日常生活和国民经济各行业提供气象服务是气象工作的重要内容。2018年,全国气象系统坚持公共气象发展方向,秉承趋利避害并举理念,全面推进气象现代化建设,围绕国民经济各行业发展和人民美好生活对气象服务的需求,大力推动气象服务供给侧结构性改革,推动气象服务质量不断提升,气象服务在助力精准扶贫,服务民生和经济社会发展等方面取得显著成效,全国公众气象服务满意度创历史新高,气象服务国家经济社会发展取得突出效益。

一、重大保障与气象服务概述

2018年,面对严峻复杂的天气气候形势,全国气象部门主动服务,积极参与和推动国家重大战略的实施,完成了一系列重大活动的气象保障。面向公众的气象服务覆盖更广,气象服务信息通过全媒体传播,更加贴近公众,更加便捷。面向国民经济生产各行业的气象服务进一步拓展,专业化程度有所提升。

(一)国家重大战略气象保障积极推进[①]

气象是经济发展的基础条件,国家战略的实施需要气象服务保障。近年来,国家提出了"一带一路"倡议、区域协调发展、粤港澳大湾区规划、精准扶贫、生态文明建设、军民融合发展等一系列重大发展战略。为切实做好国家战略实施的气象保障,2018年,中国气象局继续深化京津冀、长江经济带气象协同发展,编制粤港澳大湾区、雄安新区气象发展规划,支持海南全面深化改革开放,加大向西部倾斜和对口支援力度,主动服务"一带一路"建设,取得明显进展。

"一带一路"气象保障

2018年,中国气象局完善"一带一路"的气象合作机制,积极实施气象合作项目。6月,中国气象局和世界气象组织(WMO)共同签署《"一带一路"倡议信托基金协议》,重点支持与"一带一路"沿线国家气象合作相关的国际交流、培训及能力建设活动,开发了4大类20余种产品,通过世

---

① 资料来源:中国气象局应急减灾与公共服务司和CMA网站。

界气象中心(北京)门户网站,为"一带一路"沿线国家及其他各国气象部门提供技术支持。9月4日,通过《中非合作论坛—北京行动计划(2019—2021年)》,承诺继续为非洲国家提供风云气象卫星数据和产品以及必要的技术支持,继续向非洲国家提供气象和遥感应用设施和教育培训援助,支持非洲气象(天气和气候服务)战略的实施,全年完成了7个国家的项目实施。

截至2018年底,中国气象局面向20个世界气象组织国际中心提供气象观测、预报、通信、科研、人力资源等各个领域的对外服务;中国自主研发的远洋气象导航系统,为工程船舶国内至马来西亚、斯里兰卡航线,中国至巴基斯坦、南非,东非沿岸拖带服务等提供多个航次的气象导航服务,打破了发达国家在远洋导航领域的垄断;完成亚洲区域多灾种预警系统(GMAS—A)建设,向东盟国家推广GMAS—A系统。

全国各省(区、市)气象部门发挥优势,积极采取行动参与"一带一路"气象服务保障,新疆克拉玛依市气象局在瓜达尔港建设的首个港口气象站,为瓜达尔燃煤电站项目提供气象条件参考;新疆维吾尔自治区乌鲁木齐沙漠气象研究所成立中亚气象灾害防御国际科技合作基地,开展上合组织气象灾害防御综合技术系列培训等;内蒙古自治区气象部门以"中欧班列"为重点,制作发布"一带一路"沿线国家城市气象预报;陕西气象部门启动"一带一路"天气预报的研制工作和气象服务;海南气象部门依托智能网格预报业务体系提升预报能力,服务包括整个南海区域,并延伸至21世纪海上丝绸之路沿线。

世界气象组织主席和秘书长高度赞赏中国"一带一路"气象服务保障工作,认为中国为缩小发展中国家与发达国家差距、加强发展中国家气象服务能力建设提供了有力支持。

雄安新区和粤港澳大湾区气象规划

2018年,中国气象局提出要把雄安新区建成智慧气象示范区、气象科技创新践行区、绿色生态服务先行区,将其打造成全国智慧气象样板。经主动对接、积极沟通,气象部门与雄安新区规划组织单位和编制单位建立了常态化联系机制,通过开展雄安新区气候安全评估和通风廊道构建专题研究,形成了《雄安新区气候环境评价报告》《关于构建新区城市通风廊道的初步成果及进一步优化城市设计空气流通的建议报告》。河北气象部门积极对接需求,组织编制《雄安新区气象预报预测与智慧气象服务保障工程可研报告》《雄安新区气候与生态观象台建设方案》《雄安新区气象灾害防御综合规划》，同时将新区和白洋淀流域气象综合观测、气象分析评估与服务、气象预报预警与灾害防御、人工影响天气等系统纳入白洋淀生态环境治理和保护规划，将气象灾害监测预警、防御技术标准、风险管理及应急措施等纳入雄安新区城市综合防灾专项规划。

围绕打造国际一流湾区和世界级城市群构建现代气象服务体系，共同提升气象对粤港澳大湾区人民生活、生态如业、两用具此用的服务保障能力，协同推进气象强国建设，中国气象局编制了《粤港澳大湾区气象发展规划》，明确了战略定位、布局重点和合作推进方式等。粤港澳气象部门开始建立长期合作机制，特别针对港珠澳大桥的通车，粤港澳气象专家多次就三地气象探测数据传输、信息共享平台和恶劣天气信息通报制度建设等进行磋商，并向大桥管理处提交了《港珠澳大桥气象保障建议书》，为大桥通车保驾护航。

风云气象卫星国际应用

2018年6月10日，习近平主席在上海合作组织成员国元首理事会第十八次会议上做了题为《弘扬'上海精神'构建命运共同体》的重要讲话，明确指出"愿利用风云二号气象卫星为各方提供气象服务"。

中国气象局积极落实习近平主席的要求，筹办风云气象卫星上海合作组织用户需求对接会、第二届中国—东盟气象合作论坛、第四届中亚气象科技合作研讨会等活动；与中国国家航天局、亚太空间合作组织签署开展风云气象卫星应用合作的协定；联合相关部门编制实施气象卫星服务"一带一路"行动方案，调整风云二号卫星在轨布局，面向全球开放共享风云气象卫星资料和产品服务。风云气象卫星已被世界气象组织（WMO）纳入全球业务应用气象卫星序列，成为全球综合地球观测系统的重要成员，同时也是国际灾害宪章机制的值班卫星，为全球90多个国家和地区、国内2600多家用户提供资料和产品。此外，还建立了风云气象卫星国际用户防灾减灾应急保障机制，根据"一带一路"沿线国家和地区的防灾减灾需求为其启动应急加密观测。

风云气象卫星对"一带一路"沿线国家和地区形成有效覆盖，提供良好的观测视角和定制化的高频次区域观测，提高台风、暴雨、沙尘暴等灾害监测预报，为各国气象防灾减灾救灾、生态保障做出重要贡献。

（二）气象助力精准扶贫注重整体效益提升①

2018年，全国气象部门积极与地方各级党委、政府及有关部门对接，进一步强化组织领导，创新工作思路，发挥科技优势，加大干部选派和投入保障力度，多措并举推进气象助力精准扶贫，定点扶贫和行业扶贫取得显著进展。

强化组织领导，推动气象扶贫融入政府脱贫攻坚大局。2018年，中国气象局印发《中共中国气象局党组关于贯彻落实乡村振兴战略的意见》，全面部署现代气象为农服务体系建设，强化农村气象防灾减灾和生态气象保障服务能力。在国家级贫困县所在的22个省（区、市），气象部门积极对接地方党委、政府及有关部门，推动气象工作全面融入"一号工程"，确保气象助力精准脱贫工作与政府主导的脱贫攻坚大局同频共振。创立气象观测扶贫公岗，并在内蒙古突泉县率先试点，获得国务院扶贫办认可。联合国务院扶贫办推动四川、西藏自动气象站助力精准扶贫工作。加大对贫困地区的资金投入，2018年"三农"气象服务专项投入资金1.92亿元，实现832个国家级贫困县全覆盖。

强化贫困地区农村气象防灾减灾体系建设，提升薄弱环节气象灾害防御能力。2018年，832个国家级贫困县中，新一代天气雷达观测范围覆盖率达75.7%，自动气象观测站乡镇覆盖率提升至92.2%。气象信息服务站覆盖90%的乡镇，气象预警大喇叭覆盖55%的行政村，气象电子显示屏覆盖68.1%的乡镇，森林草原火险监测预报和4A级以上景区精细化天气预报覆盖率达100%。

坚持"趋利避害并举"，创新气象服务形式，推进气象助力精准脱贫向纵深发展。充分发挥科技优势，以强化贫困地区气象防灾减灾、气候资源开发利用、生态文明建设等为抓手，继续深化气象扶贫工作。2018年，开展光伏扶贫气象服务，为全国147261个贫困村提供精细化太阳能资源评估，贫困村太阳能资源评估完成14.5万个，实现"村村有数据，建站有依据"。网上气象扶贫馆汇集各地特色产品300余款，定点扶贫、消费扶贫和多元社会帮扶机制取得突破。"直通式"气象服务惠及近百万新型农业经营主体，智慧气象服务深入到村域经济发展、农产品气候论证等领域。累计登记"三农"相关领域气象科技成果达到368项，气象助力精准脱贫的针对性和可持续性更强，基本形成了气象事业发展与助力精准脱贫工作互为促进、协同发展。

创新思路，实施一系列可持续、有实效的气象扶贫工程和项目。22个省（区、市）气象部门深化与扶贫、涉农等部门的合作，形成扶贫合力。安徽实施"惠农气象"智慧农业气象服务、"聚农e购"特色农产品电子商城、"爱上农家乐"乡村旅游电商精准扶贫三大行动；贵州省气象局联合贵阳银行建设大数据村域经济服务社及农村金融服务站2500余个，首创大数据村域经济服务社创新扶贫模式，入选联合国可持续发展

---

① 资料来源：中国气象局应急减灾与公共服务司，中国气象局官方网站。

脱贫和环境目标实践典型案例;江西省气象局、扶贫和移民办制定并实施"气象＋产业扶贫""气象＋光伏扶贫""气象＋旅游扶贫""气象＋安居扶贫""气象＋金融扶贫""气象＋智力扶贫",以及加强"两区"人工影响天气作业服务等十项行动任务。

发挥贫困地区旅游资源优势,助力贫困地区绿色经济发展。一是深入挖掘贫困地区旅游气候资源。2018 年,中国气象服务协会和国家气候中心分别创建"中国天然氧吧"36 个、"中国国家气候标志"16 个,提升了自然条件优良、经济欠发达地区的知名度,有效助力当地经济和旅游产业发展。安徽、江西组织开展"寻找避暑旅游目的地"评选活动。湖南、贵州、广西、安徽、甘肃、江西等地开展贫困地区气象景观顺眼服务和乡村生态旅游服务。二是加强贫困地区旅游资源的宣传推介。在中国天气网重庆站、重庆兴农网、重庆天气网开辟"美丽乡镇专栏",推介贫困区县、乡镇;西藏通过广东卫视等频道播放西藏天气预报、推介旅游资源;湖南省气象局与湖南省农业委联合开发乡镇休闲旅游智慧气象服务 APP,并通过省级电视天气预报节目和微信公众号等积极宣传推荐贫困地区旅游景点和旅游资源。三是开展贫困地区景区的精细化天气预报。2018 年,实现了精细化预报对全国 4A 以上景区的全覆盖,完成全国240 个国家级贫困县共 375 个 3A 级以上景点的 1～3 天逐小时、4～7 天逐 3 小时、8～15 天逐 12 小时的精细化预报服务产品。

(三)智慧气象服务持续发展[①]

近年来,随着云计算、大数据、物联网、人工智能等信息技术的发展,智慧气象逐步成为转变气象发展方式、推动气象与经济社会融合发展、打造气象现代化"升级版"的核心理念和重要途径。2018 年,全国气象部门继续推动智慧气象服务发展。

加强顶层设计,统筹推进智慧气象发展。2018 年,中国气象局印发了《智慧气象服务发展行动计划(2019—2023 年)》,提出了发展以智慧感知用户需求为主要特征的公众气象服务,发展基于影响的行业气象服务,发展精准、高效的决策气象服务的行动目标,并明确了六大重点任务,为未来几年智慧气象的发展指明了方向和路径。

瞄准精细化需求,有序推进智慧公众气象服务能力建设。2018 年,中国气象局建成了国家级智慧气象服务系统。建立了气象灾害风险数据库和数字化地图。基本建立全国 3 千米智能网格气象预报"一张网"和全球气象要素预报 10 千米网格,雷达分钟降水预报信息更新频率提高至 10 分钟,实现气象服务由区域站点向任意时段、任意地点延伸,公众可随时随地获取基于位置的精细化气象服务,气象服务由大众性普惠式向分众化、定制式转变。

明确发展思路,继续推动智慧农业气象服务。2018 年 8 月,中国气象局印发《智慧农业气象服务行动计划(2018—2020 年)》和《农业气象大数据建设方案(2018—

---

① 资料来源:中国气象局应急减灾与公共服务司。

2020年)》,提出了建设互联互通、统管共用的全国智慧农业气象大数据平台,建设集约、智能的国—省农业气象业务平台,建设一体化、可定制的全国智慧农业气象服务平台,实现农业气象业务产品的定量化、客观化、精准化、多样化,实现农业气象业务布局与流程的合理、集约、高效的行动目标,并提出了诸多重点任务,为今后几年的智慧农业气象服务提供了具体行动指南。2018年,中国气象局发布农业天气通1.0,直通服务惠及百万新型农业经营主体;农业气象大数据建设取得阶段性进展,实现了四级产品发布。

智慧气象助力社会资本加快布局气象信息产业①。社会资本是推动气象服务与现代信息技术深度融合的重要力量。2018年,利用现代信息技术,社会资本加快了向气象服务产业的布局。如象辑科技与华风集团合作,利用双方的数据分析、云计算优势和数据服务打造气象2.0时代。英国气象公司Meteo Group与北京航天宏图信息技术股份有限公司达成意向,合作开发公路天气实况及恶劣天气预警产品,提高精细化交通天气服务。墨迹天气和饿了么、百度外卖等平台合作,建立配送模型,制定未来2小时配送计划,提升运营效率。墨迹天气与河北省气象局签署协议,专门开发雨雪、大风天气的图片识别功能。同时,墨迹天气提交了创业板招股书,致力于利用人工智能等现代信息技术,开启气象行业的新商业模式。

各地气象部门结合本地特点,积极探索开展智慧气象服务。上海建立气象社区互动共创工作机制,积极融入政府主导的"智慧屋"、城市网格化管理体系建设,将智慧、贴心、可定制的气象服务送入千家万户。重庆建立农业气象精细化智能服务平台,基于精细化到田块的基础数据,为种养大户、农业企业提供双向、精细化、个性化的农业气象服务。安徽"惠农气象"APP打造"互联网＋气象＋农业"的网络社区众包模式,提供分时、分区、分众的精细化气象服务产品和农业综合信息智能推送。

二、2018年气象服务主要进展

(一)生活气象服务更加智慧,更加贴近公众②

1.气象服务满意度创新高,城乡差距进一步缩小

统计结果显示③,2018年气象服务公众满意度达到90.8分,创历史新高,城乡差距显著缩小。公众对天气预报的准确性、气象信息实用性、气象信息发布的及时性和气象信息接收的便捷性评价分别为82.6分、93.6分、90.7分和95.4分,同比均呈上升趋势,并连续5年保持较快增长。农村气象服务公众满意度为91.4分、城市气象

---

① 资料来源:艾瑞咨询网站.智慧气象引领行业潮流,墨迹天气发力B端产品服务.2019-02-26.
② 资料来源:中国气象局应急减灾与公共服务司和刘雅鸣2019年全国气象局长会议工作报告。
③ 2018年,国家统计局首次采用国家标准《GB/T 35563—2017　气象服务公众满意度》对公众气象服务满意度进行统计。

服务公众满意度为 90.4 分,城乡差距首次缩小到 1 分(表 4.1)。从各省(区、市)公众气象服务满意度的统计结果看(图 4.1),16 个省(区、市)的满意度超出了全国平均值,占比 51.6%,其中湖南、新疆和青海的满意度最高。

从图 4.2 来看,从 2010 到 2018 年,除了 2014 年数值有所降低之外,其他年份的全国、城市、农村的公众服务满意度基本上呈逐年上升趋势,且城乡差距也在逐年缩小,这在一定程度上表明气象部门坚持公共气象发展方向,瞄准公众需求,强化公众气象服务能力建设,创新服务方式,提升气象服务有效供给的发展思路和各项工作取得了实效,也获得了公众的认可。

表 4.1　2010—2018 年公众气象服务满意度评估结果

年份	全国满意度(分)	城市公众满意度(分)	农村公众满意度(分)
2010	83.5	82.3	84.6
2011	85.7	83.9	87.3
2012	86.2	84.5	87.8
2013	86.3	84.7	88.2
2014	85.8	84.8	87.0
2015	87.3	86.3	88.4
2016	87.7	86.7	88.9
2017	89.1	88.5	89.9
2018	90.8	90.4	91.4
平均	86.9	85.7	88.1

数据来源:中国气象局公共气象服务中心。

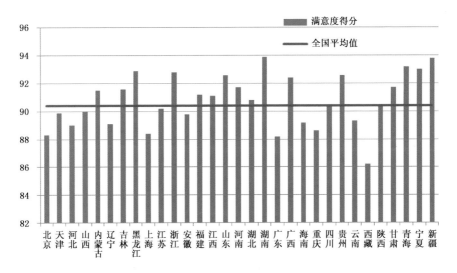

图 4.1　2018 年各省(区、市)公众气象服务满意度(单位:分)

(数据来源:中国气象局公共气象服务中心,中国气象服务协会)

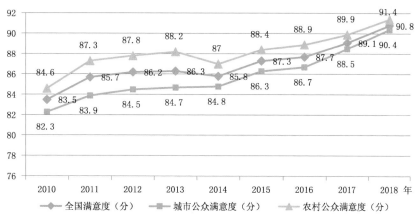

图 4.2　2010—2018 年全国、城市、农村公众气象服务满意度
（数据来源：中国气象局公共气象服务中心）

2. 气象服务瞄准人民生活需求，更加智慧和个性化

气象部门紧紧围绕老百姓的实际生活需求，创新服务方式，推动生活气象服务更加个性化和专业化，更加贴近百姓生活。

气象部门以个性化需求为导向，开展分众化、定制式的气象服务。2018 年，全国基于位置按需服务用户达到 3.4 亿人，服务覆盖 21 个省份、5.6 万个旅游景区、8.8 万个加油站、8.6 万个高速公路桩点、1500 多个机场，公众服务的针对性、及时性和产品的实用性明显提高。为及时了解用户需求和产品使用情况，建立了用户反馈机制，开展实时社会数据采集，每天有五万条数据接入和应用。

气象部门创新气象服务供给，建立融媒体平台，实现资源的国家级和省级共享，完成旅游、交通等 27 种可视化产品。同时，融合 APP、移动端网站与天气网、气象频道打造"中国天气"品牌，实现国家级全媒体服务资源统一运营，"中国天气"浏览量 124 亿，创历史新高。

3. 气象科学知识普及率继续提升[①]

2018 年，出台了《中共中国气象局党组关于加强气象宣传工作的意见》和《气象科普发展规划（2019—2025 年）》，召开了第六次全国气象宣传科普工作会议，把气象科普纳入提升全民科学素质和公共气象服务中，并采取多种措施，积极推动气象科普工作，气象科普能力显著提升，成效显著。从近五年的统计数据看，全国气象科学知识普及率呈持续上升趋势（图 4.3）。2018 年，全国气象科学知识普及率为 77.76%，比 2017 年提高 1.32%，有 12 个省（区、市）的得分超过了全国平均值（图 4.4），占 38.7%，其中吉林、北京、湖南的得分最高。

①　资料来源：矫梅燕在第六次全国气象宣传科普工作会议上的报告和中国气象局减灾与公共服务中心。

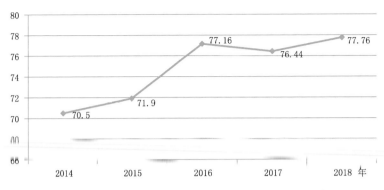

图 4.3　2014—2018 年全国气象知识普及率(单位:%)

(数据来源:2018 年国家级气象现代化业务评估报告)

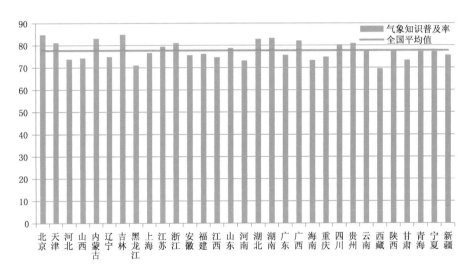

图 4.4　2018 年各省(区、市)气象知识普及率(单位:%)

(数据来源:中国气象局现代化办公室)

　　一是以需求为导向,面向重点人群,分类别、针对性地开展气象科普宣传。针对未成年人,借助气象夏令营、气象防灾减灾科普示范学校等载体,提升科普的科学性、互动性、趣味性。面向农业农村,每年向 100 余万新型农业经营主体、2000 多个县(区、市)提供点对点、直通式气象科普宣传。面向城镇居民,依托各类社区开展气象科普活动、气象知识竞赛。面向党员和公务员,联合中组部在全国党员远程教育平台播出《气象万千》节目,针对各地公务员举办讲座 120 余场。

　　二是科普活动更加多样,受众更多。2018 年,全国气象部门继续举办世界气象日活动,开放气象场馆、台站 2000 余家,参与媒体 300 余家,受到世界气象组织的赞赏和肯定。举办主题为"科技强国 气象万千"的气象科技周活动,全国各地组织科普活动 700 余场,现场参与公众累计逾 80 万人,线上参与公众超过 168 万人。"流动气象科普万里行"和"气象科技下乡"活动走进 16 个省份,总里程近 2.5 万千米,受众超 100 万人。"气象防灾减灾宣传志愿者中国行"深入 8500 余个行政村、3000 余所学校、500 余家企业,受众人数逾 700 万。截至 2018 年,"全国青少年气象夏令营"已举办 36 届,惠及 8 万名青少年。

三是科普基础设施逐步完善。2018 年,气象部门"全国气象科普教育基地"增至 346 家,教育部资助的"全国中小学生研学实践教育基地"增至 10 家。上海徐家汇观象台等被列入全国重点遗址保护和科普资源开发气象台站。中央气象台等 7 家单位被科协授予"优秀全国科普教育基地"。各地气象部门联合科协、教育部门建立校园气象站、"红领巾气象站"和气象防灾减灾科普示范学校 1276 所。流动气象科普设施覆盖 25 个省(区、市)。

四是丰富宣传科普载体,科普精品不断涌现。全国气象部门年均创作、制作图文类气象科普作品 2100 种、影视动漫类 366 种、游戏类 55 种和宣传品类 718 种,并研发少数民族科普产品,填补民族语言产品空白。《厄尔尼诺》科普视频受到中央领导同志肯定。报纸新闻、电视专题片等作品获得中国新闻奖以及尼特拉国际农业电影节奖和"中国龙"金奖等殊荣。电影表演艺术家秦怡主演的电影《青海湖畔》、广西气象山歌、福建气象科普动漫等创新形式的宣传科普作品广受欢迎。上海、湖南等地气象部门制作的十部作品获评"全国优秀科普微视频作品"。云南、西藏等省(自治区)气象局研发少数民族特色科普产品,受到当地党委、政府好评。"我们的天气丛书"二十四节气手绘动画等多部科普作品获奖。

五是科普工作体系持续完善。2018 年,气象科普纳入全民科学素质行动计划纲要。国家级气象科普管理关系进一步理顺,全国气象部门 18 个省级气象局宣传和科普管理职能统一到办公室,15 个省级气象局成立宣传科普机构,加强了对省级及以下宣传科普工作的组织管理。中国气象学会秘书处发挥行业气象科普协调组织作用,广泛吸纳相关领域专家、志愿者参与。气象部门深化与社会企业的战略合作,在中国科技馆开设了气象科普展区,新浪、百度、腾讯、字节跳动等企业也积极参与到气象宣传科普工作中。制定了《中国气象局气象宣传工作管理办法》等规章以及《气象行业标志》等行业标准,全国大部分省(区、市)气象局建立了配套的气象宣传科普工作管理制度。截至 2018 年,全国共有气象宣传科普专职人员 387 人,兼职 4260 余人,志愿者 60 余万人。

六是打造融媒体平台,推动构建全国"一张网"的气象大宣传格局①。通过与权威媒体合作,矩阵传播,提高气象工作的社会影响力。截至 2018 年底,中国气象局已与 48 家主流媒体建立合作机制,与 90 余家媒体实现资源共享,并与国家新闻出版

---

① 　数据来源:中国气象局宣传与科普中心 2018 年述职报告。

署、国家网信办等建立常态化沟通交流机制,先后组织 19 批次 57 家主流媒体走基层。2018 年,在中央主流媒体发表文章 3196 篇,比 2017 年增长 17.6%;在互联网等发布 849.86 万条,比 2017 年增长 153.5%,社会影响力显著提升。

4.新媒体与传统媒体气象服务继续融合发展

2018 年,我国传统媒体气象服务总体持稳略降,新媒体气象服务稳定增长。其中,天气类应用用户规模持续增加,气象官方微博微信服务的影响力越来越大。

(1)天气类 APP 稳定增长

天气类 APP 已成为人们手机里必不可少的应用,每天早晨查看天气 APP 看看天气预报来决定是否要带伞或穿什么样的衣服,已成为很多人的日常习惯,也是主流天气 APP 月活跃用户数居高不下的主要原因。

天气类 APP 活跃人数持续增长。天气类 APP 种类繁多,利用关键词"天气"在安卓市场、360 手机助手、91 助手、PP 助手等几大主流手机助手中检索,结果显示手机天气 APP 约为 600 个,天气类 APP 的总量呈继续上升的趋势,天气类 APP 的用户规模也一直保持持续稳定增长。根据易观千帆的相关数据分析(图 4.5),从 2014 年 1 月到 2018 年 8 月,天气类 APP 排名前六位的是墨迹天气、天气通、中华万年历、最美天气、51 万年历、2345 天气预报。近五年来,排名前六位的活跃人数总量是持续增长,在前六位中,只有天气通的活跃人数呈下降趋势。同时,墨迹天气的活跃用户数量大幅增长,2015 年下半年到 2016 年上半年活跃用户数呈现翻倍增长,这与当时 4G 手机全面上市,全网用户数激增相吻合,并持续占据 50% 以上的市场份额。

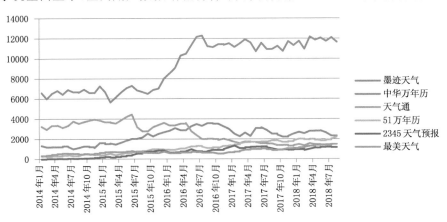

图 4.5　2014 年 1 月到 2018 年 8 月的天气类 APP 活跃人数(万)

天气类 APP 市场相对集中。比达咨询监测数据显示(图 4.6),2018 年 6 月,墨迹天气 APP 月活跃用户数为 2.3 亿人,排名第一,其次是天气通 APP,以 1.1 亿人排在第二位。易观千帆相关数据显示(图 4.7 和图 4.8,以 2018 年 12 月的数据为例),墨迹天气在单月人均日启动次数领先其他竞争对手,特别是在市场独占率方面占据绝对优势,单月人均启动次数为 32.7 次,行业独占率达到 77.6%,体现出很强的用户黏性,最美天气以 28.8 次位列第二名,中华万年历以 27.4 次位列第三名。

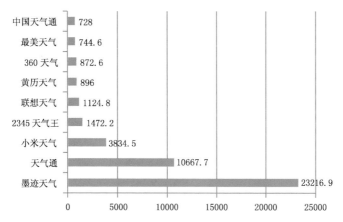

图 4.6 2018 年 6 月天气 APP 活跃用户数(万)

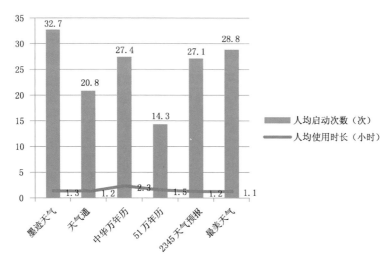

图 4.7 2018 年 12 月天气 APP 人均启动次数(次)和人均使用时长(小时)

(2)气象官方媒体融合发展

2018 年,中国气象局注重打造"中国天气"品牌,实现国家级全媒体服务资源统一运营,累计服务超过 814 亿人次。气象服务网络浏览量突破 124 亿页,日最高浏览量达 8231 万页。气象影视服务节目覆盖 25 个国家级电视广播频道,覆盖人口超过 10 亿。中国气象局网站全年访问量达到 1.4 亿,较五年前增长 80%。中国天气通数据服务覆盖 50%智能手机中国市场。气象影视灾害现场直播和短视频浏览量超过 1

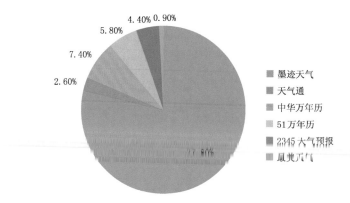

图 4.8　2018 年 12 月天气 APP 行业独占率

亿人次①。

　　2018 年,中央气象台共制作发布《每日天气提示》和《重要天气新闻通稿》共 248 篇,电视媒体引用中央气象台预报达到 5034 条,影响力辐射中央电视台的综合频道、经济频道、国际频道以及新闻频道。中国天气频道派出 27 路次记者赶赴台风现场进行现场报道,共计完成 48 次电视直播连线,260 分钟网络直播,制作 77 条新闻,增加特别直播节目共计 31 档,频道自制专栏科普节目、宣传片近 1000 分钟。中国天气网网站资讯在今日头条、腾讯企鹅号、百度百家号中总推荐量超过 49 亿次,阅读量超 2.8 亿,较上年同期分别增长 50%、43%。中央气象台、中国天气网精心打造专业权威又通俗易懂的气象防灾减灾科普文章,共发布微博 6199 条,粉丝总数超过 170 万。

　　全国"两微一端"气象官方新媒体服务覆盖人群超 6.9 亿,影响力位居各部门前列。中国气象局微博获全国"两微一端"百佳称号、全国十大中央机构微博奖项。2018 年,中国气象局官方微博粉丝达 323 万,有 8 个话题阅读量过亿,44 个话题阅读量过 1000 万,100 个话题阅读量过 100 万;中国气象局微信粉丝超 30 万,阅读量破万的信息达 100 条;客户端订阅用户超 4000 万,单篇最高阅读量 889 万,微头条总阅读量近 2.87 亿②。

　　根据人民网舆情数据中心发布的气象系统双微排行榜显示,2018 年,排名前十位的分别为深圳天气、中国天气、中国气象局、气象北京、中国气象科普网、广州天气、江淮气象、江苏气象和龙江气象。根据《2018 年报年度人民日报·政务指数——微博影响力报告》发布的榜单,2018 年的全国"气象十大微博"是:深圳天气,气象北京,中国气象局,广州天气,龙江气象,江苏气象,中国天气,江淮气象,中央气象台和广东天气。该报告认为,近年来,气象类微博的策划运营能力持续提高,在内容、形式和技

----

①　数据来源:2018 年中国公共气象服务白皮书。
②　资料来源:中国气象局宣传科普中心 2018 年年终述职。

术上多重创新,宣传载体从单一的图文视频拓展到全媒体、融媒体、浸媒体,打破了以往政府信息公开工作的沉闷套路,实现了有声有影有形、入耳入脑入心。值得一提的是"@深圳天气"连续五年蝉联微博榜单第一,超强台风"山竹"影响期间出现重大舆情,"深圳天气进入热搜前十",微博总阅读数达 3.3 亿次,公众点赞量达 37.51 万次,微信阅读量超 100 万次,各项数据均达到历史最高值。

天气官方"抖音"陆续上线。抖音传播因实时便捷且满足大众个性化追求而备受欢迎。2018 年,各地的气象部门相继利用抖音传播气象信息,开展气象科普。抖音号中除了日常天气预报和及时发布台风预警三维动图和视频外,还将晦涩难懂的气象知识用生动的语言和幽默的视频进行演绎,普及公众的气象常识。例如,2018 年 6 月,深圳气象局率先在同行中注册了深圳天气的抖音号,对各种类型视频进行了探索,包括角色扮演、主持人介绍、专家讲解、动画科普等,4 个月圈粉突破 40 万。在超强台风"山竹"影响期间,制作抖音短视频 40 条,其中爆款短视频 4 条(单条点击量过千万),最高单条短视频点赞数超过 137 万、评论超过 7 万。抖音发布的气象预警预报短视频累积点击量超 1.4 亿,快速有效提示了台风"山竹"最新动态及影响,信息覆盖珠三角及港澳地区,得到全国气象同行及网友的关注。深圳天气的抖音号在全国气象行业政务抖音号中排名第一,在深圳政务抖音号也排名前列。

(3)传统媒体气象服务持稳略降

数据显示,2018 年,除广播外,电视、电话和短信等传统媒体气象服务传播量呈持续下降趋势。

提供气象服务的广播频道数量基本保持稳定。2018 年,提供广播气象服务的频道数量为 1969 个,与 2017 年相比略有增加(图 4.9)。

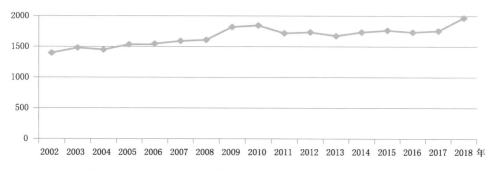

图 4.9 2002—2018 年提供气象服务的广播频道数量(单位:个)

(数据来源:气象统计年鉴,2002—2018 年)

提供气象服务的电视频道数量有所降低。2018 年,传播气象服务的电视频道数量为 3555 个,比 2017 年减少 427 个(图 4.10),天气预报的电视收视率也有所下降。这可能与气象影视业务的集约化发展有关,目前,部分地市的电视天气预报转由省级气象影视中心制作,部分县市电视天气节目交由地市气象影视中心制作,部分交由地方电视台制作,县市气象台基本退出制作。

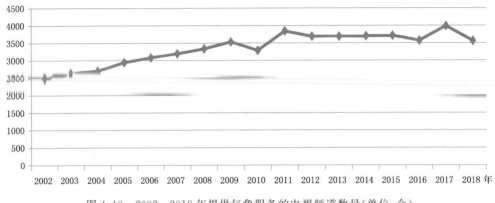

图 4.10　2002—2018 年提供气象服务的电视频道数量(单位:个)

(数据来源:气象统计年鉴,2004—2018 年)

气象服务电话拨打数量近年来持续下降(图 4.11)。2008 年全国电话气象服务拨打次数达到峰值,2009 年后逐年下降,而 2018 年全国气象电话拨打次数只有 2008 年的五分之一,电话气象服务数量的下降可见一斑。具体到 2018 年,气象服务电话拨打数量为 4.6 亿次,比 2017 年下降了 0.6 亿次,降幅达 14.7%。从分地区情况看,2018 年电话拨打数量最多的山东为 9018 万次,其次湖北为 5150 万次,上海和天津两个直辖市的电话拨打量较低(图 4.12)。

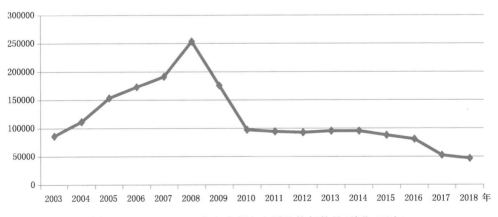

图 4.11　2002—2018 年气象服务电话的拨打数量(单位:万次)

(数据来源:气象统计年鉴,2004—2018 年)

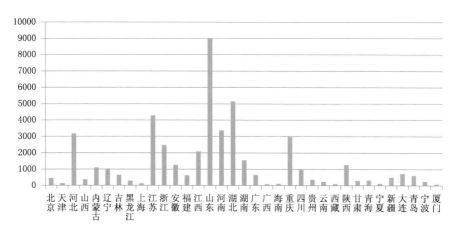

图 4.12　2018 年各省(区、市)气象服务电话的拨打数量(单位:万次)

(数据来源:气象统计年鉴,2018 年)

短信气象服务的定制户数近十年来也呈持续下降趋势(图 4.13)。2018 年,短信气象服务定制用户数为 10651 万户,比 2017 年下降 5.3%。从分地区情况分析(图 4.14),用户最多是江西省 1305 万,占全国总用户量的 12%;原来定制用户最多的省呈明显下滑,如 2017 年用户最多的浙江省在 2018 年减少了 1360 万,减少幅度达 58.6%,也就是一半以上的用户取消了短信定制,还有广东、河北等上年用户最多的省下降较大。2018 年增加 100 万户以上的省(市)有江西、重庆、四川。

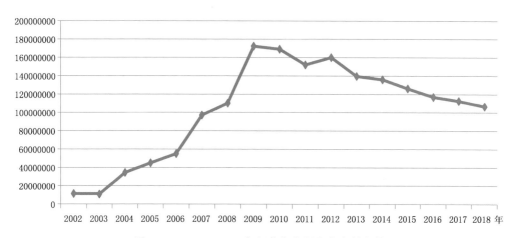

图 4.13　2002—2018 年短信气象服务的定制户数

(数据来源:气象统计年鉴,2002—2018 年)

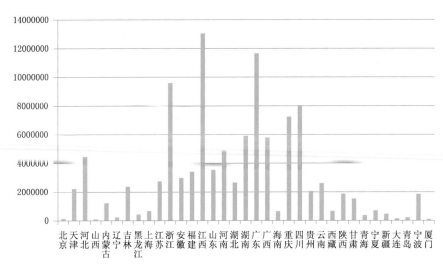

图 4.14　2018 年各省（区、市）短信气象服务的定制户数

（数据来源：气象统计年鉴，2018 年）

（二）面向行业和特定领域的专业气象服务取得新进展

1. 气象为农服务①

2018 年，气象部门将科技创新作为第一生产力，将气象科技元素融入农村建设。制定了《智慧农业气象服务行动计划（2018—2020 年）》《农业气象大数据建设方案（2018—2020 年）》。制作发布灾害性天气对特色农业影响评估等专题产品，组织春耕春播、夏收夏种、秋收秋种关键农时服务，向国务院报送产量预报报告。定期监测评估世界主要产粮区农业气象条件与作物生长状况、估算预测主要大宗作物产量，为国家粮食安全和粮食贸易决策提供参考依据，2018 年全国粮食作物总产预报准确率达到 99.8%。

农业气象业务服务能力逐步提升。2018 年，由 70 个农业气象试验站、653 个农业气象观测站、2175 个自动土壤水分观测站组成的现代农业气象主干观测站网基本稳定，有 1618 套农田小气候观测仪、1028 套农田实景观测仪服务于各类作物监测。截至 2018 年底，累计编制修订 61 项全国性农业气象技术标准和 14 项业务服务规范、技术指南，制定 5548 个农业气象指标，研发推广 60 多项农业气象适用新技术。国内外作物长势监测及产量预报产品分别拓展到 18 种和 14 种，覆盖 13 个主要国家；累计建成农业气象示范田 1858 块、示范面积达 8.4 万公顷；与农业农村部联合开展的"直通式"服务和气象信息进村入户覆盖全国近 100 万个新型农业经营主体，汇

① 资料来源：中国气象局应急减灾与公共服务司和 CMA 网站。

聚全国 628 个农田小气候站、207 个作物实景观测站数据,43 万新型农业经营主体注册应用智慧农业气象服务客户端,智慧农业气象服务惠及 37.6 万注册用户;完成 76 项农业保险天气指数研发,开展了涵盖粮、油、水产、畜牧、花卉、中药材等的 60 种农产品气候品质评估。

农业气象服务科学研究积极推进,为农服务的科技含量不断提升。到 2018 年,中国气象局与农业农村部联合创建 10 个特色农业气象中心,全国建成 6 个独立运行的省级农业气象中心,12 个省份成立 44 个省级农业气象分中心,综合研究能力显著增强。形成了由 9 位全国首席服务专家、百余位正研、千余位高工为主组成的农业气象专业队伍,培训基层气象为农服务人员两万余人次。农业情报由单一的旬月报发展为旬、月、季、年报系列产品,逐步开展了农用天气预报、农业病虫害发生发展气象等级预报、国内外粮食产量预报、农业气候区划、农业气象灾害监测预警评估、设施/特色农业等领域的气象服务,并开展了村域经济发展、农业保险、农产品气候论证等领域的气象服务,一大批农业气象科技成果转化为服务产品。

农村气象灾害监测预警体系逐步完善。建立了精细到乡镇的气象预报和灾害性天气短时临近预警业务,乡镇天气预报准确率逐年提高。完成 2190 个县的暴雨洪涝灾害风险普查和风险区划,1880 个县的气象部门与国土部门联合发布地质灾害气象预警,并推进了与水利部门联合发布山洪和中小河流洪水风险预警。以预警信号为先导的应急联动机制初步建立。建成国家、省、市三级突发事件预警发布平台和 2016 个县级终端,国、省、市、县四级相互衔接、规范统一的预警信息发布业务基本形成。整合并利用各部门及社会资源,建成 7.8 万个气象信息站、覆盖 93.6% 的乡镇,15.3 万块电子显示屏、覆盖 82.6% 的乡镇,43.6 万套高音喇叭、覆盖 70.2% 的行政村,建立覆盖我国近海海域的 8 个海洋气象广播电台。

农村基层气象防灾减灾组织体系逐步完善。2018 年,全国共 2167 个县成立气象防灾减灾或气象为农服务机构,气象信息员达 76.7 万名,行政村覆盖率 99.7%,县、乡、村三级气象防灾减灾组织管理体系基本形成。2018 个县出台了气象灾害防御规划,2712 个县、2.1 万个乡镇制定了气象灾害应急专项预案,11.8 万个村屯制定了应急行动计划,基层气象灾害应急预案体系基本形成。

2.民用航空气象服务[①]

民用航空气象业务运行稳中有升。2018 年,民航气象部门建立危险天气预报考核评估机制,深化"天气与运行情况复盘"机制,完善气象服务保障方案,全年保障各类飞行起降突破一千万架次,同比增长近 8%,民航气象系统机场预报准确率为 92.99%,观测错情率为 0.01‰,气象装备运行正常率为 99.86%。与前两年相比,预报准确率持续小幅提升,观测错情率、气象装备运行正常率基本持平。全年共发布例

---

① 资料来源:中国民航局。

行天气报告 495976 份,特殊天气报告 10472 份,9 小时机场预报 132563 份,24 小时机场预报 61064 份,因天气原因启动大面积航班延误应急响应机制（MDRS）预警547 次,其中,黄色预警 432 次,橙色预警 86 次,红色预警 29 次。在各种重大保障活动中及时发布各类气象信息,辅助民航运行决策,圆满完成了"春运""两会"、博鳌亚洲论坛、上合组织峰会、进出口博览会等一系列重大活动的气象服务保障任务,确保专机、重要飞行的顺利执行,为全年民航航班正常率超过 80％做出了积极贡献,获得用户好评。

民用航空气象业务领域不断拓展。2018 年,中国气象局开展了针对印尼、日本、美国夏威夷等国家和地区火山喷发及火山灰扩散影响的监测预警服务技术研究;开展了南非约翰内斯堡、安哥拉罗安达等国际城市航空适航条件分析,为中非空中航路提供保障依据;发布了地磁风暴指数、太阳辐射风暴指数、无线电失效指数等空间天气指数,为极地航线提供导航服务;为中东航线提供专项气象服务保障;为航空运输企业提供印度洋、北美等地区航空危险天气的监测和预报服务;还与中国民航局、香港天文台联合建设了亚洲航空气象中心,覆盖亚洲 26 个国家和地区,每天滚动制作发布危险天气资讯产品多达 30 余种。

民用航空气象科技创新能力有所提升。2018 年,在研究和分析国内外航空气象现状和未来发展趋势的基础上,编制了民航智慧气象工作方案,以民航气象业务的数字化、自动化、智能化、智慧化为发展思路,挖掘内生动力,提升服务水平,以智慧气象引领航空气象各项业务工作,为航空气象未来发展指明方向。在民航气象系统组织开展各类业务研讨,分析存在的问题和隐患,制定改进措施,强化对全系统业务运行的管理。根据国际民航组织有关航空气象的规则,制定《民用航空气象预报规范》。持续规范和完善重要天气复盘机制、天气会商机制、大面积航班延误协调机制、天气讲解机制和用户需求调查分析机制等。深入开展重要天气联合复盘,有效促进气象与管制等用户的融合。建立危险天气预报考核评估机制,提高雷暴天气精细化预报水平,通过考核评估,改善了雷暴天气预报提前量过短、时间段过长的问题,减少了漏报现象,缩小了预报偏差,提升了精细化预报水平;着重提升中小机场气象业务能力,派驻专业技术人员支援中小机场工作,加强中小机场的气象人员培训。组织开展《数值预报模式航空领域实施框架研究》《对流天气对航空运行区域通行能力影响研究与验证》等多个科研项目,持续推进科研成果转化,初步实现了对流天气对区域通行能力影响的客观评估。

民用航空气象设施建设稳步推进。民航气象部门积极推进新建机场的气象设备设施建设,对现有机场的老旧气象探测设备进行更新。2018 年,建设或更新自动气象观测系统 16 套、天气雷达 4 部、风廓线雷达 12 部、卫星资料接收系统 8 套。截至2018 年底,民航机场共配备自动气象观测系统 248 套,天气雷达 64 部,风廓线雷达37 部,卫星资料接收系统 239 套。民航气象中心继续联合国家气象中心和香港天文台,全力推进亚洲航空气象中心建设,继 2018 年 1 月 1 日亚洲危险天气咨询中心三方联合试运行后,2018 年 7 月 11 日,亚洲航空气象中心正式启动运行,开始提供亚洲区域危险天气咨询服务。同时,民航气象中心持续完善运行模式,优化运行程序和服务产品,加强与亚洲周边国家的联系,扩大用户范围,加强国际宣传,提高国际影响力。

3. 新疆建设兵团气象服务①

2018 年,新疆生产建设兵团组织各师市气象台积极做好农作物生长期气象预报服务工作,为兵团领导和农业农村局领导提供气象决策服务材料,为兵团各师市春耕春播、田管、秋收秋种等提供有力的气象服务技术支撑。

一是开展人工增雨雪作业和防雹减灾作业,服务兵团经济社会发展和农业生产防灾减灾。2018 年,全兵团投入作业高炮 252 门、火箭架 721 具,碘化银地面烟炉 11 套。人影作业最早于 4 月 10 日进点,最晚于 10 月 16 日撤点,全年雷达监测到强对流天气 266 日·次,雷达开机 34944 小时,指挥防雹作业 785 点次,累计作业人雨弹 7.46 万发,火箭弹 1.05 万枚。全年为基层供应人雨弹 6 万发,火箭弹 9406 枚,火箭架 20 具。积极加强兵地人影区域联防体系建设,在发展规划、作业布局、基础设施建设、联防协同等方面,主动与当地做好衔接和协调,做到联防、联动、联合作业,发挥人影作业整体效能,为兵团农业趋利避害、防灾减灾、抗灾夺丰收发挥了积极作用。

二是针对 2018 年大风、高温、低温多雨、寒潮等灾害性天气,组织师(垦区)气象台早期跟踪,提前 98 小时发布重要天气警报,为农牧团场做好防灾减灾,抗灾自救发挥了重要作用。制作发布了 2018 年农牧业气候年景趋势预测、南北疆棉花适播期(林果花期)、春夏季水旱趋势预测、夏秋季热量条件分析等系列气象服务信息,并适时向职工和公众发布农事建议,向师市领导提供专项气象服务。2018 年,兵、师、团共编辑《气象信息简报》2600 余期,部分师还通过电视、广播、报纸、网络、电子邮件、微信、即时通信工具等多种形式发布有关天气信息。兵团本级编发重大灾害性天气预测和实况信息简报及传真 36 期,取得较好的服务效果。七师气象局完善了"七师气象"微信公众平台的建设,使其成为集气象服务、普及气象知识于一体的平台,力争建设成优秀微信公众平台。

三是为科研项目、招商引资提供兵团垦区气象资料。兵团气象局组织各师气象台站为中国农科院《兵团农业区划项目》提供兵团 30 个气象站 1998—2018 年气温、雨量、蒸发、湿度、风速、极端天气等气象要素资料。六师气象局无偿为招商引资企业、环评机构和建筑设计研究院等企业提供历年气温、降水、风速、冻土以及气象灾害等要素统计资料 20 余份,使师市重大工程项目得以顺利开工建设,深受施工单位和企业好评。同时,还为农业农村局、环保局、农技推广站、招商局、规划局、统计局和史

---

① 资料来源:新疆生产建设兵团。

志办等行政事业单位提供气象资料服务。

四是为防灾减灾、保险理赔提供气象服务。2018年兵团各垦区大风、高温、霜冻等灾害天气频发,给农业生产造成一定的经济损失,气象台站组织专人向团场保险公司出具上百份详尽的气象证明材料,确保了职工能够尽快恢复生产生活,为保障民生提供了必要支撑。同时多次为师(市)大型活动提供有力保障,如"郁金香节""荷花节"、高考、农业生产工作现场会、全师的春秋季植树等活动,共计13次;特别是"郁金香节""荷花节"等重大活动期间,组织专业技术力量对天气演变进行了系统分析和跟踪服务,确保了活动顺利进行。高考期间,还与昌吉气象台共商,并联合发布考区每隔3小时滚动天气预报,以便考生沉着应考。

五是参与大气污染治理,助力环境改善。兵团气象部门积极参与环境保护工作,配合环保部门开展空气污染治理。六师、八师气象局已与师环保局建立了长期会商机制,常年为环保局空气质量分析提供气象数据,11月至次年3月,每天与环保局开展空气环境质量天气会商,提供未来2天天气形势分析和预报,联合环境保护部门制作和发布空气质量预报。在空气重度污染时,协助环保局启动预警信号,做好应急预案跟踪服务,为提高空气质量和改善环境发挥应有作用。

4. 农垦气象服务[①]

黑龙江垦区地处我国东北部小兴安岭南麓、松嫩平原和三江平原地区。辖区土地总面积5.54万千米², 现有耕地4363万亩、林地1384万亩、草地509万亩、水面388万亩,是国家级生态示范区。目前,垦区已经具备220亿千克的粮食综合生产能力和200亿千克的商品粮保障能力。2018年,垦区气象服务工作质量进一步提高,取得了显著的成绩,为社会、经济建设做出了积极贡献。

气象服务能力持续提高。2018年,垦区各级气象台站以服务垦区农业生产为中心,及时、准确地分析和发布各生产季节的长、中、短期天气预报,为农业生产提供及时可靠的气象指导信息。积极应对突发性天气,针对极端天气频发提供准确的预警、预报。充分发挥天气雷达、气象卫星等现代化气象装备的作用,通过气象视频会商系统第一时间获取省气象台的预报意见,预测预报能力进一步提高,同时为农场气象站提供了更加可靠的指导预报。各气象台站充分利用自动雨量站、手机短信平台等先进手段,为农业生产提供精细化的预报服务产品。严密监视强对流天气,组织开展防雹作业,用科学的手段提高作业指挥精度,增强作业效果,农业防灾减灾效果显著。

气象现代化建设稳步推进。2018年,中国气象局下达气象业务建设项目总投资1425万元,其中,中央投资1386万元,自有资金39万元。完成了两大项目的建设,一是九三雷达技术升级及技术标准统一,二是宝泉岭等3个管理局气象台高清视频会商分中心建设和二九〇等39个农场气象站高清视频会商终端建设。垦区加大力

---

① 资料来源:黑龙江农垦总局气象管理站。

度组织协调各气象台站自动站数据上传工作,实行数据传输的质量监控,各站数据平均上传率达到95%以上。继续推广应用数值集成预报方法,逐步提升台站客观预报能力,并在此基础上,结合标准化建设逐步建立预报流程,形成台站预报模式。管理局气象台和大部分农场气象站通过可视化会商系统实现了与省、市气象台的预报会商,使垦区天气预报准确度进一步提高,尤其是针对重大灾害性天气,服务更加及时。积极协助和配合黑龙江省大气探测技术保障中心完成垦区西部部分台站的第五次自动气象站检定,有效保证了自动气象站的运行质量和按期检定的要求。组织项目建设单位技术骨干参加新设备应用技术培训,为技术人员正确使用、维护新设备提供了保障。

5.黑龙江森工气象服务①

黑龙江省森工林区是全国最大的重点国有林区和木材战略储备基地,经营总面积1009.8万公顷,占全省总面积的22%。有林地面积858.6万公顷,占全省有林地面积的44.2%;森林覆被率85.1%,高于全省39.1个百分点。下设伊春、牡丹江、松花江、合江4个林管局,40个林业局,578个林场所(其中9个直属)、17个林产工业企业、4个林机修造企业以及科研院所、文教卫生、森林调查、建筑施工等副处级以上企事业单位173个。全省森工系统气象站共有45处,森林物候气象哨114处(林场所)。

2018年,黑龙江省森工总局加强对强对流天气的监测,减少农林作物损失,发布播种、造林、采种、抚育等营林生产天气预报以及火险、霜冻、日灼、干旱、洪涝等灾害性天气预报。在观测温、压、湿、风向风速、降水、蒸发、日照的基础上,还增加了辐射、冻土与森工林区的林木、苗木物候观测。各地区通过物候观测,发布主要森林物候,农作物的萌动、生长、开花、结实等物候因子的变化规律。根据造林地的实际情况确定最佳生态域、生态位,真正做到适地适树,为科学经营森林,实现林区森林生态、经济持续发展做好服务。

6.水利气象服务

近年来,为提高水旱灾害防御技术支撑水平,水利系统和气象院校、科研机构合作,开展了气象新技术、新方法在水文气象中的应用。水文监测水位、雨量、水温、蒸发等观测项目全部实现自动采集、存贮、传输。实现了气象卫星云图接收处理系统、天气雷达广泛应用,国家防汛指挥系统依托天气雷达开发多源定量降水估算,应用于暴雨监测预警和洪水预报。

开展无资料地区及中小流域暴雨山洪监视预报技术研究,研发了基于雷达和自动雨量站监视的山洪动态临界雨量应用技术。研发适应"短历时、高强度"暴雨特点的城市雨洪模型,试验探索了临近暴雨内涝和城市河流突发洪水的预警技术。开展

---

① 资料来源:黑龙江森工总局气象站。

定量降水预报和水文模型耦合应用,水利部信息中心和长江委等利用 GIS 技术,实现降水预报等值线下区域或子流域预报降水量的自动提取,使人工智能预报与格点化数值预报一样方便地应用于自动化水文模型。开展不同物理参数化方案和合理空间尺度比较分析,在长江流域应用 WRF 中尺度模型和 Reg-CM4 区域气候模型,结合国内外多种数值模型产品的再加工,开展不同预见期水文气象耦合预报技术应用试验,初步实现 1～3 天精细化和 1～3 月长预见期流域面降水量滚动预报。

结合水利防汛需要,水利系统加强台风活动与降水分布历史变化规律研究,开展短历时中小河流突发性暴雨洪水、城市暴雨洪水等探索性研究,并开展延伸期滚动预报,从方法和产品实用性上均取得重大进展,并进行了业务试验,较好弥补了 10 天以下中短期预报和月以上气候预测之间的缝隙,为防汛抗旱和水资源优化科学配置提供了重要技术支撑。开展利用多模式综合集成技术,延长降水预见期和降低预测不确定性,并与水文模型相结合,充分发挥水库群的综合拦洪调蓄作用,提高雨洪资源化利用水平。

2018 年,气象部门准确预测长江、黄河等重点流域汛期降水趋势;全国各流域气象中心建立定量化预报模型,预报空间分辨率缩小至 10 千米,8 大类 46 种流域气象服务产品成为江河防汛抗旱决策的重要支撑。

7.环境、交通、旅游、能源等气象服务[1]

(1)环境气象服务助力蓝天保卫战[2]

2018 年,中国气象局组建汾渭平原环境气象预报预警中心,完善全国环境气象预报服务体系。全国雾、霾过程预报准确率达 80% 以上,能见度和 $PM_{2.5}$ 浓度预报时效延长到 10 天,重点区域月大气污染过程预测准确率达 73%。与生态环境部共享气象和大气环境质量监测历史数据,联动开展全国大气污染气候条件分析,强化重污染天气联合预报和分析。发布《2017 年大气环境气象公报》。

(2)海洋气象服务支撑国家海洋战略

2018 年初,中国气象局启动“迎峰度冬”专项保障服务,承担海上天然气运输气象保障以及港口预报服务任务。持续推进发展全球远洋气象导航服务,发展具有自主知识产权的导航技术。为中国海上搜救中心处置东海“桑吉”轮沉船事故提供相关海域的气象信息服务近 300 期(次)。与交通运输部上海海岸广播电台、上海海洋气象台合作发布我国自主研发的海洋气象信息服务产品,包含海区分析图、气象预报图、卫星云图、台风路径图等多种传真图产品,为我国近海(包括钓鱼岛、黄岩岛等海域)、朝鲜海峡水域、日本海等提供传真服务。

(3)交通气象服务能力有所提升

---

[1]　资料来源:中国气象局应急减灾与公共服务司。
[2]　资料来源:2018 年中国公共气象服务白皮书。

2018年,中国气象局与海事部门合作,提供"黄金水道"航运安全智能服务,并组织研发长江主航道航运气象服务业务系统建设,促进长江、黄河、海河流域气象保障服务能力的提升。

在陆路交通方面,2018年,中国气象局与应急管理部建立针对重大自然灾害保障救援道路畅通机制。建设高速交通管理天气风险管控平台,研发天气风险预警产品。联合社会互联网机构开展重大节假日出行天气导航服务。在江苏、贵州试点开展高速铁路服务系统建设。落实中国气象局与国家铁路局战略合作协议,制定《中国铁路服务方案》,并组织研发面向交警的高速公路风险预警服务系统。

(4)旅游气象服务助力全域旅游

2018年,中国气象局落实国务院出台的《关于促进全域旅游发展的指导意见》,推动气象与旅游融合发展,"天然氧吧""气象公园"、气象景观、避暑(避寒)目的地、冰雪旅游地等气候资源开发利用成为旅游经济发展的新热点。

2018年,中国气象局打造"国家气候标志"品牌,内蒙古阿尔山、浙江建德等23个县市获评国家气候标志。启动国家气象公园试点建设,安徽黄山风景区和重庆三峡成为首批试点。全国共有64个县域或景区获评"中国天然氧吧",其中2018年新增36家,并成立天然氧吧推广联盟,获评地区旅游热度明显提升,显著带动地方旅游产业发展。

中国气象局与国际旅游研究院联合主办2018年第四届中国避暑旅游产业峰会,发布"2018年中国城市避暑旅游发展报告",受到社会媒体的广泛关注,也带动了全国各地开展避暑旅游服务的发展,生态文明气象服务品牌影响力日益扩大。

2018年新增的获得"中国天然氧吧"称号的36个地区

　　2018"中国天然氧吧"创建经过公开征集、自愿申报、初步审核、实地考察、统一监测、专家评审等环节,最后经中国气象服务协会审议认定,以下36个地区符合"中国天然氧吧"的各项要求和标准,授予"中国天然氧吧"称号:

　　河北省围场满族蒙古族自治县、山西省安泽县、山西省交城县、内蒙古自治区多伦县、辽宁省鞍山市千山风景名胜区

　　浙江省庆元县、浙江省泰顺县、浙江省景宁畲族自治县、浙江省杭州市临安区、浙江省武义县、浙江省衢州市衢江区、浙江省余姚市四明山旅游度假区

　　福建省永泰县、江西省资溪县、江西省崇义县、江西省上饶市铜钹山国家森林公园、江西省庐山市

　　河南省新县、河南省卢氏县、河南省西峡县、湖北省神农架林区、湖北省英山县、湖南省江华瑶族自治县、湖南省平江县、湖南省宁远县

广东省龙门县、广西壮族自治区金秀瑶族自治县、贵州省石阡县、云南省普洱市思茅区、云南省新平彝族傣族自治县

陕西省太白县、陕西省宁陕县、陕西省柞水县、陕西省麟游县、陕西省周至县、新疆维吾尔自治区特克斯县

(5)能源气象服务向精细化发展①

2018 年，开展全国风能太阳能资源监测，更新全国 1 千米分辨率的风能资源精细化评估数据库，建立光伏发电重点地区 1 千米分辨率的太阳能资源精细化评估数据库，开展 117 个风电场和太阳能电站选址评估，为 1153 个风电场和太阳能电站提供预报服务；建立全国高分辨率冰冻预报预警服务平台，面向全国提供输电线路的覆冰(标准冰厚)及舞动预警服务。支撑全国新能源消纳监测预警平台建设。

(三)重大活动气象服务保障取得积极效果②

2018 年，气象部门主动做好上合组织青岛峰会、中非合作论坛、首届上海国际进口博览会、宁夏回族自治区成立 60 周年及广西壮族自治区成立 60 周年大庆等重大活动气象服务保障。扎实推进北京冬奥会和世界园艺博览会气象服务筹备工作，制作《2022 年冬奥天气报告(2018 版)》(中、英文版)，完善冬奥气象保障机制，启动冬奥气象服务团队冬季驻训，受到各省(区、市)党委政府的肯定。

上合组织青岛峰会气象保障

2018 年 6 月 9 日至 10 日，上海合作组织成员国元首理事会第十八次会议(以下简称"青岛峰会")在山东省青岛召开。共有 22 个国家和国际组织领导人出席此次峰会活动，其中的安保交通、文艺演出、焰火燃放等活动均与气象条件密切相关，对气象服务保障工作提出了很高要求。

中国气象局将青岛峰会气象保障工作列入全年重点工作之一，成立重大活动气象保障服务领导小组，并抽调中央气象台、国家气候中心、上海、河南、山东等单位的气象专家共 213 人参与峰会保障。开展了峰会期间高影响天气风险评估，详细分析降水、雾、大风、雷暴、冰雹、台风等高影响天气逐日概率，向筹委会提供《上合组织青岛峰会期间高影响天气风险评估》。编制峰会气象保障、应急、社会安全、人影等八个实施方案和《重大活动保障特别工作状态预案》。加密布设关键区域气象观测站点，升级改造会场周边 8 个自动气象站、3 个海岛气象站，巡检了全省 15 部天气

---

① 资料来源：中国气象局预报与网络司。
② 资料来源：中国气象局应急减灾与公共服务司。

雷达、3个海上浮标气象站和2000余部自动气象站,检定1230件传感器,青岛市区气象观测密度细化到3千米,开展风云2号、高分4号卫星加密观测,率先使用风云4号卫星遥感产品,6个省(市)7个高空站开展组网加密观测。

气象部门开发了青岛峰会气象服务平台,专线接入演出、安保和海域管控三大指挥部,派预报员现场服务;开发了峰会专用手机APP,推送实时天气实况、预报预警,覆盖外交部、筹委会300余人。峰会期间,为筹委会提供实时监测产品,并提供气候趋势预测、延伸期预报、中期预报、7天逐日预报、3天逐6小时预报、1天逐小时预报、分钟级降水预报等精细化服务产品,共报送决策气象服务产品3500余份,通过12379国突系统发送峰会保障短信9.6万条。同时采取传真、微信、电话等多种方式将监测、预报信息第一时间发送到与峰会有关指挥部门,有力保障峰会安保、演出、会务、环保、浒苔打捞、海域管控、交通、国家安全等工作。

峰会临近时,预报6月9日有降水天气,山东省政府成立峰会人工消减雨作业专项工作临时领导小组,山东省气象局成立人工消减雨作业指挥组,统一协调指挥全省人工影响天气作业。5天时间内,完成了从组织准备到跨区域调度北京和河北两架人影作业飞机,从协调空域到成功实施人工消减雨飞机作业。筹委会焰火导演组对高影响天气提出精细化预报需求:能见度2千米以上,风力6级以下,风向不能是北到西北风,小时降雨量小于2毫米。为此,国、省、市气象部门联合开展专题会商,气候预测、延伸期预报与实况接近;6月4日起预报9日多云间阴有阵雨和轻雾,与实况基本吻合;9日下午预报:19—22时多云间阴,能见度2~6千米,偏东风3级左右,气温18~19℃,与当晚演出时段天气状况一致。预报结论平稳、准确,受到外交部及地方各级政府主要领导的高度评价。

首届中国国际进口博览会气象服务保障

2018年11月5—10日,首届中国国际进口博览会(以下简称进博会)在上海召开,共有172个国家、地区和国际组织参加,3617家境外企业参展,展览面积达30万米^2,80多万人进馆洽谈采购、参观体验,有4500名全球政商学研各界嘉宾齐聚虹桥国际经贸论坛。气象部门以"最高标准、最好水平"为目标,精心筹备、挂图作战、预报准确、服务到位,圆满完成了气象保障任务。

　　为保证进博会气象服务及时高效，气象部门 9 月初报送了进博会期间气候预测和风险分析，10 月 23 日起，每天向上海市委市政府和市级层面保障组报送逐日 10 天天气预报，临近提供逐小时天气预报，累计完成需求清单 20 份，报送《进博会气象服务专报》161 份。气象服务系统接入进博会安保指挥部、执委会、虹桥枢纽应急指挥中心，实时显示气象信息，并建立了气象服务启动机制。在国家会展中心安装了 2 套自动气象站，在重要高速出入口安装了 7 套交通气象站，监测沿途温度和能见度，为进驻国家会展中心提供现场决策服务。以上海知天气 APP 为基础，研发了英文版"Shanghai KnoWeather"，开辟了进博会专项服务版块，为进博会参展方、媒体、公众等提供基于位置的中英文气象服务，APP 进入进博会官方推荐名录。

　　为保障进博会期间空气质量，气象部门每天与生态环境部和市环保局开展会商，持续关注空气污染情况，联合开展人工增雨改善空气质量效果评估。中国气象局人工影响天气中心联合山东、安徽、江苏、河南、辽宁、黑龙江等省气象局积极开展人工增雨改善空气质量工作，探测和作业飞机累计出动 27 架次，飞行时长 74 小时，播撒催化冷云焰条 190 根，开展地面增雨作业 368 次，发射炮弹 3276 发、火箭弹 1607 枚。

　　整个活动期间，天气预报准确，为活动有序举行提供了有效气象保障。

中非合作论坛北京峰会气象服务保障

　　2018 年 9 月 3 日，中非合作论坛北京峰会正式开启。峰会气象服务保障，是气象部门年度重点工作任务之一。中国气象局高度重视峰会气象服务保障工作，各相关单位认真分析天气形势，加密会商，以优质气象服务保障峰会顺利举办。

　　峰会期间的大风、能见度等天气因素，是气象服务保障的重要关注点。气象部门从 8 月 8 日起滚动提供气象服务专报，包括 24 小时内逐 3 小时、24 小时至 48 小时内分时段、48 小时以上逐日的精细化预报；8 月中旬，预测峰会期间天气晴好，为政府和相关部门提前采取节约办会的措施提供科学依据。

　　自 8 月 26 日起，北京市气象台与中央气象台、河北省气象台、天津市气象台之间的会商形成常态。8 月 29 日，京津冀环境气象预报预警中心与市环境监测中心开展加密会商，分析研判北京雾和霾、空气污染气象条件趋势预报;31日,市气象台与在京军地气象部门联合会商,分析研判峰会期间北京及周边地区降水、大风、气温、能见度等天气及其影响。自9月1日起,气象部门架设于会场附近的气象探测车开展24小时现场气象服务,随时汇报重点地区天气实况和未来趋势,为精细预报提供了更详实的数据。9月1日夜间至2日上午,北京市出现小到中雨天气,气象部门准确捕捉到了这次降雨过程,为会议组织方提前掌握天气状况、有序安排调度提供了依据。

三、评价与展望[①]

2018年,全国气象系统秉承"以人民为中心"的发展理念,坚持公共气象发展方向,以气象现代化建设为抓手,夯实基础,提高气象服务能力;以气象服务需求为引领,围绕国家重大战略的实施和人民生产生活需求,优化气象服务供给。气象服务公众满意度首次超过90分,气象服务的经济社会效益显著提升,为国民经济和社会发展发挥了重要保障作用。

但随着经济社会的快速发展,全球气候变化和防灾减灾问题日益突出,气象服务发展总体上还存在以下问题:一是气象服务的需求旺盛但有效供给不足,供给能力与国家重大战略实施、国民经济发展和人民美好生活的需求还不相适应,尤其是生态文明气象保障等新领域的服务能力不足,气象服务的供给侧结构性改革亟待深入推进。二是科技创新能力不强,对新一代信息技术的应用程度不够高,气象服务系统和产品的科技含量有待提高,需要积极推进研究型业务的发展,提升气象服务科技内涵和竞争力。三是气象信息产业尚待培育,产业发展所需的基础资料、政策制度等尚不完善;同时气象部门中面向行业的气象服务定位不清晰,集约化水平不高,核心能力不强也是急需解决的问题。四是在全球范围,气象服务与移动互联网、新媒体、大数据、云计算融合发展的潮流方兴未艾,这对我国气象服务的发展既是机遇也是挑战,基于面向全球气象服务的目标,气象现代化发展还任重道远。

未来,需要继续坚持公共气象发展方向,面向公众气象服务,围绕人民美好生活对气象服务的需求,充分应用大数据、人工智能、物联网、5G等新一代信息技术,转变气象服务的传统模式,创新气象服务方式,提高智能化服务水平,进一步提升公众气象服务的针对性和有效性。面向行业生产的气象服务,需要对标各行各业的新需求,大力发展生态、农业、水利、环境、交通、能源、旅游、海洋等领域的气象服务,提升气象

[①]　资料来源:2018年咨询报告(周勇,李锡福,新一代信息技术对气象事业发展的影响分析,2018(7).);刘雅鸣局长2019年全国气象局长会议工作报告。

服务的科技内涵和针对性。面向市场发展气象信息产业,发挥气象部门服务机构的优势,进一步强化气象部门与社会企业、社会组织、科研单位等的合作,充分发挥社会资本、民间力量的作用,进一步提高气象服务供给能力和质量。面向全球的气象服务,需要以更加开放的姿态,积极与中亚、西亚、南亚开展气象科技合作交流,为"一带一路"提供国际气象保障服务。充分发挥世界气象中心的作用,全面提升全球气象服务能力。

第五章　应对气候变化

全球气候变化问题是 21 世纪人类生存和发展面临的重大挑战。积极应对气候变化，是中国实现高质量、可持续发展的内在要求，也是深度参与全球治理、打造人类命运共同体，推动全人类共同发展的责任担当。2018 年，中国政府高度重视应对气候变化工作，在参与应对气候变化全球治理、适应和减缓气候变化、加强气候变化科技支撑能力建设等方面积极采取强有力的政策行为，坚持减缓与适应并重原则积极应对气候变化，有效控制温室气体排放，不断增强适应气候变化能力，中国已成为全球气候治理的引领者。

一、2018 年应对气候变化概述

2018 年，中国通过政府机构改革和职能调整，强化气候变化应对工作，并坚持适应与减缓并举发展战略，大力倡导绿色、低碳、气候适应型发展理念，在减排、清洁能源、植树和城市适应性建设、气候治理等方面采取了切实有效行动，彰显出一个负责任大国的形象。气象部门围绕国家需求，积极主动推进工作，应对气候变化关键技术研究取得新进展，为国家应对气候变化和参与全球气候治理提供科技支撑能力明显增强。

（一）全球应对气候变化呈现新形势

2018 年，全球应对气候变化呈现了新的特征，《巴黎协定》实施细则达成共识。全球气候《巴黎协定》在 190 多个国家排除各方困难后于 2015 年正式签署，但其细则未及制定，美国政府于 2017 年宣布退出协定，给全球气候治理带来了严重挑战。2018 年 12 月，通过多方努力，在卡托维兹联合国气候峰会，最终完成了《巴黎协定》实施细则谈判，提振了国际社会合作应对气候变化的信心，强化了各方推进全球气候治理的政治意愿。

中国政府近些年来一直积极倡导全球气候治理，积极推进生态文明建设，促进绿色、低碳、气候适应型和可持续发展，中国对近年全球绿化增量的贡献比例居全球首位，中国对卡托维兹联合国气候峰会《巴黎协定》实施细则的顺利达成做出了重要贡献，获得了国际社会高度赞赏。

(二)我国政府机构改革强化应对气候变化职能

2018 年,在我国政府机构改革和职能调整大背景下,气候变化应对工作得到进一步加强。应对气候变化职能由发改委划转至新组建的生态环境部,为实现应对气候变化与环境污染治理的协同增效提供了体制机制保障,对进一步做好应对气候变化工作十分有利,这也是建设生态文明、落实绿色发展理念、构建人类命运共同体的制度保障。2018 年,我国围绕适应气候变化战略,在农业、水资源、林业、海岸带及相关海域、城市、气象防灾减灾以及加强适应能力建设等领域取得积极进展。印发了《农业绿色发展技术导则(2018—2030 年)》,提出"绿地发展制度与低碳模式基本建立"发展目标,将湿地保护纳入国家应对气候变化战略,推进 28 个气候适应型试点城市建设,建成全国国家森林城市 166 个,开展全国所有区县气象灾害风险普查,组织完成了全国三分之二以上中小河流洪水、山洪风险区划图谱的编制和应用,2018 年全国植被生态质量达到 2000 年以来最高。与此同时,我国在调整产业结构、优化能源结构、节能提高能效,增加碳汇和推进碳排放交易等减缓气候变化方面取得了一系列积极成果。2018 年万元国内生产总值二氧化碳排放下降 4.0%,能耗下降 3.1%,全年完成造林面积 707.4 万公顷,碳交易额已超过 16 亿元。

(三)我国应对气候变化关键技术取得新进展

2018 年,聚焦关键科学技术问题,我国应对气候变化的科学技术研发取得成效显著。自主研发的全球 45 千米分辨率气候预测模式系统定版,有效改进了模式对东亚地区降水、热带气旋等的模拟能力,对未来气候变化预估效果明显提升,并实现了我国新一代风云四号卫星资料在模式同化中应用,海—陆—气—冰多圈层的耦合同化方案研制取得重要进展。基于 1984 年以来的各种卫星资料构建了多源卫星遥感序列数据集,为全球气候监测能力提升和气候变化研究提供重要支撑,研制中国及东亚 25 千米,重点区域 6 千米的气候变化预估数据集,广泛应用于气候服务。适应数字化发展需求,建立了中国区域网格气候预测技术平台。加强气象灾害大数据建设,实现山洪地质灾害风险全面普查,确定灾害风险隐患点阈值 15.7 万个,建成气象灾害风险管理系统。

(四)应对气候变化决策咨询服务能力进一步增强

2018 年,围绕国家重大战略决策需求,我国应对气候变化决策服务能力进一步增强。充分发挥国内牵头组织部门的作用,加强部门间协调和沟通,组织完成了政府间气候变化专门委员会(IPCC)新一轮评估报告专家推荐,38 位中国专家当选,为我国深入参与 IPCC 第六次评估报告编写打下基础。通过科学支撑助力气候变化公约谈判,完成了 IPCC 主席团会议和第 47 次、48 次全会以及《联合国气候变化框架公约》参加团等谈判任务。2018 年,气候影响评估和可行性论证工作得到全面发展,系统开展了气候与农业、气候与水资源、气候与能源、气候与植被、气候与交通、气候与大气环境、气候与人体健康等领域的气候影响评估工作。利用气候大数据，推进国家气候标志评定工作，引导人们科学认识气候、主动适应气候、合理利用气候、努力保护气候，促进开发利用气候资源、挖掘气候价值、保护气候生态环境，推动经济社会可持续发展。中国气象局联合有关单位完成了 2018 年度气候变化绿皮书《应对气候变化报告(2018)：聚首卡托维兹》的编写和出版，中国气象局发布了《中国气候变化蓝皮书(2018)》《中国气候公报》《中国温室气体公报》，提供了《气候变化对三江源地区的生态环境影响评估》《雄安新区气候变化风险评估报告》等决策支撑服务材料，发挥了应对气候变化重要科技支撑作用。

二、2018 年应对气候变化主要进展

（一）国际应对气候变化重大事项

1.《巴黎协定》实施细则谈判达成共识

2018 年 12 月 2—15 日，联合国气候变化大会在波兰卡托维兹举行，会议主要围绕《巴黎协定》的实施细则展开谈判与磋商。此次大会被称作《巴黎协定》签署以来最为关键的一次会议。近 200 个与会国进行了 13 天的马拉松辩论后，最终通过了 156 页的《巴黎协定》"实施手册①"，其中主要涉及了如何实施透明的报告和监督机制、2025 年后的气候资金新目标、2023 年全球盘点机制以及评估技术发展和转移的进度。该共识的达成，为 2020 年后《巴黎协定》的实施奠定良好基础。

本次大会的成果体现了公平、"共同但有区别的责任"、各自能力原则，考虑到不同国情，符合"国家自主决定"安排，体现了行动和支持相匹配。大会成果传递了坚持多边主义、落实《巴黎协定》加强应对气候变化行动的积极信号，彰显了全球绿色低碳转型的大势不可逆转，提振了国际社会合作应对气候变化的信心，强化了各方推进全球气候治理的政治意愿。中国代表团积极建设性参与大会，为大会取得成功做出了重要贡献，获得了国际社会高度赞赏。

大会期间，中国政府代表团在会场内设立了"中国角"，举行了 25 场边会，主题涉及低碳发展、碳市场、可再生能源、南南合作、气候投融资、森林碳汇、地方企业气候行动等领域，其中在 12 月 12 日中国国家应对气候变化战略研究和国际合作中心、欧盟联合研究中心联合主办了"第六届全球气候变化智库论坛—全球气候治理与人类命运共同体"。通过相关边会，全面、立体地对外宣传介绍中国应对气候变化、推动绿色低碳发展的政策、行动与成就，展现了积极推进全球生态文明建设、构建人类命运共同体的负责任大国形象。

2.《全球升温 1.5℃特别报告》正式发布

---

① 美国、俄罗斯、沙特、科威特等国家拒绝认可这一报告，规则手册内只得把各国"欢迎"报告改为"得悉"报告，才化解了有关争拗。

2018 年 10 月 8 日，联合国政府间气候变化专门委员会（IPCC）发布《全球升温 1.5℃特别报告》。该报告是 IPCC 第六次科学评估周期内发布的第一份特别报告，强调当前迫切需要采取严厉措施，防止全球变暖超过 1.5℃。报告称，如果气候变暖以目前速度持续下去，世界将面临前所未有的环境挑战。预计全球气温在 2030—2052 年间会比工业化之前水平升高 1.5℃。

2015 年 12 月达成的《巴黎协定》提出，要把全球平均气温较工业化前水平升高控制在 2℃之内，并为把升温控制在 1.5℃内而努力，以降低气候变化所引起的风险与影响。但报告强调，如果能将全球变暖的水平降至最低，将更好地避免一系列生态环境损害。比如，到 2100 年，全球平均海平面上升幅度在升温 1.5℃的背景下，要比升温 2℃低 10 厘米。同样，控制升温幅度也有助于保护生物多样性和生态系统，避免更多的物种丧生和灭绝。

报告认为，要实现全球气温升高 1.5℃以内这一目标，全球各国土地、能源、工业、建筑、运输和城市建设等各个层面都应迅速推进"深远而广泛"的变革，以使人为的二氧化碳净排放量至 2030 年要比 2010 年水平减少 45％，2050 年要实现"零净排放"，即二氧化碳的排放量与消除量对等。

3. 美国《国家气候评估》揭示气候变化严重危害

美国新一期《国家气候评估》报告于 2018 年 11 月 23 日出炉，报告认为气候变化正给美国的农业、能源、土地、水资源和民众健康等多个方面带来损害。这份气候变化报告由美国国会授权四年一次发布，美国政府 13 个部门和机构的 300 多位研究人员参与研究和撰写。

该报告主要评估气候变化对美国的影响及适应措施，是最新版美国《国家气候评估》报告的第二卷。2017 年 11 月发布的报告第一卷承认，气候变化是真实的，"极有可能"由人类活动引起，而此次第二卷报告再次确认，人类活动正在导致气候变化，且美国民众正在承担气候变化造成的后果。报告显示，气候变化将在 21 世纪给美国经济造成重大损失，到 21 世纪末，某些产业部门的年损失预计可能达到数千亿美元，超过美国很多州目前的国内生产总值。

但美国白宫发言人沃特尔斯认为，这份报告依据"最极端的情况假设"，未考虑新技术和其他创新对制约碳排放、减轻气候变化影响可能发挥的作用。同时，报告研究工作是在前总统奥巴马任内开始，使用多种情况模型对气候变化进行评估，但"过于依赖最严重的情况假设"。沃特尔斯在声明中说，"报告基本依据最极端的情况假设，认为经济强劲发展会增加温室气体排放，可技术与创新的发展却会十分有限，而且人口还会快速增加。这与人们长期以来已认可的发展趋势背道而驰"。沃特尔斯还表示，四年后另一份气候评估报告"将会提供一个更加透明、更依赖数据的创作过程，会对潜在的情况假设范围与结果提供更充分的信息"。

事实上，美国总统特朗普 2017 年 6 月宣布美国退出《巴黎协定》，称协定给美国带来"苛刻财政和经济负担"。特朗普政府还废除了奥巴马政府任内制定的几项环境监管规定,鼓励生产化石燃料。美国联邦政府层面消极应对气候变化,遭到美国国内和国际社会的广泛批评。

4. 全球新增绿化贡献四分之一来自中国

美国航天局(NASA)卫星数据表明,全球从 2000 年到 2017 年新增的绿化面积中,约四分之一来自中国,中国对全球绿化增量的贡献比例居全球首位。

该项成果发表在《自然·可持续发展》杂志,研究人员通过分析美航天局"特拉"号卫星和"阿卡"号卫星观测数据,发现在 2000 年至 2017 年间全球绿化面积增加了5%。中国和印度在陆地植被面积只占全球总量 9% 的情况下,对全球绿化增量的贡献达到约三分之一。其中,中国的贡献占全球绿化增量的约四分之一,且结果显示中国的贡献中 42% 来自植树造林,32% 来自集约农业,而印度的贡献中则大部分(82%)来自集约农业。

在长期以来的人类活动导致森林资源减少、动植物生存环境受到侵蚀的背景下,中国引领全球绿化面积"逆袭"的数据格外引人注目。该结果彰显了中国近年来的生态文明思想和绿色发展理念,也体现了集中力量办大事的制度优势,体现了深度参与全球环境治理的大国担当。

(二)我国适应气候变化主要进展

2018 年,中国不断强化适应气候变化领域的顶层设计,提升重点领域适应气候变化能力,加强适应气候变化基础能力建设,减轻气候变化对中国经济建设和社会发展的不利影响。

1. 农业领域

2018 年 7 月,农业农村部印发《农业绿色发展技术导则(2018—2030 年)》,其中提出"绿色发展制度与低碳模式基本建立"的发展目标:形成一批主要作物绿色增产增效、种养加循环、区域低碳循环、田园综合体等农业绿色发展模式,技术模式的单位农业增加值温室气体排放强度和能耗降低 30% 以上,构建绿色轻简机械化种植、规模化养殖工艺模式,基本实现农业生产全程机械化、清洁化、农业废弃物全循环、农业生态服务功能大幅增强。

为进一步做好农业农村生态环境保护工作,打好农业面源污染防治攻坚战,全面推进农业绿色发展,推动农业农村生态文明建设迈上新台阶,农业农村部出台《农业农村部关于深入推进生态环境保护工作的意见》,推进化肥减量增效,实施果菜茶有机肥替代化肥行动,支持果菜茶优势产区、核心产区、知名品牌生产基地开展有机肥替代化肥试点示范,引导农民和新型农业经营主体采取多种方式积造施用有机肥,集成推广化肥减量增效技术模式,加快实现化肥使用量负增长。推进农药减量增效,加大绿色防控力度,加强统防统治与绿色防控融合示范基地和果菜茶全程绿色防控示范基地建设,推动绿色防控替代化学防治,推进农作物病虫害专业化统防统治,扶持专业化防治服务组织,集成推广全程农药减量控害模式,稳定实现农药使用量负增长。

2.水资源领域

2018年,水利部贯彻落实中共中央办公厅、国务院办公厅《关于在湖泊实施湖长制的指导意见》开展专项整治行动。重点整治人民群众反映强烈的围垦湖泊、侵占水域、乱占岸线、超标排污、非法采砂、违法养殖等问题。整治一片、巩固一片,防止问题反弹,确保湖泊功能逐步恢复,水生态环境持续改善。通知还指出,要强化协调联动,要加强湖泊系统防治,做到水域与周边水陆共治,强化源头管控,实行联防联控。坚持河湖共治,统筹湖泊与入湖河流的管理保护和治理,落实入湖排污总量管控责任。

2018年2月,水利部印发《加快推进新时代水利现代化的指导意见》,提出深入落实"节水优先、空间均衡、系统治理、两手发力"的新时代水利工作方针和水资源、水生态、水环境、水灾害统筹治理的治水新思路。大力实施国家节水行动,加快健全节水制度体系,建立健全节水激励机制,大力推进重点领域节水,加快节水载体建设,全面建设节水型社会;大力推进水生态文明建设,坚持节约优先、保护优先、自然恢复为主,加大河湖保护和监管力度,推进河流湖泊休养生息,实施水生态保护和修复重大工程,建设和谐优美的水环境。

2018年,水利部公布第一批通过全国水生态文明建设试点验收城市名单。国家水生态文明城市是中华人民共和国水利部按照党中央关于生态文明建设的部署要求,不断完善水生态文明建设制度政策体系,因地制宜探索水生态文明建设途径,全国105个城市(县、区)分别在2013年、2014年被确定为全国水生态文明城市建设试点。自启动全国水生态文明城市建设试点工作以来,各试点城市完善机制,加大投入,按照批复的试点实施方案积极推进各项工作落实,取得显著成效。

3.林业和生态系统

2018年7月,国务院印发《关于加强滨海湿地保护严格管控围填海的通知》,重点明确了四个方面的政策要求:一是严控新增围填海造地。完善围填海总量管控,严格审批程序。取消围填海地方年度计划指标,除国家重大战略项目涉及围填海的按程序报批外,全面停止新增围填海项目审批。二是加快处理围填海历史遗留问题。三是加强海洋生态保护修复。严守生态保护红线,确保海洋生态保护红线面积不减少、大陆自然岸线保有率不降低、海岛现有砂质岸线长度不缩短。加强滨海湿地保护,将亟需保护的重要滨海湿地和重要物种栖息地纳入保护范围。积极推进重大生态修复工程,逐步修复已经破坏的滨海湿地。四是建立滨海湿地保护和围填海管控长效机制。对全国湿地逐地块调查,建立动态监测系统,及时掌握滨海湿地及自然岸线的动态变化。严格用途管制,将滨海湿地保护纳入国土空间规划,严格限制在生态脆弱敏感、自净能力弱的海域实施围填海行为,严禁国家产业政策淘汰类、限制类项目在滨海湿地布局。加强围填海监督检查,把加快处理围填海历史遗留问题情况纳入生态环境和自然资源督察重点事项,加大督察问责力度,压实地方政府主体责任。

中国政府高度重视湿地应对气候变化工作,把增加湿地碳汇、推进绿色低碳发展作为生态文明建设的重要组成部分,将湿地保护纳入国家应对气候变化战略。通过开展一系列有效举措,中国湿地生态状况和服务功能明显改善,得到国际社会广泛赞誉。国家林业和草原局发布了《中国国际重要湿地生态状况》白皮书,并为112处新增国家湿地公园部分代表授牌、8处国际重要湿地颁发证书、3家荣获首届"生态中国湿地保护示范奖"单位颁奖。

同时,中国政府表示将继续认真履行责任与义务,全面强化新形势下湿地应对气候变化的各项工作:(1)在法规制度建设方面,加快制定湿地保护法,推进湿地一级地类落地定界,继续完善湿地标准规范体系。(2)在湿地分级管理方面,完善湿地分级管理标准和管理办法,加快首批国家重要湿地认定与名录发布,探索建立湿地保护中央和地方事权划分责任。(3)在生态保护修复方面,完善中央财政湿地补助政策,实施一批湿地保护修复重点工程,启动乡村小微湿地示范点建设,提升湿地公园建设管理水平。(4)在履约与国际合作方面,加强湿地应对气候变化领域的对话交流与合作,积极参与应对气候变化国际谈判进程、开展各类援外培训,与国际社会携手推进全球气候治理。

4. 海岸带及相关海域

2018年,国家海洋局实施了《国家海洋局关于进一步加强渤海生态环境保护工作的意见》,各级海洋管理部门和有关单位全面落实中央关于生态文明建设的重要部署要求,有力推进了《海岸线保护与利用管理办法》《围填海管控办法》和《海洋督察方案》实施。加强了海洋生态保护与环境治理修复,有效推进了海洋保护区建设,建立海洋保护区分类管理制度,全面开展保护区内开发活动的专项检查和清理,推动建立海洋生态保护补偿制度;强化自然岸线保护与修复,严格落实自然岸线保有率管控目标,划定严格保护、限制开发和优化利用三类岸线;采取退养还滩(湿)、退堤还海等多种方式,着力做好辽东湾、渤海湾、莱州湾、辽河口、黄河口等重点区域的环境治理与生态修复,编制"蓝色海湾""南红北柳""生态岛礁"的整治修复规划、项目库和年度计划。

5. 城市领域

2018年,国家林业和草原局印发《全国森林城市发展规划(2018—2025年)》,制定《国家森林城市评价指标》国家标准。召开全国推进森林城市群建设座谈会和2018森林城市建设座谈会,持续推进森林城市群、森林城市建设。北京市平谷区等29个城市获"国家森林城市"称号,全国国家森林城市达166个。

2018年11月22日,2018气候适应型城市试点建设国际研讨会在西咸新区沣西新城举行,来自国内外行业领域专家为我国28个气候适应型试点城市在开展试点建设方面献计献策。会议旨在进一步贯彻落实《城市适应气候变化行动方案》，加快推进气候适应型城市试点建设工作，通过国内外实践交流，促进试点城市更好地适应气候变化，应对未来气候风险。

气候适应型城市是新型城镇化建设的重要课题，是实现人与自然和谐发展的重要体现。2018年，西咸新区作为国家第一批气候适应型城市建设试点，通过细化建设阶段各项任务，在海绵城市和宜居城市建设基础上，积极推广绿色建筑、清洁能源利用、无燥城市建设，以及针对城市热岛效应的城市微气候监测网络建设等，并实现多项突破，着力打造自然河道、中央绿廊、环形公园、街头绿地等多层次开放空间的城市生态体系，全面提升城市适应气候变化水平，使西咸的水更绿，天更蓝，气候更宜人。未来西咸新区还将结合自身特点，围绕实施生态文明战略，创新城市发展方式，大力推广适应气候变化硬科技，协同推进绿色城市、低碳城市、无雾霾城市、森林城市建设，努力打造绿色为基、水润为概、山水林间共生的生态城市。同时，在气候适应型城市建设领域积极加强对外合作，努力打造我国新建城区适应气候变化的样板工程。

6.气象领域

推进全国所有区县气象灾害风险普查，到2018年累计完成35.6万条中小河流、59万条山洪沟、6.5万个泥石流点、28万个滑坡隐患点的风险普查和数据整理入库，组织完成全国三分之二以上中小河流洪水、山洪风险区划图谱的编制和应用。印发《基层中小河流洪水、山洪和地质灾害气象风险预警业务标准化建设指南》，开展基层中小河流洪水、山洪和地质灾害气象风险预警业务标准化建设试点897个，实现基层气象灾害风险预警"五有三覆盖"。加强城市防涝，为83个城市排水防涝设计开展了暴雨强度公式编制或者暴雨雨型设计。

加强生态气象保障能力建设，中国气象局发布了《2018年全国生态气象公报》，报告结果显示：2000—2018年全国植被生态质量实现"三级跳"升，2012—2018年较2000—2001年、2002—2011年明显提高，2018年达2000年以来最高（图5.1）。其中，2018年全国植被净初级生产力较2017年增加12克碳/米²，达21世纪以来最高。2000年以来，我国北方和西部地区植被覆盖度明显提高，植被防风固沙功能提升，随着我国北方植被生态质量的提升，易起沙尘的土地面积整体呈下降趋势，其中高度和极易起沙尘的土地面积从2000年的48.1%降至2018年的40.4%，轻度和不易起沙尘的土地面积从30.3%上升至38.8%，植被防风固沙能力明显增强。

7.防灾减灾领域

2018年，全国气象部门大力实施《中国气象局关于加强气象防灾减灾救灾工作的意见》，积极推进建设新时代气象防灾减灾救灾体系，发挥气象监测预报先导、预警发布枢纽等"六个作用"，明确实施气象防灾减灾救灾"七大行动"，实现气象防灾减灾救灾在城市、乡村、海洋和重点区域、重点领域的均衡发展。

"七大行动"具体包括：实施城市气象防灾减灾救灾行动，提高社区天气应急准

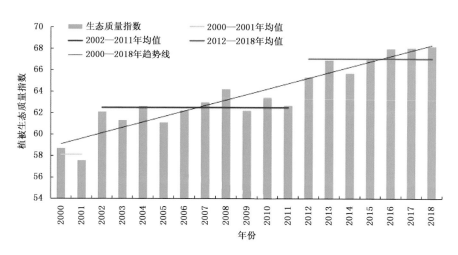

图 5.1　2000—2018 年全国植被生态质量指数变化趋势
（资料来源：2018 年全国生态气象公报）

备、城市天气风险防范和城市气候风险防范等能力；实施乡村气象防灾减灾救灾行
动，实现乡村气象防灾减灾救灾组织责任体系全覆盖、乡村气象预警信息精准到人；
实施海洋气象防灾减灾救灾行动，服务保障"海洋强国""走向深蓝"等国家战略；实施
重点区域气象防灾减灾救灾示范计划，开展国家重点城市群、长江经济带气象防灾减
灾救灾示范建设；实施突发事件预警信息发布能力提升行动，强化预警信息汇集与发
布、传播与应用以及预警信息发布综合管理；实施人工影响天气能力提升行动，提升
空地一体化人影作业能力、发展新型人影业务体系、推动人影科技创新；实施气象防
灾减灾救灾科普宣传能力提升行动，提高科普宣传业务服务能力、开展品牌示范、加
强科普宣传影响力定量评估。

（三）我国减缓气候变化主要进展

2018 年，中国政府持续采取更有力度的减缓行动，积极应对气候变化，并承担与
中国发展阶段应负责任和实际能力相符的国际义务，为保护减缓气候变化作出了积
极的贡献。

1.减少碳排放

2018 年，全国万元国内生产总值二氧化碳排放下降 4.0％，采取的措施主要包括
两方面。一是严格控制煤炭消费。印发《中共中央国务院关于全面加强生态环境保
护坚决打好污染防治攻坚战的意见》，要求重点区域继续实施煤炭总量控制，到 2020
年，北京、天津、河北、山东、河南五省（市）及珠三角区域煤炭消费总量比 2015 年下降
10％左右，上海、江苏、浙江、安徽和汾渭平原下降 5％左右。二是控制工业领域温室
气体排放。2018 年 3 月，国家发展改革委印发《关于开展 2017 年度氢氟碳化物处置

核查相关工作的通知》,组织开展 2017 年度氢氟碳化物处置核查工作,对 11 家企业核查情况予以公示,确保 HFC-23 销毁装置的正常运行,对销毁处置企业给予定额补贴。

　　2.提高能效与发展清洁能源

　　在提高能效和发展清洁能源方面,在经济新常态下坚持绿色低碳循环发展路径,调整产业结构,并推进化石能源清洁化利用。2018 年 3 月,国家发展改革委、国家能源局发布《关于提升电力系统调节能力的指导意见》,实施火电灵活性提升工程,加快推广节能技术和产品。2018 年 3 月,国家发展改革委发布《国家重点节能低碳技术推广目录(2017 年本,节能部分)》,公布煤炭、电力、钢铁、有色、石油石化、化工、建材等 13 个行业共 260 项重点节能技术。

　　2018 年,全国万元国内生产总值能耗①比上年下降 3.1%。近年来中国单位国内生产总值(GDP)能耗不断下降,2013—2018 年,单位 GDP 能耗分别下降 3.8%、4.8%、5.6%、5.0%、3.7%和 3.1%,节能成效显著(图 5.2)。

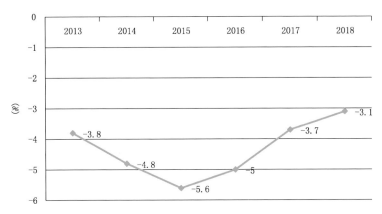

图 5.2　2013—2018 年万元国内生产总值能耗降低率
(数据来源:2018 年国民经济和社会发展统计公报)

　　2018 年,天然气、水电、核电、风电等清洁能源消费量占能源消费总量的 22.1%,上升 1.3 个百分点。2014—2018 年清洁能源消费量占能源消费总量的比重逐年上升,分别是 17.0%、18.0%、19.5%、20.8%、22.1%,发展清洁能源政策落实良好,能源消费结构不断优化(图 5.3)。

　　3.增加森林碳汇

　　2018 年全年完成造林面积 707.4 万公顷(图 5.4),其中人工造林面积 360 万公

---

　　① 万元国内生产总值能耗降低率=[(本年能源消费总量/本年国内生产总值)/(上年能源消费总量/上年国内生产总值)-1]×100%。

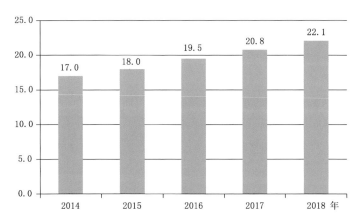

图 5.3　2014—2018 年清洁能源消费量占能源消费总量的比重(单位:%)

(数据来源:2018 年国民经济和社会发展统计公报)

顷,占全部造林面积的 50.9%。森林抚育 851.9 万公顷,治理退化草原 666 万公顷以上。截至年底,国家级自然保护区 474 个。新增水土流失治理面积 5.4 万千米^2。

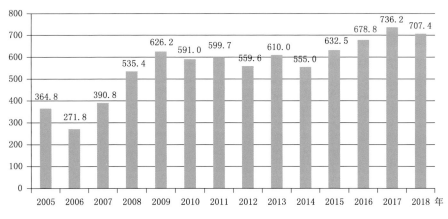

图 5.4　2005—2018 年全国造林面积(单位:万公顷)

(资料来源:《2018 年中国国土绿化状况公报》)

林业生态工程稳步实施。天然林资源保护工程完成造林 27.3 万公顷,后备资源改造培育 11.2 万公顷,中幼林抚育 101.3 万公顷,管护森林面积 1.3 亿公顷。退耕还林工程新增退耕还林还草任务 82.6 万公顷,全年完成造林 86.9 万公顷。京津风沙源治理工程完成造林 19 万公顷、工程固沙 6300 公顷。三北及长江流域等重点防护林体系工程完成造林 80.5 万公顷。新启动黑龙江松嫩平原、宁夏引黄灌区两个百万亩防护林基地建设,启动雄安新区白洋淀上游、内蒙古浑善达克、青海湟水流域三个规模化林场建设试点。国家林业和草原局印发《国家储备林建设规划(2018—2035

年)》。

草原建设有效加强。继续实施退牧还草、退耕还草、京津风沙源草地治理、农牧交错带已垦草原治理等草原生态保护修复工程,完成退化草原改良 17.3 万公顷,围栏封育面积 228 万公顷,人工种草 29 万公顷。全国已划定基本草原面积 2 亿多公顷。落实新一轮草原生态保护补助奖励政策资金 187.6 亿元,草原禁牧和草畜平衡面积分别达到 8043 万公顷和 1.7 亿公顷。全国落实草原承包经营制度面积 2.8 亿公顷。全国天然草原鲜草总产量超过 10.9 亿吨,天然草原综合植被盖度超过56%。

全民义务植树深入开展。全国绿化委员会批复山西、湖北、四川、贵州、新疆、青海等 6 省(区)开展第二批"互联网＋全民义务植树"试点。全国绿化委员会办公室下发《关于开展 2018 年全国全民义务植树系列宣传工作的通知》,在四川、北京、内蒙古、湖北、陕西等地开展全民义务植树系列宣传活动。全国绿化委员会办公室、中国绿化基金会分别与蚂蚁金服集团、亿利资源集团签署战略合作协议。辽宁、江西、山东、广东、广西、云南、甘肃、青海等省(区)创新机制,开展营建主题林和纪念林、绿地认建认养、捐资捐物、宣传科普等多种形式的尽责活动。

大规模国土绿化行动积极推进。全国绿化委员会、国家林业和草原局出台《关于积极推进大规模国土绿化行动的意见》。天津、内蒙古、河北、黑龙江、福建、湖北、湖南、海南、宁夏、陕西等省(区、市)党委、政府以不同形式组织召开会议,对国土绿化工作进行动员部署。北京、山东、浙江、贵州、云南、新疆、青海等省(区、市)制定推进国土绿化的具体政策措施。上海、河南、安徽、湖南、广西、宁夏等省(区、市)与大连、宁波等计划单列市和黑龙江大兴安岭等森工(林业)集团在报纸杂志、电视广播和网站,开设专栏专版、专题节目、发布倡议、公益广告等,形成全社会参与国土绿化的浓厚氛围。

4. 推进全国碳排放交易市场建设

碳排放交易作为一种市场调节机制,也是近年来的一个工作重点,经过 5 年试点以及 1 年全国性交易,截至 2018 年底,我国碳排放交易量累计接近 8 亿吨,其中交易量最多的是湖北碳排放交易所,达到 3.3 亿吨,占比 42.14%;其次是上海碳排放交易所,交易量为 1.9 亿吨,占比 24.51%;福建碳排放交易所、天津碳排放交易所以及重庆碳排放交易所截至 2018 年底的交易量还相对较小,合计占比不足 5%(图 5.5)。

从交易价格来看,2013—2018 年分区域碳排放交易平均价格为 14.4 元/吨,其中湖北、深圳、福建的交易价格高于全国平均,其余 5 个地区的交易价格低于平均,其中最低的是上海,仅为 2.44 元/吨(图 5.6)。前瞻产业研究院分析认为价格出现较大差异的主要原因在于在试点期市场不确定因素较多所导致。

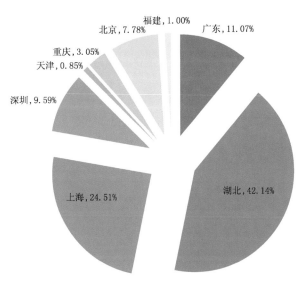

图 5.5　2013—2018 年全国碳排放交易量区域分布情况
（数据来源：前瞻产业研究院）

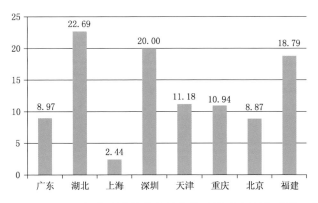

图 5.6　2013—2018 年全国碳排放交易价格区域对比情况（单位：元/吨）
（数据来源：前瞻产业研究院）

　　根据国家发改委初步估计，从长期来看，300 元/吨的碳价是真正能够发挥低碳绿色引导作用的价格标准，而目前我国主要的几个碳交易所的平均成交价仅为 22 元/吨，按照发改委所估计的标准去衡量，我国碳交易市场规模还有超过 10 倍的发展空间。2018 年，除四川外的八个试点累计成交量近 6700 万吨，累计成交金额约 16 亿元，其中各试点的交易量和交易价格差距较大：广东、深圳的成交量和成交额较大，重庆、天津的成交量和成交额相对较小；在价格方面，北京配额价格最高，重庆价格较低。

为落实《全国碳排放权交易市场建设方案（发电行业）》，提升发电行业参与全国碳市场能力，2018 年 9 月 5 日，生态环境部召开发电行业参与全国碳排放权交易市场动员部署会，就下阶段加快全国碳市场制度及基础设施建设，开展碳排放报告、核查和配额管理，以及强化能力建设等作出部署。

2018 年 12 月，国家九部委联合印发《建立市场化、多元化生态保护补偿机制行动计划》，林业碳汇优先纳入全国碳交易市场。建立市场化、多元化生态保护补偿机制要健全资源开发补偿、污染物减排补偿、水资源节约补偿、碳排放权抵消补偿制度，合理界定和配置生态环境权利，健全交易平台，引导生态受益者对生态保护者的补偿。积极稳妥发展生态产业，建立健全绿色标识、绿色采购、绿色金融、绿色利益分享机制，引导社会投资者对生态保护者的补偿。

（四）我国应对气候变化科技进展

围绕国内外应对气候变化新形势，气象部门立足气候变化基础性科技部门定位，积极发挥提供应对气候变化决策科技支撑的重要作用，支撑力和贡献力不断增强。2018 年，中国气象局加强顶层设计与组织协调，抓宏观、抓规划、抓监管，结合国家重大战略部署和政府相关职能调整，落实好"十三五"气候变化工作指导意见，印发了2018 年度气候变化重点工作计划等重要文件。

2018 年，气候变化科技研发项目保持稳定增长，中国气象局气候变化专项项目数达 53 项，气候变化专项科研经费总计达 1511 万元（图 5.7）。应对气候变化气象科技工作取得了更大进展：在气候模式系统升级、数字化业务系统建设、气候变化检测归因、灾害数据集研发、气候变化的影响评估和适应性等方面关键技术取得明显突破，国家应对气候变化的气象科技支撑能力得到进一步提升。

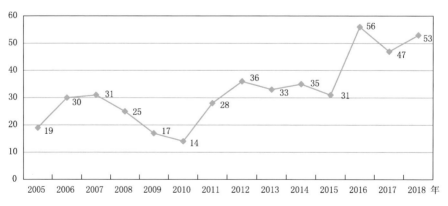

图 5.7　2005—2018 年气候变化科研立项情况（单位：项）

（数据来源：气象科技管理信息系统）

1.应对气候变化关键技术研发取得新进展

围绕自主研发气候预测模式系统加强关键技术研发,模式性能明显改进。2018年,全球 45 千米分辨率的气候系统模式定版,有效改进了模式对东亚地区降水、热带气旋等的模拟能力;大气模式垂直分层由 26 层提高至 56 层,模式层顶达到 0.1 百帕,显著提高了对平流层变率模拟性能;参与 CMIP6 计划,模拟能力较 CMIP5 有所增强,对未来气候变化预估效果明显提升。实现了新一代高分辨率风云四号卫星资料在模式同化中应用,海一陆一气一冰多圈层的耦合同化方案研制取得重要进展。

构建了多源卫星遥感序列数据集,提升全球气候监测能力。收集了 1984 年以来多源卫星遥感数据,建立不同分辨率的 NDVI、LAI、GPP、水体面积等长时间序列,初步实现不同区域植被、水体、荒漠化、石漠化等监测与评估。建立 20 世纪 70 年代以来超过 6000 个站的全球气候场数据集,研制了全球和亚洲平均气温、最高气温、最低气温、高温热浪发生频次时间序列。

稳步推进气象灾害风险管理和评估模型技术研发。加强气象灾害大数据建设实现山洪地质灾害风险普查达 7800 万条,确定灾害风险隐患点阈值 15.7 万个。完成县域尺度暴雨洪涝、城市内涝、冬小麦干旱、台风等灾害风险区划图 220 余张,建成气象灾害风险管理系统 1.0 版。完成了基于滚动预报预测的玉米干旱风险评估模型、相似台风风险评估模型和长江流域水资源评估及洪涝风险模型研发。

应对气候变化的科技支撑能力逐步提升。开展了全球气候治理关键科学问题研究,对全球持续性极端温度进行检测归因,量化了人类活动和自然强迫的相对贡献。研制了中国及东亚 25 千米,重点区域 6 千米的气候变化预估数据集,广泛应用于气候服务。积极参与政府间气候变化专门委员会(IPCC)第六次评估,5 人入选主要作者。围绕联合国气候变化框架公约"巴黎协定"实施问题开展研究,并向公约秘书处提交了两份中国立场提案;发布《中国气候变化蓝皮书》。

2.气象科技助力生态文明建设

国家气候中心利用海量气候大数据、风云气象卫星观测、气候数值模式等基础上,制定了评定管理办法和评价指标体系,打造"国家气候标志"品牌。通过开展国家气候标志评定工作,引导人们科学认识气候、主动适应气候、合理利用气候、努力保护气候,有助于开发利用气候资源,挖掘气候价值,保护气候生态环境,创新气候服务模式,推动经济社会可持续发展。2018 年 5 月,浙江省建德市和内蒙古自治区阿尔山市通过专家评审,成为我国首批获得"国家气候标志"的城市。其中,建德市被评定为"中国气候宜居城市",阿尔山市被评定为"中国气候生态市"。2018 年有 23 个县市获评国家气候标志,形成了良好气候品牌效应,被地方政府评价为助推生态经济发展和生态文明建设的"金名片"。此外,结合生态影响评估模型,对青海生态脆弱区、华北及京津冀水资源安全和雄安新区气候生态风险等进行了精细的评估。

3.气候影响评估和气候可行性论证工作持续推进

2018年,气候影响评估和气候可行性论证工作得到全面发展。一是系统开展了气候与农业、气候与水资源、气候与能源、气候与植被、气候与交通、气候与大气环境、气候与人体健康等领域的气候影响评估工作(图5.8),相关成果通过《2018年中国气候公报》《2018年全国生态气象公报》和《中国气候变化蓝皮书》等向社会各界发布。

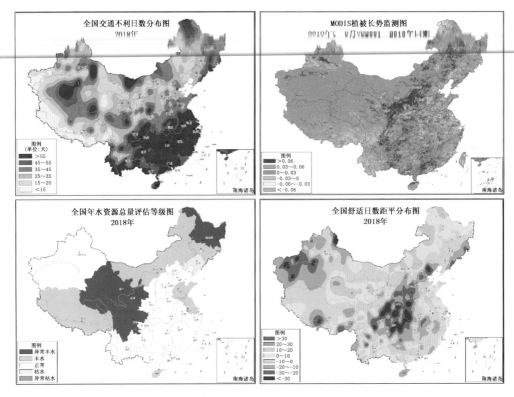

图5.8　气候影响评估(交通、植被、水资源、人体舒适日数)

(资料来源:国家气候中心)

二是对气候可行性论证服务进行规范化、标准化,加强气候可行性论证监管体系建设。2018年,进一步完善了《涉及安全的气候可行性论证强制性评估目录》,完成了《气候可行性论证资料处理》等13项标准建设,推动组织开展8项气候资源评定标准和指南编制。组织广东等4省开展气候可行性论证监管体系建设试点。

三是加强了重大项目和重点工程的气候可行性论证工作。2018年,完成了424项城市规划项目和重点工程的气候可行性论证工作(图5.9)。其中,开展了53个城市的城市总体规划、通风廊道设计、海绵城市、城市热岛效应、气候适应性城市和重大行业发展规划的气候可行性论证;完成了47项新机场选址、城市轨道交通、大型桥梁、水利交通和港口建设等交通工程的气候可行性论证服务;为24个大型输变电、火热电、垃圾焚烧、核电等城市重点电力工程建设提供了服务。

四是加强了气候资源保护与开发利用,提升清洁能源利用效率。2018年,开展117个风电场和太阳能电站开展选址评估,为1153个风电场和太阳能电站提供预报服务,参与全国新能源消纳监测预警平台建设。开展全国风能太阳能资源监测,发布《中国风能太阳能资源年景公报2017》。完成全国近13万个贫困村和1.47万个非贫困村的太阳能资源评估,更新了全国分辨率1千米的光伏扶贫太阳能资源数据集,得到了影响太阳辐射和利用效率的气象灾害风险空间分布,初步建立太阳能光伏扶贫监测评估、预报预警等一体化综合气象服务流程。

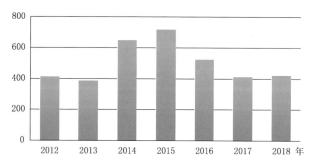

图5.9 2012—2018年历年气候可行性论证情况(单位:项)

(数据来源:中国气象局预报与网络司)

4.应对气候变化科技决策支撑作用日渐凸显

2018年,中国气象局紧紧围绕国家应对气候变化内政外交战略部署和政策制定提供决策咨询服务。密切跟踪国内外气候变化科技领域最新研究和进展,完成了"关于IPCC全球1.5℃增暖特别报告主要结论的分析建议""气候变化对华北水资源安全的影响""近期北半球及我国多地遭遇高温煎熬""青藏高原对气候变暖响应显著谨防冰川消融带来的自然灾害"等材料,得到了中央领导批示,"气象灾害风险呈加剧态势,待构建气候适应型社会"在新华内参刊登。

2018年,中国气象局积极开展气候变化对生态环境系统影响、减缓和适应气候变化的经济学等方面的研究,气候变化预估研究成果在服务国家战略、重大规划和重大工程、重大活动等气象科技支撑服务中得到了有效应用。根据需要,为党中央、国务院、各级政府部门、社会各界提供了《气候变化对三江源地区的生态环境影响评估》《雄安新区气候变化风险评估报告》等多份决策服务材料,应对气候变化气象贡献力进一步显现。

5.参与国际应对气候变化能力显著增强,彰显大国作为

2018年,中国气象局充分发挥IPCC国内牵头组织部门的作用,积极参与公约谈判。会同有关部门组织完成IPCC第六次评估报告各工作组作者推荐工作,38人入选,居发展中国家首位。完成《全球1.5℃增暖》特别报告两轮政府评审,分析报告获

党和国家领导人批示。举办IPCC第六次评估报告第一工作组第一次主要作者会。联合生态环境部、外交部、科技部、中国科学院和中国工程院成功举办中国参与IPCC30周年纪念活动,彰显中国贡献。完成短寿命温室气体专家会和气候变化评估资料支持专题组专家提名。完成IPCC主席团会议和第47、48次全会以及《联合国气候变化框架公约》参加团等谈判任务。

6.应对气候变化的科普和培训实现常态化

2018年,我国在国际、国内应对气候变化科普与培训,合作与交流工作等方面渐趋常态化、大众化、国际化。一是形成了常态化的政府宣传与科普机制。中国气象局联合有关单位完成了2018年度气候变化绿皮书《应对气候变化报告(2018):聚首卡托维兹》的编写和出版(图5.10)。中国气象局发布了《中国气候变化蓝皮书(2018)》(图5.10)、《中国气候公报》《中国温室气体公报》,年内编辑出版《气候变化动态》45期。二是积极开展公众应对气候变化有关科普宣传工作。通过"3·23"世界气象日、"气象科技周"等活动加强应对气候变化科普宣传,通过气象出版社出版了《气候变化影响下灾害天气的应对》《气候与城市规划——生态文明在城市实现的重要保障》《"一带一路"主要地区气候变化与极端事件时空特征研究》《气候变化对中国东北玉米影响研究》等应对气候变化的专著,举办"应对气候变化·记录中国——走进伊犁"活动。三是进一步加大了应对气候变化科普与培训的开放合作力度,扩大中国气象国际影响力。中国气象局积极扩大国际培训影响力,举办了第十四届亚洲区域气候监测预测评估论坛和第十五届气候系统与气候变化国际讲习班。

图5.10　2018年《中国气候变化蓝皮书》和《应对气候变化报告》

7.地方的气候变化影响适应与科技支撑能力明显提升[①]

2018年,各省份气候变化影响适应与科技支撑能力明显提升,适应影响的针对性明显增强,全国31个省(区、市)气象部门均组建了省级气候变化工作团队(工作组),开展地方气候变化影响适应研究,为地方经济发展和应对气候变化决策提供科技支撑的力度加大、范围更广、成效更显著。

其中,西藏气象部门开展"川藏铁路""电力天路"等大型项目的气候论证,协助区发改委开展了应对气候变化统计核算研究,编制了"西藏气候变化和生态环境评估报告","西藏高原湖泊资源及怒江流域生态环境对气候变化的响应研究"获全区科技三等奖。上海市气象局与同济大学组建的上海城市气候变化应对重点开放实验室成效初显,开展了构建未来气候变化影响下上海极端洪涝模拟技术,利用稳健决策理论指导上海应对气候变化下的洪涝风险以及开展上海未来30年气候情景预估工作等,为政府及相关部门提供决策参考。河北开展了雄安新区通风廊道构建和气象模拟评估服务,完成《气候安全评估和通风廊道构建专题成果报告》,河南开展郑州城市化气候效应定量化评估和中原城市群气候承载力研究。

此外,河北、山西、内蒙古、黑龙江、浙江、福建、河南、湖南、重庆、云南、陕西、宁夏积极开展农产品气候品质认证工作。全国各省级气象部门已将人工增雨作为改善生态环境、防火消霾、进行气候治理、适应气候变化的重要手段之一,取得较好成效。

三、评价与展望

2018年全球气候治理取得重要进展,卡托维兹联合国气候峰会完成了《巴黎协定》的实施细则谈判,大大提振了国际社会合作应对气候变化的信心。作为负责任的发展中大国,中国一直致力于加强气候变化应对工作,并把积极应对气候变化、推动绿色低碳发展,作为经济社会发展的重大战略。在此理念下,积极推进低碳转型,推动和引导建立公平合理、合作共赢的全球气候治理体系,推动构建人类命运共同体。我国已成为全球气候治理的重要参与者、贡献者和引领者。

在可持续发展框架下应对气候变化,核心是实现能源和经济的低碳转型。应对气候变化将促进全球经济社会发展方式的根本性变革,促进先进能源和低碳技术创新,气候变化的影响及应对行动也将成为重塑国际政治和经济技术竞争格局的重要推动力。推动能源革命,促进经济发展方式向气候适宜型的低碳发展路径转型,是《巴黎协定》倡导的应对气候变化的根本途径,也是我国实现可持续发展内在需要。当前,我国GDP能源强度年下降率远高于发达国家下降的速度,但单位GDP能耗仍处于较高水平。因此,做好气候变化应对,在未来很长一段时期仍需加强顶层设计规划,坚定不移地推进能源和经济低碳转型。

---

① 资料来源:2018年度各省(区、市)气象局工作总结。

　　在可持续发展框架下应对气候变化,关键在科技创新。需要面向国家需求和国际前沿,聚焦战略性和前瞻性重大科技问题,大力加强科技创新,全面提升我国应对气候变化科技实力,推动减缓和适应技术的创新与推广应用,降低气候变化的负面影响和风险,支撑我国高质量、可持续发展战略的实施。

　　未来在气候变化科技支撑领域,需要进一步深化基础研究,建设和完善全球气候变化大数据平台,进一步提升在气候变化事实、机制、归因等方面的科学认识,形成气候变化早期预警理论和方法体系,着力增强地球系统模式的模拟能力。

　　在此基础上,未来需要进一步完善气候变化影响评估和风险预估技术体系,增强极端情景下气候灾害危险性等级、资源－生态－环境综合承载能力、气候变化和极端气候事件对生态系统的综合评估能力;提升对极端事件演变的预估能力以及未来气候情景、社会经济情景、技术发展与政策情景下我国关键领域、关键区域的气候变化风险预估能力,为国家应对气候变化提供科学决策支撑。

第六章　生态环境气象保障

　　生态环境气象保障是指针对生态保护和建设以及农业可持续发展对气象服务的特殊需要,而开展的保障国家生态安全、粮食安全的气象服务保障活动,以及面向政府决策部门、社会公众、相关行业部门提供的与人民健康直接相关、与人类活动密切联系的大气环境质量监测、预报、预警、评估等气象服务保障活动(《中国气象百科全书·气象服务卷》编委会,2016)。本章生态环境气象重点针对大气污染监控、生态环境监测、生态系统演变的评估预测、生态工程建设以及风能资源、太阳能资等气候资源等气象服务领域。长期以来,特别是党的十八大以来,全国各级气象部门面向需求、主动融入、开拓创新,大力推进生态文明建设气象保障能力建设,在服务大气污染防治,生态系统保护、推进绿色发展等方面取得了明显进展。

一、2018 年生态环境气象保障概述

　　随着国家与人民群众对生态文明建设重视程度的提升,气象在城镇合理布局、灾害监测评估预警、空中云水资源开发利用、改善空气质量、积极应对气候变化等生态文明建设的作用更加明显①。2018 年,全国气象系统深度参与生态文明建设,助力蓝天保卫战,助推"美丽中国"建设与国家绿色发展战略,进一步完善生态气象监测评估业务和服务能力,完善环境气象监测预报预警体系,增强服务可再生能源的能力,气象服务生态环境的综合实力逐步提升。

　　(一)气象深度参与生态文明建设②

　　2018 年,国家级和省级气象部门深度参与国家生态文明建设,大力推进卫星遥感在生态环境监测的体系建设,卫星生态遥感监测能力不断增强,针对 2018 年重要生态环境事件及时开展了监测服务,对森林草原火灾、沙尘、雾霾、蓝藻水华、温室气体等监测能力有显著提升;31 个省(区、市)气象局制定生态文明气象保障专项实施方案,26 个省级气象部门成立生态气象遥感机构,23 个省级气象部门成为生态保护

---

　　①　中国气象局,中国气象局关于印发做好生态文明建设气象保障服务工作方案的通知(气发〔2016〕51号),2016 年 7 月 15 日。

　　②　"十三五"165 项重大工程项目气象部门实施进展情况中期评估报告。

红线协调机制成员单位。开展 53 个城市、424 项重大规划和重点工程项目气候可行性论证，防范重大工程项目建设气候风险。开展气象灾害对生态环境的影响评估、气候变化影响评估、重大生态修复工程气象服务。开展国家、区域气候变化评估报告编制，发布 2018 年度全国生态气象公报、2018 年度气候变化绿皮书、气候变化蓝皮书和中国温室气体公报[①]。

（二）气象助力蓝天保卫战行动

2018 年，全国气象部门围绕污染防治攻坚战，为打赢蓝天保卫战提供支撑。进一步完善国、省、地、县环境气象综合观测和预报预测业务体系，建设完成了涵盖生态气象、酸雨、沙尘暴、大气成分、大气本底观测、大气负离子等项目的生态环境监测网络，在全国地市级以上城市以及京津冀、长三角、珠三角地区县级城市建设完成了以雾霾监测为重点的环境气象监测网络；京津冀、长三角、珠三角、汾渭平原环境气象预报预警中心业务能力明显增强，全国雾、霾过程预报准确率达 80% 以上，能见度和 $PM_{2.5}$ 浓度预报时效达 10 天，重点区域月大气污染过程预测准确率达 73%。气象与生态环境部门形成了常态化的空气质量和重污染天气工作机制，国家级、23 个省级、262 个地市级的环保、气象部门建立形成了联合预报会商的工作机制，联合发布大气质量预报产品，两部门实现了气象和大气环境质量监测历史数据共享，联动开展全国大气污染气候条件分析，强化重污染天气联合预报和分析，发布《2018 年大气环境气象公报》[②]。国家级和北京、河北等地气象部门建立了大气污染气象条件评估业务，科学区分气象条件和减排措施对空气质量改善的贡献，为精准高效防治污染提供决策支撑。各地气象部门积极开展人工增雨（雪）作业，增加降水对大气污染的湿沉降作用，为改善当地空气质量贡献力量。

（三）气象保障国家绿色发展战略实施

近些年来，全国气象部门持续开展气候资源利用服务，开展宜居、宜游气候服务，先后推出了中国天然氧吧、国家气候标志、国家气象公园等系列生态气象品牌，助力地方生态旅游发展，为"美丽中国"建设增添气象元素，助力国家绿色发展战略实施。2018 年，开展 117 个风电场和太阳能电站开展选址评估，为 1153 个风电场和太阳能电站提供预报服务，参与全国新能源消纳监测预警平台建设。开展全国风能太阳能资源监测，发布《中国风能太阳能资源年景公报 2017》。完成全国近 13 万个贫困村和 1.47 万个非贫困村的太阳能资源评估，更新了全国分辨率 1 千米的光伏扶贫太阳能资源数据集，得到了影响太阳辐射和利用效率的气象灾害风险空间分布，初步建立太阳能光伏扶贫监测评估、预报预警等一体化综合气象服务流程。完成各级精细化

---

① 2018 年中国公共气象服务白皮书。
② 2018 年中国公共气象服务白皮书。

农业气候区划 3500 多项,完成"镰刀弯"地区玉米种植气候适宜性分析,为农业种植结构调整提供科学依据。开展特色农产品气候品质评估,提升农产品附加值。开展宜居宜游气候服务,继续推进天然氧吧、气候标志、国家气象公园等生态品牌实施,助力旅游、康养等绿色产业发展。完成了在北京、杭州、雄安新区等 248 个城市开展城市总体规划、气候环境容量、城市通风廊道分析、城市热岛效应评估、居住小区气候环境等气候可行性论证,在防范城市气候风险和重大工程项目建设气候风险方面发挥了重要作用。开展了三江源、祁连山、天山、黄土高原等重点生态功能区增雨(雪)作业,成功实施内蒙古林区扑火、东北华北抗旱等大规模区域性增雨(雪)作业①,实现了生态脆弱区、水源涵养区、草原林区开展常态化、规模化人工影响天气作业,有效增强了气候脆弱区域的生态安全。

(四)生态保护与修复的气象基础作用增强

至 2018 年,以卫星遥感为基础,地面监测为补充的生态环境监测网络更加完善,实现了对全国陆地和海洋全方位、多层次、长序列的生态环境监测。继续开展气象灾害对生态环境的影响评估,开展太湖蓝藻水华、海洋赤潮、石漠化等卫星遥感监测评估和气象预警服务,为维护国家生态安全提供气象保障服务。开展重大生态修复工程的气象服务,开展了盐碱化、石漠化、荒漠化、黑土地退化等生态脆弱区气象条件监测与影响评估,为京津风沙源治理、黄土高原地区综合治理、石漠化综合治理、沙化土地封禁保护试点、三北防护林建设、国家公园试点等提供气象保障服务。积极参与生态保护红线划定和严守工作。中国气象局印发《关于组织参与划定并严守生态保护红线工作》通知。至 2018 年,全国 23 个省(区、市)气象局被纳入生态保护红线协调机制成员单位。

二、2018 年生态环境气象保障进展

生态环境气象保障是气象服务生态文明建设的重要领域,2018 年气象部门通过组织实施《京津冀及周边地区秋冬季大气污染防治气象保障服务工作方案》《长三角区域秋冬季大气污染防治气象保障专项服务方案》《珠三角区域大气污染防治气象服务专项方案》《汾渭平原秋冬季大气污染防治气象保障服务工作方案(2018—2020年)》《祁连山国家公园体制试点重点任务分工方案》,为服务生态文明建设,配合各地生态规划、生态保护与建设工程实施,开展退耕还林(草)、重点流域生态治理,开展了生态气象监测和评估,为保障生态文明建设作出了积极贡献。

(一)生态气象保障能力显著增强

1.气象卫星生态观测增强生态监测能力

---

① 2018 年中国公共气象服务白皮书。

　　2018年,天地一体化的生态遥感监测系统建设有了新发展,新一代静止气象卫星风云四号A星已正式投入业务应用,风云二号H星和风云三号D星正式在轨交付,空基生态环境监测能力进一步增强[①],已实现8颗风云系列气象卫星在轨运行,形成了以国家级数据处理和服务中心为主体,全国31个省级卫星遥感应用中心和2500多个卫星资料接收利用站组成的全国卫星遥感应用体系。

　　至2018年,我国利用卫星观测自主研发的大气和地球表面环境监测分析产品已达数十种,可以提供面向全球、全国、区域等不同空间尺度的植被变化、农作物长势、火点、积雪、海冰、水体范围变化、城市热环境、水体环境(湖泊监藻、海藻)、大气环境等监测。尤其面向典型生态系统和环境敏感脆弱区,对于突发气象和环境灾害具有实时监测服务能力。基于卫星遥感的生态环境灾害监测产品为生态环境、农业农村、自然资源、林业草原等部门提供了大量服务,例如开展森林草原火灾、山体滑坡(泥石流)、土地沙化、石漠化等遥感监测,为国家开展生态监测和生态气象保障提供了强有力的支撑(吴鹏,2018)。

　　在大力发展卫星生态观测的同时,到2018年我国已经形成了由农业气象观测站、酸雨监测站、沙尘暴监测站、大气成分监测站、大气本底站等共同组成的生态监测站网。在全国地市级以上城市以及京津冀、长三角、珠三角地区县级城市,建成了以雾霾监测为重点的环境气象监测站,满足空气质量预报和大气污染防治的需求[②]。目前,全国建有398个酸雨观测站、29个沙尘暴观测站、28个大气成分观测站(含相关项目166个)、1个全球大气本底站和6个区域大气本底站(表6.1)。

表6.1　2018年全国气象部门大气污染相关观测站点情况

年份	PM$_{10}$观测站	PM$_{2.5}$观测站	PM$_1$观测站	酸雨观测站	主要大气污染物观测站	沙尘暴观测站	臭氧观测站	紫外线观察站	大气成分站	全球大气本底站	区域大气本底监测站
2003				220		85	10	100		1	3
2004				277		94	9	121		1	3
2005				299		85	14	178	21	1	5
2006				513		86	18	178	73	1	6
2007				327			4	174	29	1	6
2008				330			20	203	35	1	6
2009				337			17	150	35	1	6

[①]　中国气象局办公室,中国气象局关于反馈2018年落实生态环境监测改革相关工作进展的函(气办函〔2018〕380号),2018年12月24日。

[②]　中国气象局办公室,中国气象局关于反馈2018年落实生态环境监测改革相关工作进展的函(气办函〔2018〕380号),2018年12月24日。

续表

年份	PM$_{10}$观测站	PM$_{2.5}$观测站	PM$_1$观测站	酸雨观测站	主要大气污染物观测站	沙尘暴观测站	臭氧观测站	紫外线观察站	大气成分站	全球大气本底站	区域大气本底监测站
2010				342		29	22	164	28	1	6
2011				342		29			28	1	6
2012				365		29	36	157	28	1	6
2013				365		29	41	157	28	1	6
2014				365		29	48	168	28	1	6
2015	272	264	156	365	50	29	71	158	28	1	6
2016	45	264	156	376	50	29	53	164	28	1	6
2017	45	264	156	376	50	29	68	155	28	1	6
2018	45	264	156	398	50	29	53	111	166*	1	6

数据来源:《气象统计年鉴》2003—2018 年,全国气象观测站点(设施)数量统计表,统计截止日期 2018 年 12 月 31 日。

*:大气成分观测,来源于《气象统计年鉴》综合观测业务项目(二)。

2. 生态气象监测评估取得积极进展

2018 年,组织开展了全国植被生态质量,全国主要及典型生态系统(林田湖草、荒漠、湿地),重点生态建设和保护地区气候影响评估,编制发布了《2018 年全国生态气象公报》,揭示了全国生态气象条件及灾害特点,评估气候变化和气象灾害对生态质量影响[1],为我国生态文明建设以及经济、社会、环境的可持续发展提供气象依据。

根据生态气象监测评估,2018 年全国大部地区水热条件有利于植被生长和生态质量提高。全国有 71% 的地区降水量较常年偏多,植被主要生长季,全国大部分地区降水量多于常年和 2017 年同期。与 2017 年同期相比,全国 2018 年≥0℃积温偏多 1.0%。

2018 年,全国大部分地区水热充足,干旱、暴雨等气象灾害影响整体偏轻,气象条件有利于草原、森林等植物和农田作物生长。全国植被生态质量指数[2]达 68.2,2018 年全国植被生态质量处于较好和很好等级[3]的面积比例达 70% 以上,全国植被

---

① 减灾司,2017 年总结及 2018 年重点工作计划。

② 植被生态质量指数:以植被净初级生产力(net primary productivity,NPP)和覆盖度的综合指数来表示,其值越大,表明植被生态质量越好。本指数来源于《GB/T 34814—2017》。

③ 植被生态质量等级:以植被生态质量指数的距平百分率表示:<－10%,生态质量很差;－10%～－3%,生态质量较差;－3%～3%,生态质量正常;3%～10%,生态质量较好;>10%,生态质量很好。

生态质量整体好于常年。2018 年全国植被平均净初级生产力[①](NPP)和覆盖度[②]较 2000 年分别增加 83 克碳/米² 和 6.0％。与 2017 年相比,2018 年全国植被净初级生产力增加了 12 克碳/米²,植被覆盖度下降 1.0％。其中,内蒙古、宁夏、甘肃、青海植被净初级生产力较 2017 年增加 10％以上,覆盖度提高 1~3 个百分点;新疆、西藏植被净初级生产力分别下降 9％和 14％,河南、山东、安徽、湖北植被覆盖度减少 2~3 个百分点,阶段性高温、干旱是造成其降低的主要因素之一。

2000—2018 年全国有 90％的区域植被生态质量指数呈增加趋势,全国整体植被生态质量出现"三级跳",特别是 2012—2018 年植被生态质量指数较 2000—2001 年、2002—2011 年两个阶段明显提高,2018 年达 2000 年以来最高(图 6.1)。

图 6.1　2000—2018 年全国植被生态质量指数变化(国家气象中心)

对重点生态工程和建设区域气象监测结果表明,三江源地区降水增多,2018 年湖泊面积较 2006 年增加 13.0％,植被生态质量改善;祁连山下游主要湖泊蓄水增加,2018 年内蒙古东居延海水体面积达 2000 年以来最大、额济纳绿洲植被覆盖度明显增加;2018 年北京密云水库水体面积达 2000 年以来最大;雄安新区大部植被生态质量提升明显,白洋淀蓄水增加,水位上升;2000 年以来贵州和广西石漠化区植被生态质量呈改善趋势。

2000—2018 年全国大部地区植被净初级生产力(图 6.2)和植被覆盖度呈增加趋势(图 6.3)。整体来看,2000 年以来全国植被净初级生产力和覆盖度平均每年分别增加 3.8 克碳/米² 和 0.25％。

---

①　植被净初级生产力:绿色植物在单位面积、单位时间内所能累积的有机物数量,一般以每平方米干物质的含量(克碳/米²)来表示,简称植被 NPP。

②　植被覆盖度:植被地上部分垂直投影面积占地面面积的百分比。

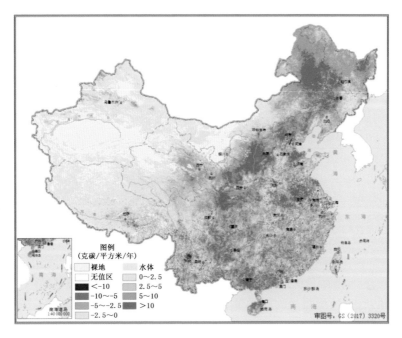

图 6.2　2000—2018 年全国植被净初级生产力变化趋势（国家气象中心）

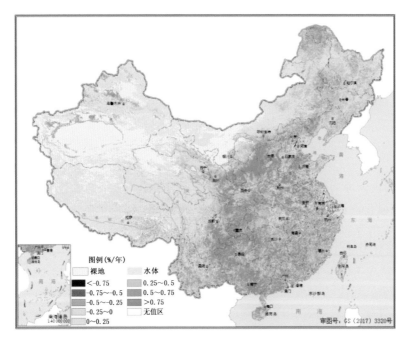

图 6.3　2000—2018 年植被覆盖度变化趋势（国家气象中心）

3.水生态和荒漠化气象评估稳步推进

水生态、荒漠化和石漠化与气候变化高度相关,2018年,气象部门有效开展了水生态、荒漠化和石漠化生态气象评估,为生态文明建设提供了科学依据。

(1)地下水位评估。根据监测评估,2005—2018年,河西走廊西部的敦煌和月牙泉、河西走廊东部的武威中部绿洲区地下水水位先下降后上升,民勤青土湖地下水水位表现为平稳上升趋势,而武威东部荒漠区地下水水位呈明显下降趋势。

1981—2018年,江汉平原荆州站地下水水位与年降水量变化趋势基本一致,水位与降水量密切相关。2018年,荆州站年降水量为988.0毫米,较常年偏少89.1毫米,比2017年偏少156.2毫米,相应地下水水位较2017年下降0.1米[①]。

(2)湖泊湿地评估。根据监测评估,1989—2018年,1998年之前鄱阳湖8月水体面积总体偏小,但1998年以来水体面积年际波动幅度明显变大。2018年8月,鄱阳湖水体面积为3021.3千米^2,较1991—2010年同期平均值偏小10.6%。

1989—2018年,洞庭湖8月水体面积总体呈减小趋势,但近年趋于平稳。2018年8月,洞庭湖水体面积为1612.4千米^2,较1991—2010年同期平均值偏小7.5%。

2018年,青海湖流域平均降水量503.7毫米,较常年值偏多127.7毫米,年平均气温较常年值偏高0.94℃;流域冰雪融水和降水补给量均较常年值偏多,青海湖水位达3195.41米,较2017年上升0.48米,较常年值高出1.87米,为1961年以来上升幅度最大年份。2005年以来,青海湖水位连续14年回升,累计上升2.54米,已接近20世纪70年代初期的水位。

2001—2018年,华中地区主要湖泊湿地面积处于缓慢减少或稳定状态。2018年,洞庭湖湿地和梁子湖湿地面积分别为1020.9千米^{2}和285.0千米^2,较2017年分别偏小164.9千米^{2}和21.7千米^2。

(3)沙漠化评估。根据监测评估,2005—2018年,石羊河流域沙漠边缘外延速度总体趋稳,但个别年份波动幅度较大;凉州区东沙窝监测点沙漠边缘扩张速度明显减缓。2005—2018年,民勤和凉州监测点沙漠边缘向外推进的平均速度为2.55米/年和1.15米/年;2018年,民勤受降水大幅增加影响,沙漠边缘外推速度下降至2.40米/年,凉州区沙漠边缘向外推进0.95米/年,均小于2005年以来的平均水平。

(4)荒漠化评估。根据监测评估,2005—2018年,石羊河流域荒漠面积总体呈减小趋势。2018年,流域荒漠面积1.56万千米^2,略大于2017年。2005—2018年,石羊河流域处于降水偏多(植被生长关键季节降水明显增多)的年代际背景下,加之2006年启动人工输水工程,受气候因素和工程治理措施的共同影响,流域生态环境明显趋于好转。

(5)石漠化评估。根据卫星遥感监测显示,1988—2018年,广西石漠化区面积表

---

① 中国气候变化蓝皮书(2019)。

现为"增加—缓慢减小—明显减小"的阶段性变化过程。1988年、2002年、2007年和2018年轻度至重度石漠化区面积占广西土地总面积的比率分别为11.34%、11.84%、11.30%和10.32%。2018年,广西石漠化生态脆弱区大部分区域光、温、水等气象条件匹配较好,气象条件对脆弱区植被生长的贡献率较高,有利于植被恢复生长。与1988年相比,2018年重度石漠化区面积下降20.5%。

(二)大气环境气象监测预报预警积极推进

1. 积极开展大气污染气象监测评估

2018年,全国气象部门在积极推进大气环境气象监测的同时,充分利用获取的探测数据,积极开展大气污染气象监测评估,为大气污染治理提供了科技支撑。

(1)臭氧监测评估

根据臭氧监测数分析,我国青海瓦里关站和黑龙江龙凤山站观测结果显示,1991年以来臭氧总量季节波动明显,但年平均值无明显增减趋势。2018年,瓦里关站和龙凤山站臭氧总量平均值分别为(296±28)DU(陶普生单位)[①]和(362±57)DU;比2017年分别增加8DU和5DU。臭氧总量值总体回升的态势与全球中纬度地区臭氧层出现恢复相一致的,其与全球禁止排放损耗臭氧氟氯烃后促使臭氧层恢复有关,同时也与对流层上层—平流层大气环流年代际的调整有一定联系。

(2)气溶胶监测评估

根据气溶胶监测数分析,2004—2014年,北京上甸子站、浙江临安站和黑龙江龙凤山站气溶胶光学厚度年平均值波动增加;2014—2018年,均呈明显降低趋势(图6.4)。2018年,上甸子站可见光波段(中心波长440纳米)气溶胶光学厚度为0.43±0.46,与2017年基本持平;临安站和龙凤山站气溶胶光学厚度分别为0.46±0.32和0.26±0.13,较2017年分别下降13%和16%。

环境气象监测表明,2005—2018年,北京上甸子站$PM_{2.5}$年平均质量浓度呈下降趋势,年际波动明显,2014年以来下降趋势尤为明显(图6.5)。2005—2018年,北京上甸子站$PM_{2.5}$质量浓度的平均值为39.0±9.3微克/米³;年平均$PM_{2.5}$质量浓度最高值出现于2006年,为60.8微克/米³。2018年,北京上甸子站$PM_{2.5}$年平均质量浓度为24.1微克/米³,较2017年下降2.3微克/米³,为自2005年有观测以来的最低值。

2010—2018年,上海东滩环境气象本底站$PM_{2.5}$年平均质量浓度总体呈下降趋势,但近两年有小幅增长。2018年,上海东滩站$PM_{2.5}$年平均质量浓度为15.9微克/米³,较2017年上升3.9微克/米³。

---

① 1DU=10^{-5}米/米²,表示标准状态下每平方米面积上有0.01毫米厚臭氧。

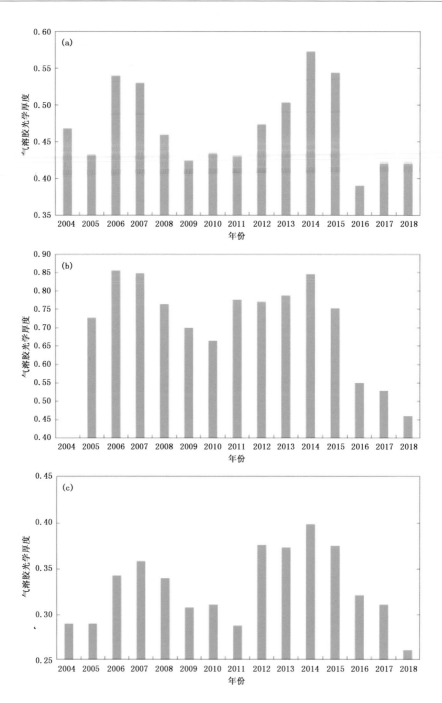

图 6.4 2004—2018 年北京上甸子站(a)、浙江临安站(b)和黑龙江龙凤山站(c)
气溶胶光学厚度变化(国家气候中心)

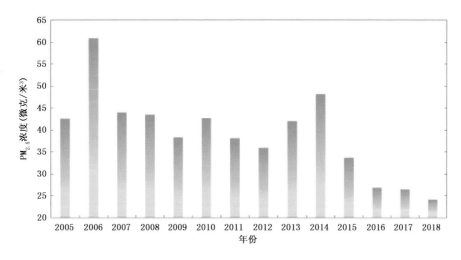

图 6.5 2005—2018 年北京上甸子站 $PM_{2.5}$ 年平均浓度变化(国家气候中心)

2006—2018 年,广东番禺环境气象本底站 $PM_{2.5}$ 年平均质量浓度阶段性变化特征明显。2006—2010 年,$PM_{2.5}$ 平均质量浓度逐年下降;2011—2014 年小幅回升;但 2015—2018 年平均质量浓度较前期平均水平有所下降。2018 年,广东番禺站 $PM_{2.5}$ 年平均质量浓度大幅下降为 23.2 微克/米³,较 2017 年下降 23.6 微克/米³,为 2006 年以来的最低值[①]。

(3)雾霾、沙尘与大气酸沉降监测评估

——雾霾天气过程。2018 年全国共出现发生 5 次大范围、持续性雾和霾天气过程(其中 1 月 1 次,3 月 1 次,11 月 2 次,12 月 1 次),过程次数与上年持平,但局地影响重。

2018 年 2 月 15—22 日,琼州海峡出现罕见的持续性大雾天气,轮渡因能见度低停航,由于正值春节假期结束有课返程高峰期,南岸大量旅客和车辆滞留。

2018 年 11 月 24 日至 12 月 3 日,华北和华东地区出现大范围雾和霾天气,持续时间长达 10 天,影响范围大、持续时间长、污染程度重,是 2018 年影响最重的依次雾和霾天气过程。受其影响,京津冀鲁豫苏鄂徽湘多地发布预警信息,多个机场航班大量延误和取消,多条高速公路关闭;呼吸道疾病患者增多。

——沙尘天气过程。1961—2018 年,中国北方地区平均沙尘(扬沙以上)日数呈明显减少趋势,平均每 10 年减少 3.5 天。20 世纪 80 年代后期之前,中国北方地区平均沙尘日数持续偏多,之后转入沙尘日数偏少阶段(图 6.6)。2018 年,中国北方地区平均沙尘日数为 6.6 天,较常年值偏少 2.9 天。2018 年春季北方地区沙尘天气过程见表 6.2。

① 中国气候变化蓝皮书(2019)。

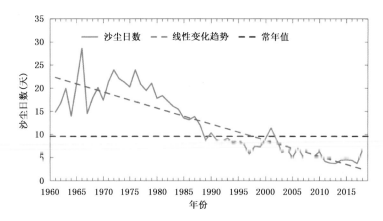

图 6.6　1961—2018 年中国北方地区沙尘日数(国家气候中心)

表 6.2　2018 春季北方地区沙尘天气过程简表

序号	起止时间	过程类型	主要影响范围
1	3 月 14—16 日	扬沙	新疆南疆盆地,内蒙古中西部、甘肃、青海东北部、宁夏、陕西中北部、山西、河北中南部、湖北西部等地出现浮尘或扬沙
2	3 月 18—20 日	扬沙	新疆南疆盆地,内蒙古中西部、甘肃、青海东北部、宁夏等地出现浮尘或扬沙
3	3 月 26—29 日	扬沙 沙尘暴	新疆南疆盆地、甘肃河西、内蒙古中西部、宁夏北部、陕西北部、山西北部、河北中北部、北京、天津、东北地区、河南中北部先后出现扬沙或浮尘,其中内高锰钢锡林郭勒盟局地出现沙尘暴
4	4 月 1—3 日	扬沙 沙尘暴	新疆南疆盆地、甘肃河西、内蒙古中西部、宁夏、陕西北部、山西北部、河北西部、辽宁西部、河南北部先后出现扬沙或浮尘,其中南疆盆地出现沙尘暴
5	4 月 4—6 日	扬沙 沙尘暴	新疆南疆盆地、甘肃、内蒙古、宁夏、陕西北部、山西北部、河北北部先后出现扬沙或浮尘,其中南疆盆地、内蒙古、甘肃河西等地出现沙尘暴
6	4 月 9—10 日	扬沙	内蒙古中西部、甘肃中部、宁夏、陕西北部、山西大部、河北南部、河南北部、山东西部等地出现扬沙或浮尘天气
7	4 月 13—14 日	扬沙	内蒙古中部、山西北部、北京、天津、河北北部等地出现扬沙或浮尘天气,内蒙古中部局地出现沙尘暴
8	4 月 16—17 日	扬沙	内蒙古东部、吉林西部、辽宁东部出现扬沙或浮尘天气

续表

序号	起止时间	过程类型	主要影响范围
9	5月21—23日	扬沙	新疆南疆盆地、甘肃西部、内蒙古中西部、宁夏北部、陕西北部、河北北部、辽宁西部、河南西部等地出现扬沙或浮尘,其中内蒙古西部局地出现沙尘暴
10	5月25—26日	扬沙	新疆南疆盆地、内蒙古中西部、甘肃河西、宁夏北部、陕西中北部、山西、河北西北部、北京等地的部分地区有扬沙或浮尘天气

引自:2018年年中国气候公报。

——大气酸沉降。1992—2018年,中国酸雨(降水pH低于5.6)经历了"改善—恶化—再次改善"的阶段性变化过程,总体呈减弱、减少趋势。1992—1999年为酸雨改善期;2000—2007年酸雨污染恶化;2008年以来酸雨状况再度改善(图6.7)。2018年,全国年平均降水pH为5.9;全国年平均酸雨频率23.8%,为1992年以来的最低值;全国年平均强酸雨(降水pH低于4.5)频率3.0%,亦为1992年以来的最低

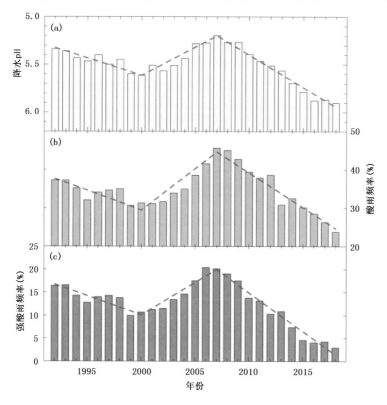

图6.7　1992—2018年中国平均降水pH(a)、酸雨频率(b)和强酸雨频率(c)变化
(虚线为线性趋势线)(国家气候中心)

值。综合分析显示,我国二氧化硫排放量的增减变化是影响酸雨污染长期变化趋势的主控因子,2010 年以来氮氧化物排放量的逐年下降也对近年来酸雨污染的改善有较明显贡献。

2018 年,酸雨区(降水 pH 低于 5.6)范围主要覆盖江淮南部、江汉东南部、江南、华南大部、西南地区东部、华北和东北地区的部分地区(图 6.8),其中浙江东部、江西西北部、湖南中东部和广东西北部等地年平均降水 pH 低于 5.0,酸雨污染较明显[①]。

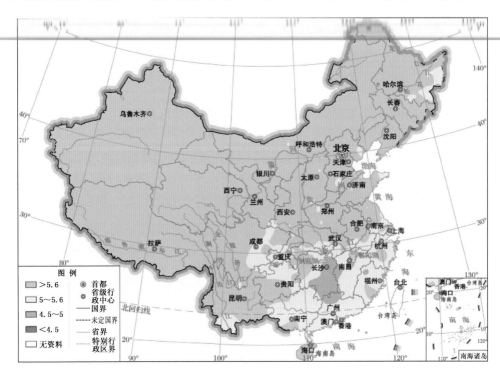

图 6.8　2018 年中国降水 pH 分布(国家气候中心)

2. 各地积极开展城市环境空气质量评价

2018 年,全国 338 个城市中,有 121 个城市环境空气质量达标,占全部城市数的 35.8%,同比上升 6.5 个百分点;338 个城市平均优良天数比例为 79.3%,同比上升 1.3 个百分点;$PM_{2.5}$ 浓度为 39 微克/米³,同比下降 9.3%;PM_{10} 年平均浓度为 71 微克/米³,同比下降 5.3%。2018 年 12 月主要城市环境空气质量情况见表 6.3。

按照环境空气质量综合指数评价,169 个重点城市中,空气质量相对较好的 20 个城市(从第 1 名到第 20 名)依次是海口、黄山、舟山、拉萨、丽水、深圳、厦门、福州、惠州、台州、珠海、贵阳、中山、雅安、大连、昆明、温州、衢州、咸宁和南宁市;空气质量

---

① 中国气候变化蓝皮书(2019)。

相对较差的 20 个城市(从第 169 名到第 150 名)依次是临汾、石家庄、邢台、唐山、邯郸、安阳、太原、保定、咸阳、晋城、焦作、西安、新乡、阳泉、运城、晋中、淄博、郑州、莱芜和渭南市。

2018 年,京津冀及周边地区"2+26"城市平均优良天数比例为 50.5%,同比上升 1.2 个百分点;$PM_{2.5}$ 浓度为 60 微克/米^3,同比下降 11.8%。北京优良天数比例为 62.2%,同比上升 0.3 个百分点;$PM_{2.5}$ 浓度为 51 微克/米^3,同比下降 12.1%。长三角地区 41 个城市平均优良天数比例为 74.1%,同比上升 2.5 个百分点;$PM_{2.5}$ 浓度为 44 微克/米^3,同比下降 10.2%。汾渭平原 11 个城市平均优良天数比例为 54.3%,同比上升 2.2 个百分点;$PM_{2.5}$ 浓度为 58 微克/米^3,同比下降 10.8%。珠三角地区 9 个城市平均优良天数比例为 85.4%,同比上升 0.9 个百分点;$PM_{2.5}$ 浓度为 32 微克/米^3,同比下降 5.9%[①]。

表 6.3　2018 年 12 月主要城市环境空气质量综合指数及主要污染物

排名	城市	综合指数	最大指数	主要污染物	排名	城市	综合指数	最大指数	主要污染物
1	海口	2.45	0.61	O_3	17	合肥	5.14	1.89	$PM_{2.5}$
2	福州	2.94	0.82	NO_2	18	长沙	5.40	2.31	$PM_{2.5}$
3	南宁	3.43	0.91	$PM_{2.5}$	19	武汉	5.48	2.06	$PM_{2.5}$
4	贵阳	3.49	1.03	$PM_{2.5}$	20	成都	5.50	1.91	$PM_{2.5}$
5	昆明	3.50	0.95	NO_2	21	天津	5.68	1.54	$PM_{2.5}$
6	拉萨	3.70	1.00	PM_{10}	22	银川	5.75	1.54	PM_{10}
7	广州	4.05	1.22	NO_2	23	呼和浩特	6.32	1.66	PM_{10}
8	长春	4.06	1.06	$PM_{2.5}$	24	济南	7.29	2.14	$PM_{2.5}$
9	上海	4.08	1.35	NO_2	25	西宁	7.53	2.40	$PM_{2.5}$
10	南昌	4.33	1.34	$PM_{2.5}$	26	兰州	7.77	2.11	$PM_{2.5}$
11	北京	4.43	1.25	NO_2	27	西安	7.78	2.63	$PM_{2.5}$
12	重庆	4.55	1.57	$PM_{2.5}$	28	郑州	7.91	2.80	$PM_{2.5}$
13	南京	4.80	1.46	$PM_{2.5}$	29	太原	8.12	2.49	PM_{10}
14	哈尔滨	4.90	1.57	$PM_{2.5}$	30	乌鲁木齐	8.29	3.29	$PM_{2.5}$
15	杭州	4.93	1.43	$PM_{2.5}$	31	石家庄	8.35	2.69	$PM_{2.5}$
16	沈阳	5.05	1.34	$PM_{2.5}$					

数据来源:2018 年 12 月全国城市空气质量报告。

3.环境气象预报预警体系逐步完善

我国自主研发建立了全国范围 15 千米分辨率 72 小时预报时效的 CUACE 环境

---

① 数据来源:生态环境部,2018 年全国生态环境质量简况。

气象数值预报模式,京津冀、长三角和珠三角地区模式分辨率达 3～9 千米。国家级、区域中心和各省(区、市)全面开展了 24 小时雾、霾预报预警和 72 小时预报空气污染气象条件预报。

2018 年,针对重污染天气过程、重大社会活动气象保障、突发环境气象事件应急响应,国家级和省级气象部门开展了环境气象决策和评估服务。环境气象预报预警工作为区域联防联控及有关应急措施提供了重要的支撑和决策参考,取得了较好服务效果。2018 年,为落实《京津冀及周边地区 2017—2018 年秋冬季大气污染综合治理攻坚行动方案》,气象部门制定实施了《京津冀及周边地区 2017—2018 年秋冬季大气污染防治气象保障工作方案》,强化做好京津冀及周边地区大气污染防治气象保障工作。建立了京津冀雾—霾中期数值模拟预报系统,提升了重污染天气中长期气候预测能力、重污染天气气象条件潜势及过程预报的服务能力。

积极推进大气污染方面的研究,其中《我国雾—霾成因及其治理的思考》研究成果荣获 2018 年度"中国百篇最具影响国内学术论文"。针对党的十九届三中全会等重大活动,与生态环境部门建立空气质量联合会商机制,开展了环境空气质量预测预报业务化会商。并将在大气污染防治、水环境管理、生态保护红线划定与严守等方面深化合作①。

4. 积极开展国家重点生态功能区气象服务

2018 年,开展生态功能区气象监测评价指标体系建设,研发生态功能区气象保障技术与模型,根据所在功能区的发展方向和服务需求,围绕生态服务功能增强和生态环境质量改善,开展有区域特色的气象保障服务。水源涵养型生态功能区,着重开展降水量、蒸发量等与水资源关系密切的气象要素监测评价,提供天然林草保护、水土流失生态气象监测预报,开展退耕还林、围栏封育和湿地森林草原等生态系统维护重建效益评估等服务。水土保持型生态功能区,开展水土流失和荒漠化控制,稳定草原面积,恢复草原植被气象监测评价,重点加强土地覆盖、降水强度、生态承载能力监测,提供节水灌溉、雨水集蓄利用、旱作节水农业等精细化气象预报服务。防风固沙型生态功能区,开展天然林面积扩大、森林覆盖率提高、森林蓄积量增加等气象监测评价。生物多样性维护型生态功能区,开展野生动植物物种恢复和增加的气象监测评价,重点加强生物群落结构、优势种群和重要物种栖息地气象条件监测预报。将江西省列为国家生态文明试验区气象保障服务试点省②。

人工影响天气在改善生态环境、增加湖库蓄水、森林防火、改善空气质量等领域

① 中国气象局办公室,中国气象局办公室关于报送《京津冀及周边地区 2017 年大气污染防治工作总结及 2018 年工作计划》的函(气办函〔2018〕13 号),2018 年 1 月 11 日。
② 中国气象局,中国气象局关于将江西列为国家生态文明试验区气象保障服务试点省的复函。中气函〔2017〕169 号,2017 年 8 月 1 日。

发挥了积极作用。各省份初步确立了水源涵养型及水库蓄水型人工影响天气生态修复目标区,森林、草原生态保护型及大城市供水型人工影响天气生态修复关注区。河北建设了市级人工影响天气业务指挥系统,黑龙江建立了非旱期松花江流域水系联合作业机制,青海持续开展以保护生态环境为目的的三江源人工增雨作业。特别是积极开展三江源、祁连山、天山、黄土高原等重点生态功能区增雨雪作业,对改善生态脆弱地区生态发挥了重要作用。

（三）稳步开展大气环境容量分析

大气环境容量是指在满足大气环境目标值(即能维持生态平衡并且不超过人体健康要求的阈值)的条件下,某区域大气环境所能承纳污染物的最大能力,或所能允许排放的污染物的总量。根据经济社会发展需要,近些年来气象部门建立形成了稳定的大气环境容量分析业务,并形成了大气环境容量分析服务产品。

根据大气成分监测和有关气象要素数据分析,2018 年,我国东北大部、华北北部及内蒙古、山东半岛东部、青海南部、西藏中部、四川西北部和南部、云南东部和西北部、海南等地的大气环境容量在 4.5 吨/(天·千米^2)以上,大气对污染物的清除能力较强;新疆西部大气环境容量小于 2.5 吨/(天·千米^2),大气对污染物的清除能力较差;全国其余大部地区为 2.5~4.5 吨/(天·千米^2),大气对污染物的清除能力一般。

2018 年 1—3 月和 10—12 月平均大气自净化能力指数,京津冀地区为 2.6 吨/(天·千米^2),较常年同期偏低 22%,较近十年(2008—2017 年)同期偏低 10%,大气对污染物的清除能力减弱;长三角地区为 3.7 吨/(天·千米^2),较常年同期偏低8%,但较近十年同期和 2017 年分别偏高 9%和 10%,大气对污染物的清除能力有所增强;珠三角地区为 2.2 吨/(天·千米^2),较常年同期偏低 27%,较近十年同期偏低3%,大气对污染物的清除能力减弱;汾渭平原为 2.7 吨/(天·千米^2),较常年同期偏低 15%,但较近十年同期偏高 3%,较 2017 年同期略偏高,大气对污染物的清除能力有所增强。

三、2018 年气候适应型资源开发利用主要进展

2018 年,全国气象部门开展全国风能太阳能资源监测,更新全国 1 千米分辨率的风能资源精细化评估数据库,建立光伏发电重点地区 1 千米分辨率的太阳能资源精细化评估数据库,开展 117 个风电场和太阳能电站选址评估,为 1153 个风电场和太阳能电站提供预报服务[①]。

---

① 2018 年中国公共气象服务白皮书。

（一）太阳能开发利用气象服务稳步开展

1. 太阳能资源年辐射总量分布评估

根据太阳能监测数据评估,2018年全国陆地表面平均的水平面总辐射年辐照量为1486.5千瓦·时/米^2,较近10年(2008—2017年)平均值1494.1千瓦·时/米^{2}略偏低,比2017年(1493.4千瓦·时/米^2)略有减少。

2018年,我国东北西部、华北北部、西北大部和西南中西部年水平面总辐射年总量超过1400千瓦·时/米^2,其中甘肃西部、内蒙古西部、青海西部、西藏中西部年水平面总辐射年辐照量超过1750千瓦·时/米^2,太阳能资源最丰富。新疆大部、内蒙古大部、甘肃中部、宁夏、陕西山西北部、河北中北部、青海东部南部、西藏东部、四川西部、云南大部、海南中南部等地水平面总辐射年辐照量1400～1750千瓦·时/米^2,太阳能资源很丰富。东北大部、华北南部、黄淮、江淮、江汉、江南及华南大部水平面总辐射年辐照量1050～1400千瓦·时/米^2,太阳能资源丰富。重庆、贵州中东部、湖南西北部及湖北西南部地区水平面总辐射年辐照量不足1050千瓦·时/米^2,为太阳能资源一般区。

从全国及各省水平面总辐射年辐照量距平分布看,2018年总体表现为"中东部偏高、西部偏低"的特征,我国距平百分率绝对值在5%以内,大部分地区距平在−3%～3%之间[①]。

2. 光伏发电增长明显

2018年,国家能源局会同有关部门对光伏产业发展政策及时进行了优化调整,全年光伏发电新增装机4426万千瓦,仅次于2017年新增装机,为历史第二高。其中,集中式电站和分布式光伏分别新增2330万千瓦和2096万千瓦,发展布局进一步优化。截至2018年底,全国光伏发电装机达到1.74亿千瓦,较上年新增4426万千瓦,同比增长34%。其中,集中式电站12384万千瓦,较上年新增2330万千瓦,同比增长23%;分布式光伏5061万千瓦,较上年新增2096万千瓦,同比增长71%[②](表6.4)。

2018年,全国光伏发电量1775亿千瓦时,同比增长50%。平均利用小时数1115小时,同比增加37小时;光伏发电平均利用小时数较高的地区中,蒙西1617小时、蒙东1523小时、青海1460小时、四川1439小时。

① 中国气象局风能太阳能资源中心,中国气象服务协会,北京玖天气象科技有限公司,2018年中国风能太阳能资源年景公报[R].2019年1月21日.

② 电力网.国家能源局发布2018年光伏发电统计信息[EB/OL].2019-03-20. http://www.chinapower.com.cn/focus/20190320/1270093.html.

表 6.4 2018 年全国光伏发电统计信息

省份	累计并网容量（万千瓦）		新增装机容量（万千瓦）	
		光伏电站		光伏电站
总计	17446	12384	4426	2330
北京	40	5	15	0
天津	128	97	60	44
河北	1234	856	366	195
山西	864	681	274	151
内蒙古	945	912	202	171
辽宁	302	219	79	34
吉林	265	203	106	95
黑龙江	215	141	121	70
上海	89	6	31	4
江苏	1332	792	425	208
浙江	1138	362	324	47
安徽	1118	677	230	112
福建	148	37	55	3
江西	536	294	87	17
山东	1361	648	309	67
河南	991	600	287	70
湖北	510	335	97	32
湖南	292	126	117	41
广东	527	282	196	89
广西	124	94	55	31
海南	136	123	103	96
重庆	43	39	30	28
四川	181	167	46	41
贵州	178	168	41	33
云南	343	331	109	103
西藏	98	98	18	18
陕西	716	613	192	138
甘肃	828	779	44	13
青海	956	946	166	161
宁夏	816	762	196	174
新疆	953	952	45	44

注：1. 以上统计不包括港澳台地区；2. 数据来源：国家可再生能源中心。

3.太阳能开发利用气象服务稳步开展

2018年,开展光伏扶贫气象服务,为全国147261个贫困村提供精细化太阳能资源评估,实现"村村有数据,建站有依据"①。

(二)风能开发利用气象服务逐步深入

开展全国风能资源详查和评估工作。摸清全国陆地及近海的风能资源分布,支持我国风电发展规划编制和实施,并在上千个风电场选址或风能资源评估中得到应用,极大地支撑和推动了我国风能资源的开发利用②。

1.2018年全国风能资源评估

2018年,气象部门利用全国陆地70米高度层水平分辨率1千米×1千米的风能资源数据,得到2018年全国陆地70米高度层的风能资源年景。

根据风观测数据评估,2018年全国陆地70米高度层平均风速均值为5.5米/秒。大于6.0米/秒的地区主要分布在东北大部、华北平原北部、山东北部和中部的部分地区、内蒙古大部、宁夏、陕西北部、甘肃大部、新疆东部和北部的部分地区、青藏高原大部、四川西部、云贵高原、两广等地的山区,以及浙江沿海地区,其中内蒙古中部和东部、新疆北部和东部部分地区、甘肃西部、青藏高原大部等地年平均风速达到7.0米/秒,部分地区甚至达到8.0米/秒以上。东部沿海大部分地区、山东大部、华东、华南、华中及西南等部分山区的平均风速也可达到5.0米/秒以上③。

2.全国风电保持健康发展势头

2018年,全国风电新增并网装机2059万千瓦,继续保持稳步增长势头。按地区分布,中东部和南方地区占比约47%,风电开发布局进一步优化。到2018年底,全国风电累计装机1.84亿千瓦,占全部发电装机容量的9.7%。按地区分布,中东部和南方地区占27.9%,"三北"地区占72.1%。

2018年,全国风电发电量3660亿千瓦时,同比增长20%;平均利用小时数2095小时,同比增加147小时;风电平均利用小时数较高的地区中,云南2654小时、福建2587小时、上海2489小时、四川2333小时④(表6.5)。

2018年,全国风电平均利用小时数较高的地区是福建(2756小时)、云南(2484小时)、四川(2353小时)和上海(2337小时)(表6.5)。

---

① 中国气象局预报与网络司。

② 中国气象局,气象保障生态文明建设案例。

③ 中国气象局风能太阳能资源中心,中国气象服务协会,北京玖天气象科技有限公司,2018年中国风能太阳能资源年景公报[R].2019年1月21日。

④ 国家能源局2018年可再生能源并网运行情况等[EB/OL].2019-01-28. http://www.gov.cn/xin-wen/2019-01/28/content_5361939.htm#1.

表 6.5 2018 年风电并网运行统计数据

省（区、市）	累计并网容量（万千瓦）	发电量（亿千瓦时）	利用小时数（小时）
合计	18426	3660	2095
北京	19	3	1866
天津	52	8	1830
河北	1391	283	2276
山西	1043	212	2196
内蒙古	2869	632	2204
辽宁	761	165	2265
吉林	514	105	2057
黑龙江	598	125	2144
上海	71	18	2489
江苏	865	173	2216
浙江	148	31	2173
安徽	246	50	2150
福建	300	72	2587
江西	225	41	1940
山东	1146	214	1971
河南	468	57	1746
湖北	331	64	2159
湖南	348	60	2054
广东	357	63	1770
广西	208	42	2294
海南	34	5	1524
重庆	50	8	1968
四川	253	55	2333
贵州	386	68	1821
云南	857	220	2654
西藏	1	0.1	1863
陕西	405	72	1959
甘肃	1282	230	1772
青海	267	38	1524
宁夏	1011	187	1888
新疆	1921	359	1951

3.风能资源开发利用气象服务深入推进

利用全国气象台站 2008—2018 年地面观测资料,统计分析 2018 年我国陆地 10 米高度的风速特征,得出 2018 年,全国地面 10 米高度年平均风速较近 10 年(2008—2017 年)均值偏大 0.23%,属正常年景,但分布不均,地区差异性较大。年平均风速偏大的省(区、市)略多年平均风速偏小的省(区、市),其中,上海、河北 2 省(市)偏小 5%以上。重庆、湖北、四川 3 省(市)偏大 5%以上。

2018 年,全国多数省(区、市)陆地 70 米高度年平均风速接近于常年均值,偏小的地区是上海和海南,上海偏小 3.0%、海南偏小 3.3%,偏大的地区有辽宁、河南、西藏、四川、湖北、黑龙江、山西、重庆 8 省（区、市），其中偏差最多的是重庆,偏大 4.0%。

2018 年与 2017 年相比,多数省(区、市)年平均风速和年平均风功率密度比较接近。年平均风速和年平均风功率密度明显减小的仅有上海市,年平均风速距平百分率减少了 3.3%,年平均风功率密度距平百分率减少了 9.8%[①]。

四、评价与展望

近些年来,我国生态文明建设气象服务取得了明显进展,气象为生态文明建设作出了积极贡献。但生态气象服务业务仍然处在初级发展阶段,还需要从以下方面推进生态气象保障能力建设。

推动生态气象保障融合发展。全面谋划新时代生态文明建设气象保障服务的业务布局和能力建设重点,主动融入地方党委政府生态文明建设发展,主动对接国家、地方有关生态文明建设的工作部署和规划项目需求,发挥气象灾害监测预报、生态系统监测评价、气候资源开发利用、人工影响天气等方面的潜力与作用;主动融入相关部门生态文明建设工作,深化与生态环境、自然资源、农业农村、应急管理、水利等部门之间的合作与交流,建立长期合作机制和信息共享机制;主动融入社会公众生态文明建设行动,树立和坚持全民参与、持之以恒的生态观,构建政府、部门、企业、公众协同共治的气象保障生态文明建设新格局,把建设美丽中国转化为全体人民自觉行动。

健全生态气象业务体系。着力构建布局合理、集约高效、规范标准的生态气象监测预报服务业务体系,建立卫星遥感、航空遥感、高空和地面观测相结合的天空地一体化气象监测业务;针对各类生态系统的监测评估模型和指标库,建立相关业务规范和技术标准;构建国省两级为主体、市县级参与的生态气象业务服务体系,开发形成更具有针对性、更实用、更丰富的生态气象服务产品。

聚焦重点生态领域的气象服务。气象部门应全面服务于打赢蓝天保卫战,助力

---

① 中国气象局风能太阳能资源中心,中国气象服务协会,北京玖天气象科技有限公司,2018 年中国风能太阳能资源年景公报[R].2019 年 1 月 21 日.

打赢污染防治攻坚战,持续提高雾、霾天气过程预报的精准度、延长预见期,加强大气污染气象条件预报与评估能力。强化对生态保护区的气象灾害监测预警,加强城市规划和重大工程项目建设气候适宜性和气候风险论证,开展通风廊道建设、城市热岛治理、洪涝排水设计等城市规划的气候可行性论证。建立优质生态农产品、生态宜居、生态宜游等气候指标,推动生态扶贫,助力乡村振兴,大力发展生态农业气象服务,建立智慧型、精准化农业气象服务新模式。强化人工影响天气在抗旱防雹、森林防扑火、生态修复增雨添绿的作用,保障生态安全。强化气候系统多圈层尤其是大气成分本底观测,加强气候变化科学研究和基础数据建设,组织好气候变化国际国内评估。

先行先试鼓励创新。各级气象部门应对接地方需求,探索开展各具特色、各显成效的生态气象保障服务工作。各地气象部门应加牢牢把握国家重点生态功能区、生态脆弱区、易灾区和城市适应气候变化行动方案确定的重点区域,聚焦服务全面推进绿色发展、打好污染防治攻坚战、加大生态系统保护力度、改革生态环境监管体制等重点需求,集中力量重点突破。

第七章　　人工影响天气

在我国人工影响天气事业走过 60 年之际,2018 年 9 月 14 日,国务院组织召开了人工影响天气工作座谈会,中共中央政治局委员、国务院副总理胡春华出席会议并讲话。会议全面总结了人工影响天气 60 年发展成就与经验,分析了新时代面临的机遇与挑战,提出要科学谋划发展思路与举措,开创人工影响天气工作新局面。

一、人工影响天气 60 年的主要发展成就

从 1958 年我国开展人工影响天气工作以来,人工影响天气事业已经走过了 60 年的发展历程。全国各地区、各有关部门把人工影响天气作为防灾减灾和保障生态文明建设的有效手段,注重关键技术的科技创新,强化装备和基础设施建设,完善体制机制,努力提高人工影响天气的作业能力和管理水平,为经济社会发展和人民群众安全福祉提供了坚实保障,成为气象工作发挥"趋利避害"作用的典范。自 1994 年建立全国人工影响天气协调会议制度以来,初步形成了政府领导、部门合作、军地协作的全国人工影响天气组织管理和作业体系,建立了国家、省、地(市)、县四级业务系统,推动了人工影响天气业务从无到有不断发展,取得了突出的发展成就和显著的经济、社会和生态效益。

(一)人工影响天气业务体系不断完善

1958 年的首次飞机人工增雨作业,开启了我国现代人工影响天气事业发展的壮丽历程。60 年来,我国人工影响天气工作经历了起步、艰难探索、快速发展、科学发展四个阶段,形成了较为完备的人工影响天气业务体系,人工影响天气业务能力显著提升。目前,我国人工影响天气正在向常态化、制度化、规模化方向发展,能够根据需求一年四季开展人工影响天气作业。

一是中国特色人工影响天气业务体系基本建立。截至 2018 年,中国气象局已经建立了以国家级为龙头、省级为核心、市县为基础的"纵向到底、横向到边"的现代人工影响天气业务体系。通过区域人工影响天气能力建设项目,建设具备全国作业信息采集和监控、产品共享发布、作业飞机实时监控、实地实时跟踪指挥等多功能的业务平台。根据我国人工影响天气业务特点,以科学精准催化作业为核心,建立了具有人工影响天气作业条件预报、预警、跟踪指挥和效果检验功能的"横向到边"的五段业

务流程,基本形成了国家(区域)—省—市/县—作业点四级管理、五级指挥、六级作业"纵向到底"的现代化业务系统。

二是人工影响天气业务能力显著提升。基本建成天基—空基—地基有机结合的综合立体观测网络,形成了国家级地面气象观测站、气象卫星、新一代天气雷达、高空气象观测站、自动气象站及人工影响天气专用机载气象探测系统,有力支撑了人工影响天气工作的开展。形成了由50多架作业飞机、6500余门高炮、8200余部火箭作业系统、5万余名作业人员构成的空地一体化协同作业体系。建设了集催化作业、云宏微观探测以及实时卫星通信与综合集成显示功能于一体的国家高性能人工增雨飞机系统,既满足不同对象、不同目的作业服务需要,又能作为空中实验平台执行大气科学相关实验任务,标志着我国飞机作业、探测能力迈入国际一流水平。

三是人工影响天气安全管理的法治化、科学化水平显著提升。2002年,国务院发布了《人工影响天气管理条例》,由此全国人工影响天气工作纳入法制化管理。2016年发布了《人工影响天气安全管理行动计划》,各地相继出台配套措施,气象与安监、公安、工信等部门合作,将人影安全纳入地方安全生产监管工作大局,对人影弹药的生产、销售、购买、运输、储存、使用等环节进行联合监管的局面初步形成。利用物联网技术、声电光自动感应技术、移动互联技术等,实现了人工影响天气装备和弹药从生产、验收、转运、仓储到发射的全程监控。由中国气象局人工影响天气中心、上海物资管理处、北京、河南、陕西、贵州联合实施的《人工影响天气作业装备弹药全程监控应用示范》项目已顺利完成,通过小型业务项目重点支持的东北四省(区)人工影响天气物联网建设工作有序推进,其他各省弹药监控系统也正在积极推进。到2018年,全国27个省(区、市)实现了地面作业和弹药物联网管理系统的省级部署,其中北京等9个省(区、市)建设的装备物联网管理系统已接入国家级系统;23个省(区、市)实现了作业弹药全程监控和地面作业实时监控,15个省级人工影响天气部门建设完成作业站点实景监控系统,初步实现了人工影响天气作业装备与弹药的全程、规范、自动化、实时监控与管理。

(二)人工影响天气科技和人才支撑能力显著提升

1. 人工影响天气科技创新能力明显提升

经过60年的发展,我国在人工影响天气科技研发、人才队伍建设,以及探测装备、催化作业装备、实验室装备、新型高效催化剂研发等方面取得了显著进展,人工影响天气的科技水平和业务能力显著提升。

云降水精细化数值预报系统实现业务运行。2013年,基于全球/区域同化预报系统(GRAPES)和MM5的云降水显式方案(CAMS云分辨方案)模式正式业务运行,面向全国实时发布26种预报产品。2017年,将2016版CAMS模式双参数显式云分辨方案耦合到WRF模式,形成的云降水显式预报系统(CPEFS-v1.0)正式投入业务运行,实现了全国八大区域3千米分辨率的云降水精细化预报,并增加了5种预报产品,支撑了国、省两级人工影响天气作业条件预报业务的发展。加强省级模式产品检验和本地化释用,《人工影响天气模式系统云和降水预报产品省级检验方案》在全国推广,全国各省份开展了云模式预报产品的释用和检验工作。

人工影响天气作业概念模型和指标体系逐步建立和完善。围绕人工影响天气作业概念模型和指标体系开展了大量探索工作,提出从天气尺度到微物理尺度逐步逼近分类提炼的技术思路和方法,利用数值模拟结合观测资料分析的方法,研究了不同类型云系增雨条件,建立了多尺度概念模型,包括北方的西风槽云系、华北积层混合云系、东北冷涡混合云系、低涡气旋云系、南方的台风外围云系、弱水地区云系、局地对流云等。北京、山西、内蒙古、甘肃、贵州等省(区、市)结合本地天气和云系特点,建立了不同天气系统层状云系、积状云系、混合云系等冷暖云人工增雨和防雹作业指标。

云降水监测分析和催化作业的科学水平得到提升。研发了基于 FY2、FY4 系列卫星一地基遥感和飞机云物理观测的云降水精细处理和分析技术,联合反演开发与人工影响天气作业密切相关的云结构宏观和微观参量,开展云相态和云分类识别和产品反演,形成系列云监测产品,提升了对三维云场、云水场和作业条件及效果的监测分析能力。

云水资源评估和作业效果检验取得显著进展。发展了基于大气水循环和水物质平衡方程的评估技术方法(简称 CWR－MEM 方案),采用三维云场诊断技术,利用再分析资料和融合降水产品,通过对区域边界的精细化处理,开展了全国及 8 个区域的云水资源评估工作,给出了水汽、云水、降水的气候评估结果并进行部分评估结果的对比检验。2016 年,形成《云水资源评估技术指南》在全国应用。

人工影响天气效果评估业务取得较大进展。近年来,根据《人工增雨作业效果检验技术指南》,全国各省(区、市)均开展了针对典型人工增雨过程的作业合理性分析、基于雷达资料的物理检验和基于地面降水量的统计检验,效果检验的技术水平和规范化程度明显提升。北京、重庆和宁夏等地探索开展了基于数值模式的效果检验工作。湖南、陕西、青海、宁夏等省(区、市)对防雹作业效益评估开展了探索性的工作。

2.人工影响天气人才队伍建设不断完善

截至 2018 年底,全国人工影响天气业务技术人员达 10850 多人,其中本科以上占比 65.7%,大气科学类本科以上人才较 2011 年增加 43.5%。近年来,注重加强作业指挥人员和飞机作业人员岗位培训,借助重大工程建设项目开展多批次国外培训,举办 WMO 人工影响天气国际培训班,探索开展飞机指挥、地面指挥、外场作业等系列岗位培训,不断提高人工影响天气业务人员的技术水平、实操能力和安全意识。

(三)人工影响天气交流合作逐步拓展

国家和地方各级人工影响天气部门通过项目合作、共建实验室、联合创新团队等方式,与中科院大气所、北京大学、清华大学、南京信息工程大学、南京大学、兰州大学、华中科技大学、成都信息工程大学、国防大学、战场环境研究所等科研教育机构以及军队院校和科研院所加强合作,在关键技术协同攻关、联合人才培养、重大科学实验等方面取得了一批科技成果,有力的支撑了人工影响天气业务的发展;相关部门与中航工业、航天科工、电子科技、兵器集团、中国商飞等国有大型企业集团合作,在重大技术装备研发方面,也为人工影响天气业务服务提供了重要支持。

通过双边和多边国际合作、重大项目研究和重大工程培训、学术交流等方式加强科技交流。与美国、俄罗斯、以色列、阿联酋、泰国等国家科研机构和科技人员开展多项双边试验研究、技术交流和人员培训,先后派出专家赴古巴、阿富汗等国家,指导开展人工增雨作业。印度、斯里兰卡、印度尼西亚、马来西亚、阿联酋、阿曼等"一带一路"沿线国家就人影工作与我国进行互访,寻求科研合作与技术支持。应邀对马来西亚、印度、斯里兰卡、哥伦比亚、古巴、沙特阿拉伯等国家开展人工影响天气技术援助、专家交流和增雨技术服务,取得良好效果。开展印度、玻利维亚等国人工增雨技术援助工作,与美国、英国、韩国、阿联酋、尼泊尔等广泛开展技术交流。

充分利用 3·23 世界气象日、科技活动周等活动,以专家访谈、实物/模型展示、宣传栏、宣传册、微信、VR 等形式,大力开展人工影响天气科普宣传,一批标准化人工影响天气作业站点成为基层科普教育基地,提高了全社会对人工影响天气工作和人工影响天气科学的认识。

(四)人工影响天气服务领域更宽效益凸显

经过 60 年的发展,人工影响天气已不单单是为农业生产服务,而已经发展成为各级政府防灾减灾、趋利避害的一项重要手段。在需求的引领下,人工影响天气不仅在防灾减灾、农业增产增收、保障粮食安全等方面取得显著效益,而且在水资源配置、森林草原防扑火重大灾害应急、生态建设与保护、重大活动保障、提升城市功能等诸多方面的作用也日益凸显,受到各级政府与社会的广泛关注。

尤其是党的十八大以来,人影工作作为实施乡村振兴战略的重要手段、服务生态文明建设和防灾减灾救灾的有效途径,服务领域从以农业生产为主向生态文明建设拓展,服务方式从应急响应型作业向常态保障型作业延伸,作业布局更加合理,作业规模日趋壮大(图 7.1 表明近 11 年我国防雹作业保护面积、增雨作业目标区面积和飞机人工增雨作业数量都呈明显增长趋势),人工影响天气服务经济社会发展和生态文明建设的能力有效提升,整体达到世界先进水平。

1.抗旱减灾作业服务

大范围干旱、异常高温和强对流天气易发多发,严重影响工农业生产。自开展人工影响天气作业以来,全国各地气象部门围绕粮食稳定增产需要,在关键农时、干旱农区加大人工增雨作业力度,有效增补农业亟需水源、减轻农业旱灾损失,为我国粮食生产连年增加提供了有力保障。

特别近十年来,在抗御 2006 年川渝大旱、2009 年北方冬麦区大范围干旱、2010年西南地区干旱、2011 年长江中下游春夏连旱、2017 年东北部分地区以及西南、江淮

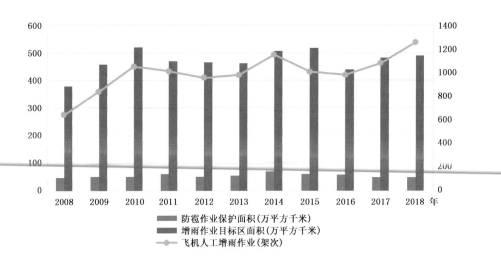

图 7.1　2008—2018 年人工影响天气作业量

（数据来源：《中国气象年鉴》,2008—2018）

及江南地区大旱,河北、河南、四川、重庆、江西、广西、湖北、安徽、吉林、辽宁和内蒙古等地及时开展应急抗旱跨区域联合增雨作业,效果明显。

仅 2009 年春季北方冬麦区 11 个省(区、市)人工增雨作业就增加降水 93 亿吨,为缓解旱情作出了显著贡献。针对 2017 年春季北方重大干旱,中国气象局人工影响天气中心、东北区域人工影响天气中心和内蒙古、吉林、辽宁、河北、北京、天津等 6 省(区、市)气象部门实施飞机增雨作业 32 架次、地面作业 626 次,作业目标区域降水时间延长、雨量增大,普遍出现中雨以上降雨,旱情得到显著缓解或解除。

根据统计,2008 年以来,全国年均人工增雨雪作业区面积 500 万千米^2、防雹作业保护面积近 50 万千米^2,人工影响天气作业平均投入产出比约 1：33[①]。

2.合理开发云水资源

随着人工影响天气科技创新的发展,在趋利避害并举理念的指导下,人工影响天气在水资源开发利用与水安全保障中的作用日益凸显,在重点江河流域和大型水库汇水区开展的增蓄型人工增雨雪作业呈常态化趋势。

青海三江源、甘肃石羊河、新疆天山等生态重点保护区和主要流域源头常年实施人工增雨雪作业,有效增加了湖库蓄水和生态用水。青海省相关部门在我国最重要的重点生态功能区和水源涵养带持续开展三江源人工增雨作业服务,仅 2006—2016 年的 11 年间,三江源地区人工增雨共增加降水量 551.7 亿米^3,增加黄河径流量 80.4 亿米^3,黄河上游的唐乃亥和长江源区的直门达水文站来水量分别增加 20.0% 和 36.2%。

---

① 资料来源:国家人工影响天气中心,中国人工影响天气工作进展,2018 年 7 月。

　　北京市联合河北省张家口、承德地区建成密云、官厅水库汇水区针对不同天气形势、覆盖全年各时段的全天候人影作业体系。密云、官厅、白河堡水库增加的入库水量约占三座水库总来水量10%。河北省在太行山东麓加强人工影响天气作业和观测系统建设，邢台市实施"百泉"复涌生态修复人工增雨工程，年均降水量增加8%左右，为地下水超采综合治理、服务雄安新区建设中发挥了积极作用。

　　陕西、湖北、河南等地发挥人工增雨对南水北调水源区补水作用，在调水期加大南水北调中线水源地丹江口水库水源区飞机增雨作业力度，有效增加水源区水库水位和水库面积。

　　新疆积极实施"人工增雨雪应急抗旱工程"，大幅提高天山、阿勒泰山和昆仑山山区飞机作业强度和密度以缓解当地水资源短缺，作业区域年降水量增加20～30毫米。

　　3.生态保护作业服务

　　人工影响天气在促进区域生态环境建设和改善局部大气环境质量等方面发挥了积极作用，服务生态建设成效明显。各地积极强化增加生态用水、森林草原防火扑火、改善空气质量和应对突发环境污染等人工影响天气作业服务。

　　青海发挥三江源人工增雨工程建设效益，在青海湖、黄河上游等地加强增雨作业，有力促进湖泊湿地面积扩大，草地生物量和覆盖度增加，生态系统涵养水分功能逐步恢复，黄河源头"千湖景观"再度显现。甘肃加大祁连山东部石羊河流域上游人工增雨雪作业力度，在补偿生态用水的共同作用下，民勤盆地地下水位下降趋势得到有效遏制，植被逐渐恢复，沙化危害逐步减轻，提前8年达到了国务院要求的石羊河流域重点治理工程约束性指标。陕西与内蒙古联合建立红碱淖湿地保护人工影响天气协同作业，针对红碱淖湖区水面下降、湖面萎缩问题实施有限区域常态化生态高效人工增雨作业，显著增加地表径流，有效促进植被生长与地气水分循环进程。京津冀及周边地区、湖北、重庆、四川、江西、福建等地积极开展人工增雨改善空气质量作业试验。江苏、浙江等地通过开展人工增雨作业缓解夏季城市高温，增加太湖流域降水，抑制蓝藻蔓延。

　　4.重大保障作业服务

　　随着我国国家重大活动的日趋频繁，对人工影响天气作业的需求也逐渐增多。在中国气象局党组领导下，国省、军地协同努力，精心组织、科学实施，努力完成了多项重大活动的保障任务，得到国家和有关部门高度肯定。如，在2018年青岛上合组织峰会、2017年建军90周年阅兵活动、2016年二十国集团领导人峰会（G20杭州峰会）、2015年中国人民抗日战争暨世界反法西斯战争胜利70周年纪念活动、2014年南京青年奥林匹克运动会、2010年广州亚运会亚残会开闭幕式、新中国成立60周年首都庆典活动、北京2008年奥运会开闭幕式等重大活动中，发挥军地多部门合作优势，精心组织并成功实施局地消云减雨作业，圆满完成了气象保障服务，受到中央和地方政府的表彰奖励及社会各界的赞扬，并在国际社会产生的重要影响。特别是2016年G20杭州峰会人工影响天气保障服务，时间紧、任务重、要求高、挑战大，相关气象部门科学部署，集部门之力，开创了新的服务模式，创造了新的服务成效，人工影响天气保障服务受到党中央、国务院、浙江省委、省政府领导的肯定和赞扬。

人工影响天气作业是扑救森林火灾的重要措施。在 2004 年 10 月黑龙江黑河、2006 年 4 月云南丽江、2006 年 5 月黑龙江和内蒙古、2009 年 4 月黑龙江沾河、2017 年 5 月和 2018 年 6 月大兴安岭等地森林大火扑救过程中，人工增雨雪作业扑火降火险及时有力，为有效灭火做出了突出贡献。2017 年 5 月 2 日内蒙古大兴安岭毕拉河林业局北大河林场发生森林火灾，火区气温高、风力大、火势发展迅猛，国省和区域联合抓住 5 日降水的有利天气过程开展飞机和地面增雨作业，迅速扑灭了地面明火和树冠火，截至 5 月 6 日 11 时降水天气过程结束，火场区域降水量达 59.5 毫米，积雪深度约 21 厘米。有效的人工增雨雪作业对火场全线扑灭及后期的火场清理发挥关键作用。2018 年，内蒙古大兴安岭北部原始林区汗马国家级自然保护区、奇乾林业局阿巴河林场于 6 月 1 日和 2 日相继发生森林火灾，中国气象局人工影响天气中心和东北区域人工影响天气中心密切配合，紧急调配国家增雨飞机赴火区实施人工增雨作业，组织 4 架飞机对两处火场实施增雨作业，6 日扑火战斗取得了决定性胜利。及时有效的人影服务得到了各省（区）领导的充分肯定。

二、2018 年人工影响天气概述

2018 年，全国气象系统认真贯彻落实人工影响天气工作座谈会精神，有序推进重大工程建设，推动人工影响天气组织、业务、科技、服务和安全五大体系不断优化，持续提升人工影响天气在促进农业农村稳定发展、保障水资源安全、综合防灾减灾抗灾、重大活动保障等方面的重要作用。

（一）人工影响天气业务体系更加完善

继续推进人工影响天气现代化建设。2018 年，中国气象局完成了人工影响天气业务现代化三年行动计划任务，建立了现代人工影响天气实时业务流程，精细化云降水预报和作业条件识别等关键技术研发应用取得显著进展，涵盖全业务链条的综合业务系统建成应用，装备物联网监控系统推广应用。同时，启动编制《人工影响天气"耕云"行动计划》，制订更高水平的业务现代化指标，推动人工影响天气组织、业务、科技、服务和安全五大体系的优化和完善。

建立了以国家级为龙头，省级为核心，市县为基础的五段实时业务。以催化作业为核心，建立作业过程预报和作业计划制定（72～24 小时）、作业条件潜力预报与作业预案制定（24～3 小时）、作业条件监测预警与作业方案设计（3～0 小时）、跟踪指挥与作业实施（0～3 小时）和作业效果检验（作业后）相互衔接，完整覆盖催化作业全过程的业务，实现了人工影响天气"横向到边"的业务流程，形成了完整的现代人影业务体系。

继续完善人影组织体系和经费管理。按照党和国家机构改革部署，调整国家人工影响天气协调会议制度组成部门，更新组成人员。修订《人工影响天气业务经费管

理办法》,完善资金测算方法,规范资金支出范围。

　　强化人影业务管理。2018 年,调整东北区域国家增雨飞机运行管理体制机制,起草《国家人工影响天气飞机运行管理办法》。军委国防动员部、气象局等联合把人工影响天气作业高炮检测维修任务纳入军队保障政策。梳理完善人工影响天气安全责任体系,开展安全大检查,形成专项总结。发挥全国人工影响天气标委会的军地多部门专家作用,共同推进标准制修订工作。工业和信息化、公安、气象等多部门专家共同研讨人工影响天气安全防控技术,编制《人工影响天气安全技术提升工作方案》。完成第三批国家级人工影响天气安全检查员遴选。完成 13 种型号的增雨防雹火箭弹炮弹使用许可证发放,部署不达标作业炮弹火箭弹分区分步退出使用工作,显著提升作业弹药安全指标。

　　人工影响天气作业装备基本稳定。2018 年全国人工影响天气作业可用高炮 5909 门,可用火箭 7358 架,较 2017 年略有减少,但从近十多年的数据看,高炮数量基本保持稳定,可用火箭数量基本呈稳定增加趋势(图 7.2)。从各省份人工影响天气作业装备配置的情况看(图 7.3、图 7.4),2018 年,可用高炮数量最多的是黑龙江省达 679 门,火箭最多的是云南达 815 架。

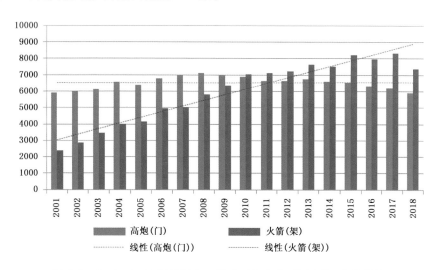

图 7.2　2001—2018 年我国人工影响天气作业可用火箭、高炮数量
(数据来源:《中国气象统计年鉴》,2001—2018)

（二）人工影响天气业务的科技和人才支撑不断强化

　　关键技术研发取得显著进展。一是发展新一代云模式潜力预报。基于天气研究与预报模式系统(WRF)动力框架的云降水显式预报系统(CPEFS_V1.0)业务运行,根据全国人影规划的六大区域,提供水平分辨率为 3 千米的区域精细化云系宏微观

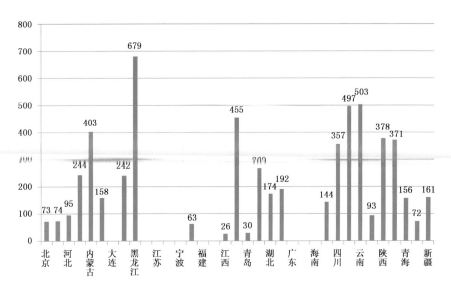

图 7.3　2018 年人工影响天气作业可用高炮数量(单位:门)

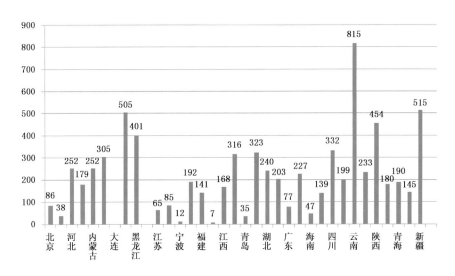

图 7.4　2018 年人工影响天气作业可用火箭架数量(单位:架)

预报产品。应用局地分析预报系统(LAPS)同化系统同化雷达资料,建立中尺度冷云催化数值模式并服务应用。二是监测分析能力提升。开展了遥感观测和飞机直接探测相结合的云场分析,通过典型云降水过程的研究,初步给出不同相态的云粒子谱特征。开展飞机探测过冷水与卫星和雷达遥感监测的对比分析,初步给出有、无过冷水时的卫星反演云参量取值分布和雷达降水回波结构特征。开展了基于卫星、探空和地面观测的云底高度算法研究,并与地基云高仪、激光雷达和云雷达等云底实测资料对比检验,提出并优化云底高度算法,研发云底高度反演产品。升级了基于卫星等综合观测的云特性反演产品。三是建立作业概念模型和指标体系。以天气尺度到微物理尺度逐步逼近、分类提炼的总体技术思路,提出了以三维云降水场结构发展演变分析为核心,集合高空＋地面天气结构分型、云降水立体监测分析和数值模拟相结合的分析方法,构建不同天气系统下的人工增雨、防雹多尺度概念模型和指标体系。四是优化云水资源评估关键技术方法。建立了基于卫星云观测、大气和降水产品的云水资源监测评估方案(CWR－MEM)。启动人工影响天气科技专项规划研究,加强效果评估等关键技术研发攻关。优化人影作业保护面积计算方法。

云雾物理基础与人影关键技术国家重点研发计划取得进展。优化完善云水资源评估与利用技术,完善云水资源概念和评估理论方法,揭示中国云水资源及其特征量的时空分布特征及变化规律,给出云水资源开发利用对区域陆地水资源的影响,建立固定目标区的云水资源精细开发优化技术,提出云水资源和陆地水资源耦合利用方案;深入开展青藏高原云水循环及对流特征研究,通过飞机、多波段雷达协同观测数据分析,揭示了高原独特的云微物理和降水过程;初步开展气溶胶与云雾降水相互作用研究,提出了双逆温的形成及通过辐射效应产生的相互作用是形成更加稳定的边界层结构和持续性大雾的原因;开展云降水催化效果仿真模拟研究,改进催化模拟能力,开展云降水催化效果仿真模拟,改进飞机作业的科学设计;优化人影作业保护面积计算方法;开展机载 SCMA 系统数据质量控制方法研究。

多类型云降水的科学试验取得进展。开展上海进博会增雨减污人影探索试验和庐山云雾宏微观特征外场观测试验。开展不同云系飞机云物理观测试验,为进一步认识华南地区云系特征和气溶胶－云－降水相互作用研究奠定了基础。新舟 60 增雨飞机系统成果总体技术达到国际先进、国内领先水平,其中机载观测与播撒一体化技术、空地实时指挥及监控技术达到国际领先水平。组织完成全国分区域云水资源评估,为优化作业布局提供科学依据。

强化队伍建设,设立人工影响天气工程总师、首席科学家制度,通过工程建设带动高层次专业人才培养。推动成都信息工程大学等高校设立人工影响天气硕士培养方向,促进人才队伍素质提升。

(三)人工影响天气重大工程建设有序推进

2018 年,落实《全国人工影响天气发展规划(2014—2020 年)》要求,统筹推进人影重大工程建设。将全国分为东北、西北、华北、中部、西南和东南 6 个人工影响天气区域,其中东北、中部和东南 3 个区域分别与我国三大粮食生产核心区对应,西北区域重点保障生态环境安全,华北区域重点保障京津冀首都圈水资源安全,西南区域重点保障特色农业生产和水库蓄水发电。

在国家发展改革委大力支持下,目前,各项人工影响天气重大工程建设进展顺利。东北区域人工影响天气能力建设工程基本完工,东北区域人工影响天气物联网项目完成主体内容建设。西北区域人工影响天气工程建设取得实质性进展,祁连山、天山、六盘山等增雨雪试验示范基地建设进展顺利,已完成试验基地设备购置,已签订4架高性能飞机采购合同,研究试验项目已分项培育确定承接团队并进行多轮对接论证设计。中部区域人工影响天气工程立项顺利推进。完成西南区域工程可研报告编制审议。

人工影响天气六大区域的划分

东北区域包括吉林、辽宁、黑龙江等3省全境及内蒙古自治区东部4个地市(呼伦贝尔市、兴安盟、通辽市、赤峰市),面积125万千米²,为粮食生产和生态保护的重点地区,是我国最大的玉米、优质粳稻和大豆产区。区域内大小兴安岭森林生态功能区和长白山森林生态功能区被列入水源涵养国家重点生态功能区。

西北区域包括甘肃、陕西、青海、宁夏、新疆(含新疆生产建设兵团)等5省(区)全境及内蒙古自治区西部4个地市(阿拉善盟、巴彦淖尔市、乌海市、鄂尔多斯市),面积约353万千米²,是我国生态功能区最集中的区域,也是重要的农经作物生产区。区域内水源涵养型国家重点生态功能区数占全国的50%。

华北区域包括北京、天津、河北、山西等4省(市)全境和内蒙古自治区中部4个地市(呼和浩特市、包头市、锡林郭勒盟、乌兰察布市),面积68万千米²,是我国政治文化的核心区和生态保护与农经作物生产区,水资源供需矛盾非常突出,为全国人均缺水最严重的地区。

中部区域包括河南、江苏、安徽、山东、湖北等5省,面积75万千米²,为我国粮食生产和生态保护的重点地区,也是小麦、玉米和稻谷优势产区。区域内的丹江口水库集水区是南水北调中线工程调水的水源地,大别山为国家重点生态功能区。

西南区域包括四川、广西、重庆、贵州、云南、西藏6省(区、市),面积约260万千米²,是重要的特色农业生产基地、水电开发和生态保护的重点区域,也是全国最大的烤烟生产基地,水能资源蕴藏量约占全国的70%。

东南区域包括江西、浙江、福建、湖南、广东、海南、上海7省(市),面积82万千米²,是粮食生产和生态保护的重点地区,也是稻谷重要生产区,其中江西、湖南是全国粮食生产核心区的省份。南岭山地森林和海南岛中部山区热带雨林被列入国家重点生态功能区,鄱阳湖、洞庭湖是我国最具世界影响的湿地。

(四)人工影响天气经济社会效益日益显著

2018年,组织生态修复型人工影响天气试点,在三江源、祁连山、丹江口、白洋淀等典型区域开展云水资源监测评估、能力建设和作业试验。编制《华北地下水超采治理人工增雨雪专项行动计划》,促进水资源安全保障。通过各项工作,进一步强化人工影响天气在促进农业农村稳定发展、保障水资源安全、综合防灾减灾抗灾、军民融合发展等方面的重要作用。

1. 人工影响天气作业情况

2018 年,全国人工增雨作业影响面积达 490.44 万千米^2,人工增加降水达 404 亿吨,保护生态作业面积 230.44 万千米^2,生态重点区作业 16713 次[1],在抗旱减灾、改善生态环境、增加湖库蓄水、森林防火、改善空气质量等多方面服务中发挥积极作用。

全国各地共组织开展了飞机人工增雨(雪)作业 1256 架次,比 2017 年增加 179 架次,作业时长 3711 小时,比 2017 年多 638 小时,其中河北、山西、内蒙古、辽宁吉林、云南、青海、新疆作业超过 50 架次(图 7.5)。共组织人工影响天气地面增雨作业 15873 次,发射增雨作业炮弹 3.96 万发、地面增雨火箭 5.54 万枚,燃烧烟条 17571 根,其中河北、内蒙古、山东、青海超过 1000 次(图 7.6)。共组织人工影响天气地面防雹作业 25513 次,发射防雹作业炮弹 47.37 万发、地面防雹火箭 4.89 万枚(图 7.7)。[2]

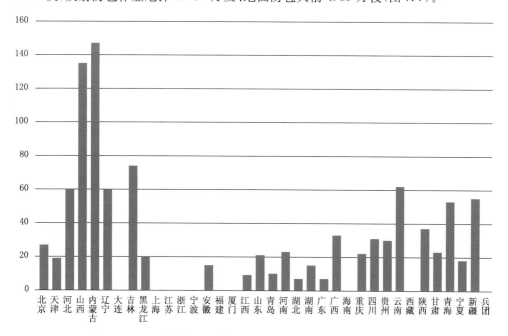

图 7.5　2018 年各省(区、市)飞机人工增雨作业情况(单位:架次)

(数据来源:中国气象年鉴 2018)

---

① 数据来源:国家"十三五"规划《纲要》气象领域中期评估报告。

② 数据来源:减灾司人影处,人工影响天气业务经费财政支出绩效报告。

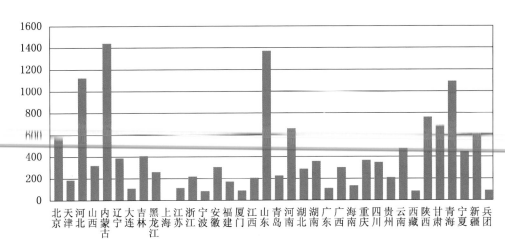

图 7.6　2018 年各省(区、市)地面增雨作业情况(单位:次)

(数据来源:中国气象年鉴 2018)

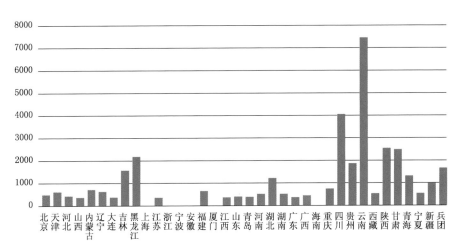

图 7.7　2018 年各省(区、市)防雹作业情况(单位:次)

(数据来源:中国气象年鉴 2018)

2.人影保障重大活动情况

2018 年,在多项重大活动和突发公共事件的应急保障中,人工影响发挥了重要作用。大兴安岭森林扑火人工增雨服务成效明显,得到扑火前线指挥部和内蒙古自治区政府的肯定和感谢。军地携手圆满完成上合组织青岛峰会、首届中国国际进口博览会、宁夏 60 周年大庆等重大活动的人工影响天气保障服务。

内蒙古:立体作业科学应对"6·2"森林火灾

2018年6月2日,内蒙古大兴安岭汗马国家级自然保护区和奇乾林业局阿巴河林场相继由雷击引发森林火灾("6·2"森林火灾)。在中国气象局和自治区党委政府的正确领导下,各级气象部门上下联动、密切配合,严密监视火情和天气变化,及时做好监测预报服务,有效开展人工增雨作业,为夺取扑火工作全面胜利做出了巨大贡献。

1. 森林火灾基本情况

6月2日12时03分,内蒙古气象局通过卫星遥感第一时间监测到额尔古纳市和根河市各有一处高温区,及时向自治区防火办报告,经核实确认为森林火灾,额尔古纳市阿巴河林场火场位于 $121.43°E,52.31°N$,过火面积约 8 千米^2,根河市汗马自然保护区火场位于 122.64 自然、$51.68°N$,过火面积约 10 千米^2。

2. 人工影响天气作业情况

中国气象局人工影响天气中心和东北区域人工影响天气中心、内蒙古自治区呼伦贝尔市人工影响天气中心等上下联动,制定科学周密的飞机火箭立体交叉人工增雨作业方案。6月4日夜间至6日地面增雨火箭分别在阿巴河火场、汗马火场地面火箭增雨作业9点次发射火箭66枚。东北区域人工影响天气中心高性能飞机于6月4日09时02分抵海拉尔机场。4日至5日新舟60高性能增雨飞机(B—3726)和运12增雨飞机(B—3849)共飞行5个架次,采取双机不同高度联合作业以及多架次同一火区反复作业的方式,共计飞行19小时14分钟,燃烧烟条152根,发射焰弹202枚。4日至6日火场普降小到中雨,阿巴河火场移动自动站观测降水量5.8毫米,汗马自动站观测降水量15.8毫米,对火灾扑救起到至关的重要作用。

(五)人工影响天气经费投入基本稳定

2018年,全国人工影响天气经费总投入15.15亿元(图7.8),其中中央财政投入2.17亿元,支持30个省(区、市)开展人影作业服务、业务现代化建和重大活动保障等工作,并带动地方资金投入约12.98亿元。从图7.9可以看出,2018年,地方投入最多的新疆达2亿元,其次为云南近1.16亿元,贵州近1.1亿元。

(六)人工影响天气安全管理水平显著提升

2018年,气象部门与安监、公安、工信等部门合作,将人影安全统一纳入地方安全生产监管体系,对弹药的生产、销售、购买、运输、储存和使用等环节进行联合监管

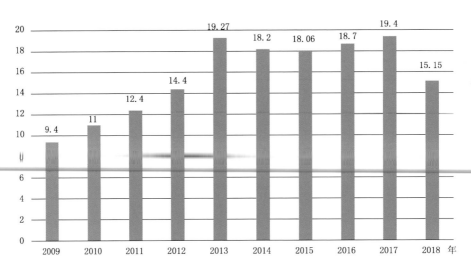

图 7.8 人工影响天气经费投入情况(2009—2018)(单位:亿元)
(资料来源:中国气象局人工影响天气业务经费财政支出绩效报告)

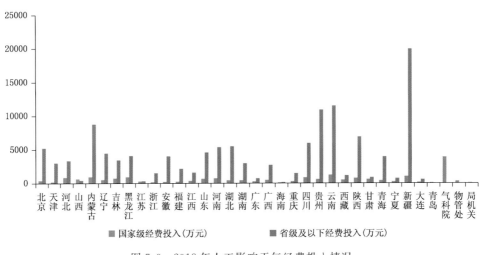

图 7.9 2018 年人工影响天气经费投入情况
(资料来源:同图 7.8)

的局面初步形成。

安全管理制度逐渐完备。各省(区、市)均出台了综合性的人工影响天气管理地方性法规,部分省份根据本地实际情况,对省级安全管理文件进行了修订或有针对性地出台了专项安全管理文件;各省份均建立了安全生产责任体系,把安全生产纳入绩效考核,其中 28 个省(区、市)将安全生产监管工作纳入了政府安全保障体系,超过80%的地市级人民政府签订人工影响天气安全责任书,26 个省份联合各省安监、公安等部门开展了人工影响天气安全检查;各省份均完成不同频次的人员培训和考核,并完成作业人员的政审备案。其中 11 个省(区、市)作业人员政审备案率达 100%。作业弹药运输和存储工作进一步规范化,28 个省份实现了省—市弹药 100% 专业化运输,其中,北京、天津、云南和新疆市—县级弹药运输实现 100% 专业化运输,27 个省(区、市)省级作业弹药均存放于部队或民爆专用仓库。

作业装备设施标准化程度进一步提高。各省(区、市)加快推进人工影响天气作业站点标准化建设和改造工作,11 个省(区、市)实现了全部固定作业站点标准化建设和改造,7 个省(区、市)实现了 90% 以上的标准化作业站点建设。各地积极稳妥推进不达标人工影响天气作业炮弹火箭弹退出使用工作,目前,14 个省使用的弹药100% 是达标产品,其余各省(区、市)正在按计划推进。

安全监管信息化步伐加快。在试点建设的基础上,人工影响天气物联网项目正在全国范围推广。所有省(区、市)均实现了地面作业和弹药物联网管理系统的省级部署,29 个省(区、市)开展了市、县级物联网管理部署的示范建设,其中 14 个省(区、市)的市、县级物联网示范建设 100% 完成;9 个省(区、市)建设的装备物联网管理系统已接入国家级系统。23 个省(区、市)实现了作业弹药全程监控和地面作业实时监控,其中北京、天津和广西等地实现所有站点实景监控;空域申报信息化建设加快推进,21 个省(区、市)建立了空域申报系统,其中云南建成了全省统一的空域申报平台,实现了省、市、县三级作业的自动监管、审批、回复、统计和查询等功能,提高了空域申请及时性和高效性。

三、评价与展望

进入新时代,随着"五位一体"总体布局和"四个全面"战略布局的深入推进,在生态文明建设、乡村振兴、脱贫攻坚、"一带一路"建设等保障服务中,对人工影响天气事业发展提出了更高更新的要求。

然而,人工影响天气事业发展中仍然存在着一些问题。人工影响天气业务发展不平衡;关键核心技术创新能力不足;人工影响天气业务融入整体气象业务不够;人工影响天气作业装备"小、低、散"现象和弹药的安全隐患还不同程度存在。

未来人工影响天气事业发展,应当针对上述问题,从以下诸方面着力。

一是提升保障国家战略能力。紧密围绕乡村振兴、脱贫攻坚、生态文明建设、军民融合发展、共建"一带一路"等重大服务保障需求,有针对性的完善人工影响天气业务流程和运行机制,提升保障能力。常态化开展人工增雨雪作业,提高抗旱减灾、生态修复、水资源安全保障水平,拓展生态修复人工影响天气业务,加强开展人工防雹业务。

二是加强业务能力建设。贯彻落实人工影响天气工作座谈会精神。实施《人工影响天气"耕云"行动计划》,强化人工影响天气业务与整体气象业务的融合,持续开展"横向到边、纵向到底"的集约化、一体化人工影响天气现代业务体系建设,提高科学指挥和调度水平。高质量开展各区域人工影响天气工程建设,完善配套政策措施,推进人工影响天气高质量发展。

三是推进事业开放创新发展。深化开放合作,集聚国内外各方力量与资源,以祁连山六盘山等外场、改善空气质量人工影响天气等科学试验为契机,开展云条件智能识别与预报、催化评估、效果检验、风云四号气象卫星资料深度应用等人工影响天气核心科技研发与应用,提升人工影响天气科技水平,形成自主创新技术品牌。同时,培养一批行业领军人才和骨干人才和科技创新团队。

四是继续强化管理提升安全水平。推进作业装备技术创新,加强装备弹药的数字化改造及标准体系建设,全面提升人工影响天气安全技术水平。落实"逐级管理、清单管理、风险管理"人工影响天气安全监管工作机制,强化落实检查。提升空域申请信息化水平,加强空域安全监管。执行人工影响天气作业高炮火箭性能新标准,加强作业炮弹和火箭弹的使用许可证管理。提升基层人工影响天气安全能力。

能力与创新篇

第八章　现代气象业务

　　2018 年,全国气象现代化建设突出以推进信息化为重点,狠抓任务落实,持续推进现代气象业务能力建设,气象业务科技实力稳步提高,促进了现代气象业务水平全面提升。

一、2018 年现代气象业务概述

　　综合观测体系建设取得新进展。风云二号 H 星、风云三号 D 星、风云四号 A 星和碳卫星投入运行,性能达到国际先进或领先水平。新增 22 部新一代天气雷达。南沙岛礁气象观测站正式启用。平漂探空以及"天脸识别"等新型观测装备技术示范应用。综合观测全流程标准化率达 93%。积极落实国家战略,调整风云卫星布局助力服务"一带一路"倡议,全面开展生态遥感业务服务生态文明建设,推广观测扶贫试点工作助力脱贫攻坚。观测为气象保障国家发展战略和气象业务发展提供了强有力的基础支撑。

　　气象预报预测业务有新拓展。新一代全球数值预报系统全球四维变分同化系统和全球集合预报系统实现业务运行。中俄合作成为国际民航空间天气中心,形成区域联盟,建立国际空间天气业务和服务新格局。以积极的姿态主动服务国家"一带一路"倡议。建立了分辨率为 5 千米的实况分析和智能网格预报业务。全国 24 小时晴雨预报准确率达 87%,暴雨预警准确率提高到 88%,强对流预警提前量达 38 分钟。台风路径预报水平继续保持世界领先。汛期降水和温度气候预测准确率取得历史最好成绩。

　　精细化气象服务能力明显提高。推动气象服务转型升级,制定《智慧农业气象服务行动计划(2018—2020 年)》,开展智慧气象服务支撑能力和开放协同的气象服务生态建设,发展以智慧感知用户需求为主要特征的公众气象服务,建成国家级智慧气象服务系统。全国高速公路交通、长江主航道航运气象风险预警服务能力进一步提升。推进重点领域专业气象服务和贫困地区智慧农业气象服务取得新进展。

　　气象信息化建设稳步推进。建成每秒 8 千万亿次高性能计算机系统。升级全国气象通信系统,国家级和 11 个省级"天镜"综合业务实时监控系统试验运行。首次发布中国气象大数据公报。收集行业数据增加到 19 类。数据创新应用取得新突破,整

合并新增 17 种全球地面、海洋和高空资料，开展基础数据质量评估系统建设，基础资料质量不断提高。推进气象资料共享应用，推进气象信息化标准体系建设，数据服务的用户数增长。

二、2018 年现代气象业务进展

（一）综合气象观测业务

1. 观点测业务布局更加优化

2018 年是综合观测业务改革发展关键之年，根据《综合气象观测业务发展规划（2016—2020 年）》提出的到 2020 年建成布局科学、技术先进、功能完善、质量稳健、效益显著、管理高效的综合气象观测系统目标，中国气象局出台了一系列的措施和方案，全面落实规划的目标要求和重点任务。

（1）推进气象观测业务标准化、体系化发展。随着综合气象观测业务快速发展，我国气象观测站数量急剧增加，气象观测站命名方式也在不断变化，已形成按天气气候、观测要素、仪器设备等不同属性划分的多达 13 余种分类，有依据、可检索的 80 余种气象观测站名，部分站名称存在命名逻辑不清晰、系统性不强、标准不够规范等问题，且站类设置不完整，缺乏观测试验站和志愿气象观测站类别及命名。为解决这一问题，中国气象局于 2018 年出台了《气象观测站分类及命名规则》，依据规划确定的地面（陆地和海洋表面）、高空和空间三个观测层次，以面向多圈层大气科学特点及观测对象所在层次主体优先原则，兼顾地方服务需求，分类分级设置气象观测站，同时兼顾历史传承和国际惯例，保持现有气象观测站功能及属性总体稳定，遵循动态调整的原则，将气象观测站按观测层、类别和通用站名划分为 3 层、7 类、18 种，按管理层级划分为国家和省两级，详见表 8.1。

其中，"观测层"按观测目标所在主要空间层次分为地面观测（陆地和海洋表面—10 米）、高空观测（10 米—30 千米）和空间观测（30 千米以上）三层；"类别"中地面层包括综合观测站、观测站和观测试验基地三类，高空层和空间层均包括观测平台和观测站各两类；"通用站名"包括地面层 9 种，高空层 5 种，空间层 4 种，其中 7 种为保留或规范现有通用站名，4 种为整合现有通用站名，新增通用站名 7 种；"管理层级"按气象观测站的布局设计及所承担的观测项目的归口管理分为国家和省两级。

（2）优化站网功能和布局。重点强化了大气本底和气候系统观测能力。大气本底站在全球基准大气本底条件下开展包括温室气体、大气臭氧、气溶胶、太阳辐射、气象和边界层气象、降水化学等多个方面的观测，是世界气象组织全球大气监测计划的重要组成部分，对未来大气成分的变化起着早期预警、监视作用，长期、稳定、连续地获取全球基准大气本底监测资料，为研究、评价、预测大气成分变化进而研究对气候变化的影响提供科学依据。为进一步优化大气本底站网布局，完善大气本底观测业务体系，2018 年中国气象局印发了《大气本底站建设指导意见》，依托现有综合气象

表 8.1 气象观测站分类及命名架构表

观测层	类别	通用站名	管理层级	说明
地面	综合观测站	1. 大气本底站	国家级	现有通用站名
		2. 气候观象台	国家级	规范现有通用站名
	观测站	3. 基准气候站	国家级	现有通用站名
		4. 基本气象站	国家级	现有通用站名
		5.(常规)气象观测站	国家或省级	整合通用站名
		6. 应用气象观测站	国家或省级	整合通用站名
		7. 志愿观测站	国家或省级	新划分通用站名
	观测试验基地	8. 综合气象观测(科学)试验基地	国家或省级	新划分通用站名
		9. 综合气象观测专项试验外场	国家或省级	新划分通用站名
高空	观测平台	10. 气象飞机	国家或省级	新划分通用站名
		11. 气象飞艇	国家或省级	新划分通用站名
	观测站	12. 高空气象观测站	国家级	规范现有通用站名
		13. 天气雷达站	国家或省级	现有通用站名
		14. 飞机(飞艇)气象观测基地	国家或省级	新划分通用站名
空间	观测平台	15. 气象卫星	国家级	现有通用站名
	观测站	16. 空间天气观测站	国家级	整合通用站名
		17. 气象卫星地面站	国家或省级	整合通用站名
		18. 卫星遥感校验站	国家级	新划分通用站名

观测系统,建设布局合理、规模适度、技术先进、功能齐备的大气本底观测网,提升大气本底站的综合业务观测能力,形成先进的大气成分综合观测技术体系和完善的质量管理体系,建成功能完善的数据处理和产品服务平台,使我国的大气本底观测业务整体上达到国际先进水平,为国家战略实施和经济社会发展提供强有力的科技支撑。具体建设任务包括升级瓦里关大气本底站,对该站的黑炭气溶胶质量浓度等三个项目的观测设备进行升级,并新增观测项目 22 项;完善上甸子、临安和龙凤山大气本底站,弥补其在气溶胶和反应性气体观测方面的短板;加快金沙、香格里拉、阿克达拉大气本底站建设;在华南、胶东半岛、黄淮、四川盆地、内蒙古、南海、敦煌、西藏、东海等地分别选址新建九个国家大气本底站,实现所有气候系统关键观测区国家大气本底站全覆盖;推进特殊功能区大气本底站建设。

国家气候观象台是对气候系统多圈层及其相互作用进行长期、连续、立体、综合观测的国家级地面综合观测站,同时也是开展相关领域科学研究、开放合作和人才培养的平台。早在 2007 年,中国气象局已选取内蒙古锡林浩特、安徽寿县、广东电白、云南大理、甘肃张掖等 5 个"气候代表性好、观测资料历史序列完整、观测场地等基础条件成熟"的观象台开展建设试点。建设国家气候观象台(表8.2),对应对气候变化、服务生态文明建设等具有十分重要的意义。为加强对国家气候观象台建设的统筹规划和顶层设计,中国气象局于2018年出台了《国家气候观象台建设指导意见》,目标是在现有国家基准气候站、国家基本气象站、国家气象观测站、应用气象观测站、高空气象观测站、科学试验基地以及外部门野外试验站等各类台站中,评估优选国家气候观象台,拓展观测能力,完善体制机制,设置组织机构,建成布局合理、定位准确、层次分明、功能完备、具有国内外影响力的国家气候观象台。增设这批观象台,将有助于提高气候系统的综合观测能力,为国家和地区应对气候变化、有效利用气候资源、服务生态文明建设和经济社会发展提供支撑。

表8.2　中国气象局公布24个国家气候观象台名单

锡林浩特国家气候观象台	寿县国家气候观象台
电白国家气候观象台	大理国家气候观象台
张掖国家气候观象台	饶阳国家气候观象台
呼和浩特国家气候观象台	盘锦国家气候观象台
五营国家气候观象台	金坛国家气候观象台
武夷山国家气候观象台	南昌国家气候观象台
长岛国家气候观象台	安阳国家气候观象台
岳阳国家气候观象台	深圳国家气候观象台
北海国家气候观象台	三亚国家气候观象台
西沙国家气候观象台	南沙国家气候观象台
温江国家气候观象台	日喀则国家气候观象台
墨脱国家气候观象台	武威国家气候观象台

(3)推动全面实现地面气象观测自动化。从20世纪90年代后期开始,全国气象系统大力加强地面气象观测业务能力建设,地面气象观测业务得到了快速发展。随着现代科技的不断发展,气象服务保障国家重大战略的新任务新要求、高时效精细化的气象预报服务新需求不断提高,地面气象观测也面临着全新的发展机遇和挑战,存在着现代观测技术应用不够充分、部分观测项目效益不显著、业务布局和流程不够集约高效、观测项目和任务设置不科学等问题,迫切需要进一步深化地面气象观测自动化改革,推动全面实现地面气象观测自动化。自2016年起,中国气象局在15个省(区、市)气象局共276个国家地面观测站开展了前期试点,通过业务制度建设、新技术应用、业务流程与岗位职责优化等举措,在保证观测业务高质量运行、对预报服务无负面影响的前提下,可显著减少观测业务工作量,明显提升基层台站综合业务能力。全面推进地面气象观测自动化改革时机已然成熟,为此中国气象局于2018年制定了《全国地面气象观测自动化改革方案》,从业务技术优化调整、标准规范规章制修

订、观测业务职责调整、观测资源配备、运行情况滚动评估五个方面提出改革任务,力求依托技术创新,解决人工观测项目的自动化问题,最终实现中国气象局统一布局观测项目的自动观测、数据在线质控和实时快速传输,同时实现观测项目与气象预报服务需求紧密结合,促进观测效益的充分发挥。方案提出到 2020 年 1 月 1 日完成国家地面观测站地面气象观测业务整体调整工作,实现地面气象观测自动化。

(4)促进观测试验基地和社会化观测发展。综合气象观测试验基地是现代综合气象观测业务体系的重要组成部分,是开展观测试验提升观测业务能力的重要支撑,是推进气象探测技术发展的重要设施,是观测与预报互动的重要平台。为促进综合气象观测试验基地的发展,中国气象局组织制定了《国家综合气象观测试验基地发展指导意见》,通过实行准入与退出动态管理机制,鼓励省级气象部门、行业部门、科研机构、企业和高校等采用自主创建、统一申报的方式,创建一批各具特色、功能全面、设施完善、技术先进、支撑有力的综合气象观测试验基地,作为观测试验业务体系的有力支撑平台,涵盖地面观测、探空观测、地基遥感观测、生态环境观测和海洋观测等多个技术领域,达到特定气候条件下观测设备的测试评估业务要求,形成行业内有影响力、国际一流水平的试验基地业务,满足国家气象发展战略和现代综合气象观测业务发展需求。试验基地是基本气象观测业务的组成部分,主要承担气象观测设备性能比对及测试、观测技术与预报应用方法的互动试验、中试和许可测评以及野外试验和检验四项业务任务。

作为综合气象观测系统的重要组成部分,社会气象观测的数据对于提升防灾减灾能力,助力生态文明建设,保障公民安康福祉等具有重要作用。为促进社会气象观测规范、有序发展,中国气象局出台了《社会气象观测发展指导意见》,面向生态文明建设、国家安全和社会经济发展等需要,按照"创新、协调、绿色、开放、共享"五大发展理念,创新组织形式,引导和规范社会气象观测活动,促进部门、行业与社会气象观测协调发展,推动多源气象观测大数据的共享互补、深度融合,促进新经济业态的发展,助力"数字中国""美丽中国""智慧社会"建设。与此同时,还编制了《志愿气象观测行动计划(2018—2020 年)》,面向服务国家"一带一路"倡议、维护国家安全、提供智慧气象服务的需求,认真落实综合气象观测业务发展部署,坚持"五个全球"气象发展理念,坚持"共建、共管、共享"合作原则,大力推进志愿气象观测站建设和志愿气象观测信息收集应用,作为现有观测能力的有效补充,促进志愿气象观测能力的有序发展,建立稳定的志愿气象观测业务。力争到 2020 年,基本形成社会和市场主导、公众和企业及社会机构参与的志愿气象观测发展格局,初步建成志愿气象观测业务,观测站建设、运行管理、数据采集处理与应用形成业务闭环,使志愿气象观测有法可依、有标可循。

2.国家综合气象观测站网新布局

我国拥有体量庞大的气象观测站,形成了由 6 万多个地基的气象观测台站以及

7 颗在轨运行的风云气象卫星和 1 颗碳卫星组成的功能丰富的综合气象观测网,为我国气象防灾减灾、应对气候变化和生态文明建设做出了重大贡献,显著提升了我国在气象领域的国际地位和话语权。

(1)地面观测

通过综合遴选,从全国区域自动气象站以及行业地面气象观测站中遴选出 8000 多个观测站正式纳入国家级地面观测站网序列,至 2018 年底,国家级地面气象观测站数达到 10714 个(图 8.1),监测密度平均为 30 千米,包括基准站 212 个、基本站 633 个、常规站 9869 个。其中,共有 2079 个行业站纳入国家级地面气象观测站序列,包括建设兵团 172 个、农垦 78 个、森工 23 个,全部为常规站。全国区域自动气象站改为省级常规气象观测站,遴选后为 53395 个,其中单要素 13611 个、两要素 13285 个、三要素 51 个、四要素 15856 个、多要素 10592 个。全国气象台站乡镇覆盖率可达 95% 以上。2018 年,批复新建气象站 1 个(江西三清山),批复迁移气象站 68 个(基本站 23 个、常规站 45 个),迁移后新址运行地面气象站 88 个(基准站 1 个、基本站 18 个、常规站 69 个)。

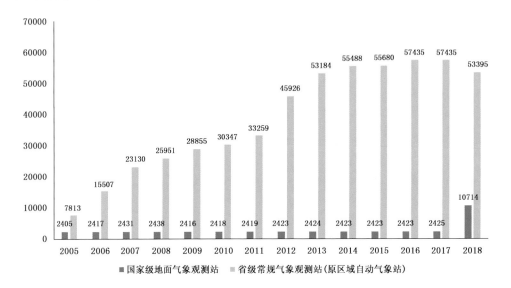

图 8.1　2005—2018 年历年气象台站数(单位:个)
(数据来源:中国气象局综合观测司)

按照"一站多用、一网多能"的设计理念,大多数专业气象观测的功能任务整合到国家级地面气象观测站网之中。其中,有 476 个站包含雷电观测项目,太阳辐射观测 103 个,大气成分观测 166 个,风能观测 175 个,沙尘暴观测 29 个,臭氧观测 53 个,紫外线观测 111 个,酸雨观测 399 个(表 8.3)。农业气象观测方面,全国共建有 69 个农业气象试验站,加上开展农业气象观测国家级地面气象观测站,共有 653 个站有农业气象观测项目,自动土壤水分观测点 2312 个(表 8.4)。

表 8.3　专业气象观测站点数统计表

站点/设施	数量(个)
雷电观测	476
太阳辐射观测	103
大气成分观测	166
风能观测	175
沙尘暴观测	29
臭氧观测	53
紫外线观测	111
酸雨观测	399

数据来源:中国气象局综合观测司。

表 8.4　农业气象观测站点数统计表

站点/设施/项目	数量(个)
农业气象试验站	69
农业气象观测业务	653
自动土壤水分观测点	2312

数据来源:中国气象局综合观测司。

海洋观测方面,利用石油平台、远洋船舶、浮标和海岛观测站等设施在海上开展了自动气象观测,联合中远集团、中海集团开展了海上船舶气象观测资料的收集传输和处理试验工作。2018 年,中国气象局与中海油、招商局集团、中远等企业部门签署合作协议,拓展海上及海外观测能力。目前,中远集团 155 艘远洋船舶采集的气象数据通过邮件、海事卫星及数据专线的方式传输给中国气象局。同时,依托海洋气象综合保障一期工程,新建或更新了 152 个海洋气象观测站,其中天津市气象局建设了 19 个(渤海海域),江苏省气象局建设了 12 个(黄海海域),上海市气象局建设了 25 个海上石油平台和海岛站,河北、福建、海南、广东、广西等省(区)也相继在周边海域投放了 30 多个浮标观测站。

(2)高空观测

截至 2018 年底,全国气象部门共有 120 个高空气象观测站,全部开展 L 波段二次探空业务。其中,8 个站为全球气候观测系统探空站(GCOS),分别为北京,内蒙古二连浩特、海拉尔,甘肃民勤,湖北宜昌,云南昆明,西藏那曲,新疆喀什;87 个站参加全球资料交换。西藏还布设了 3 个自动探空站,用于填补西部气候敏感区的资料空白,满足天气预报和气候监测需求。2018 年全球导航卫星系统气象观测(GNSS/MET)继续发展,年底共建成 1096 个站,比上年增加 146 个站。

（3）雷达观测

全国形成了广泛覆盖的雷达观测网,到 2018 年全国气象系统有 220 部新一代多普勒天气雷达业务运行或试运行(含兵团 4 部、农垦 2 部)(图 8.2),其中 C 波段雷达97 部,S 波段 123 部。新一代天气雷达全年平均业务可用性达 99% 以上,基本达到世界先进水平。同时,为强化局地小尺度天气的精细化观测,省级气象部门还布设了结构轻便、易于车载和复杂地理状况下架设的 X 波段天气雷达 79 部,用于人工影响天气、应急指挥系统等。各地还布设了 713、714 型号常规天气雷达 46 部。风廓线雷达截至 2018 年底共布设 123 部,其中国家级 55 部、省级 68 部,其中最大探测高度 3千米的(边界层)75 部,最大探测高度 8 千米的(低对流层)44 部,最大探测高度 16 千米的(高对流层)4 部。

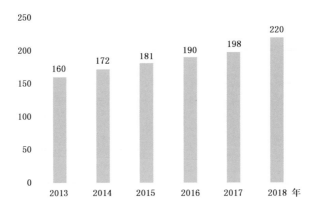

图 8.2　新一代天气雷达布网数量(单位:部)
(数据来源:中国气象局综合观测司)

（4）空间观测

迄今为止,我国已成功发射了 17 颗风云系列气象卫星,其中 8 颗卫星在轨业务运行(表 8.5)。2018 年,风云二号 H 星、风云三号 D 星、风云四号 A 星、碳卫星等 4颗卫星新投入业务运行,静止卫星与极轨卫星均进行了升级换代,被世界气象组织(WMO)纳入全球业务应用气象卫星序列,成为全球综合地球观测系统的重要成员,为 93 个国家和地区的防灾减灾与经济社会发展做出贡献。

表 8.5　2018 年在轨中国风云系列气象卫星基本情况

系列	型号	发射时间	技术属性	作用
风云二号	风云 2E	2008 年	地球静止轨道气象卫星（第一代）	获取白天可见光云图、昼夜红外云图和水汽分布图,进行天气图传真广播,收集气象、水文和海洋等数据收集平台的气象监测数据,供国内外气象资料利用站接收利用,监测太阳活动和卫星所处轨道的空间环境,为卫星工程和空间环境科学研究提供监测数据
	风云 2F	2012 年		
	风云 2G	2014 年		
	风云 2H	2018 年		
风云三号	风云 3B	2010 年	极地轨道气象卫星（第二代）	获取地球大气环境的三维、全球、全天候、定量、高精度资料,满足我国天气预报、气候预测和环境监测等方面的迫切需求
	风云 3C	2013 年		
	风云 3D	2017 年		
风云四号	风云 4A	2016 年	地球静止轨道气象卫星（第二代）	多通道扫描成像辐射计获取的图像、干涉式大气垂直探测仪获取的大气红外辐射光谱、闪电成像仪获取的闪电分布和强度信息、空间环境监测仪获取的空间效应及粒子探测信息

　　风云二号 H 星是我国第六颗静止轨道气象业务卫星,于 2018 年 6 月 5 日成功发射,7 月 28 日顺利定位到东经 79 度,11 月 30 日正式交付给中国气象局使用。风云二号 H 星又称为"一带一路星",有效覆盖我国全境、"一带一路"沿线国家,可以为西亚、中亚、非洲和欧洲等国家和地区提供良好的观测视角和高频次区域观测。主要载荷包括扫描辐射计和空间环境监测器,可提供实时云图及晴空大气辐射、云导风、沙尘等数十种遥感产品,为天气预报、灾害预警和环境监测等提供参考资料,也可丰富全球数值天气预报的数据来源。新一代静止轨道气象卫星风云四号 A 星于 2018 年 5 月 1 日正式投入业务运行,风云四号系列卫星将逐步替代第一代静止卫星风云二号的工作。风云四号形成稳定的业务系列之前,还应确保风云二号业务卫星连续、稳定运行,因此 H 星对确保我国静止轨道气象卫星业务的连续稳定和向第二代静止轨道气象卫星风云四号平稳过渡具有重要意义。风云三号 D 星于 2018 年 11 月 30 日正式交付中国气象局,与 C 星形成上、下午组网观测,与静止星形成高低轨配合,确保我国极轨气象卫星业务的连续稳定运行,有效支撑"全球监测、全球预报、全球服务"。

　　我国卫星地面应用系统以数据处理和服务中心(国家卫星气象中心)和北京、广州、乌鲁木齐、佳木斯、瑞典基律纳 5 个接收站为主体,同时包括 31 个省级卫星遥感应用中心和多个卫星资料接收利用站。其中,全国气象系统静止气象卫星中规模接收站 244 个,风云三号气象卫星资料接收站 29 个,"地球观测系统/中分辨率光谱成像仪"(EOS/MODIS)卫星接收应用站 20 个;民航气象系统有卫星资料接收系统 239 套;兵团气象系统装备"中国气象局卫星广播系统"(CMA－Cast)42 套,中规模静止卫星利用站 7 个;农垦系统建成风云三号遥感卫星接收系统 1 套,气象极轨卫星云图接收系统 6 套,新型静止卫星云图接收系统 10 套。2018 年,风云四号卫星地面应用系统实现业务运行,共建设完成 30 套省级气象部门和卫星发射基地用户利用站,后期还将建设 24 套,以支持行业和部队用户。

空间天气观测方面,一是充分利用风云卫星平台装载的空间天气仪器监测近地空间活动太阳大气到地球大气的空间环境状态变化,如风云四号携带有先进的空间环境监测仪器组(ASEMS),既可以监测空间粒子又可以对空间磁场进行探测,二是以气象监测与灾害预警工程为基础,结合国内现有的地基气象观测站,在国家重大科技基础设施项目——东半球空间环境地基综合监测子午链(子午工程)的基础上,在关键地点建设一些太阳、电离层和高空大气观测台站,形成"三带六区"地基空间天气专业观测网布局,2018 年,国家空间天气观测站 56 个。

(5)移动气象应急观测

移动气象观测系统主要为重大气象灾害事件、重大安全事件、重大公共活动等现场提供气象要素定点定时和定量的监测、实时跟踪区域天气状况和天气预报服务,并对突发性事件如森林火灾的监测响应等。这是进入 21 世纪气象技术发展最快的领域之一,到 2018 年底,我国已经建成的移动气象观测系统有 2 部 L 波段探空雷达、59 部天气雷达、31 部风廓线雷达,以及 241 部便携自动气象站和 708 部便携式自动土壤水分观测仪(图 8.3)。基于移动互联网、大数据等现代信息技术的智能观测设备的研制已纳入《综合气象观测业务发展规划(2016—2020 年)》,并呈现蓬勃发展之势。

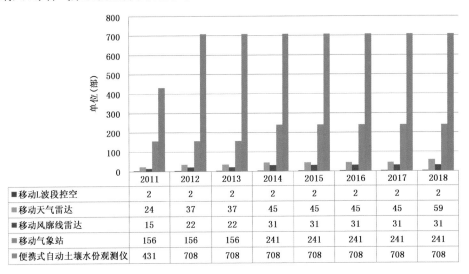

	2011	2012	2013	2014	2015	2016	2017	2018
■移动L波段控空	2	2	2	2	2	2	2	2
■移动天气雷达	24	37	37	45	45	45	45	59
■移动风廓线雷达	15	22	22	31	31	31	31	31
■移动气象站	156	156	156	241	241	241	241	241
■便携式自动土壤水份观测仪	431	708	708	708	708	708	708	708

图 8.3　2011—2018 历年移动观测设备数

(数据来源:《气象统计年鉴》,2011—2018)

3.业务运行与质量控制

2018年,观测业务一体化平台建设基本完成,5个新系统、11种新产品、29种质控算法上线投入业务。其中,国家级雷达测试平台、雷达在线维修支持系统投入业务应用,SA和CA型号雷达仿真系统搭建完成。气象设备测试与试验系统业务试用。综合气象观测产品系统(天衍)上线,新增冰雹等6种产品,提供产品数量达到5类45种,在10个试点省业务试用效果显著,雷达、雷电、风廓线3种数据集产品已具备服务能力,全国地面实况分析场、三维格点产品已业务化并发挥效益。综合气象观测数据质控系统(天衡)正式发布,29种质控评估算法业务化,实现了8类观测设备分钟级质控全覆盖。

2018年全年观测业务质量继续保持在较高水平,天气雷达、地面观测站数据全面实现即采即传,应用效益显著提升,观测业务质量统计情况详见表8.6、图8.4、图8.5。进一步加强实时监控业务,监控信息550条约4.7万人次,热线支持2096次,解决问题240余次。运行监控、数据质量评估、综合气象观测快报等370余期。因新质控系统和算法投入业务应用,全网观测数据质量显著改进,质控后数据正确率提升明显,其中天气雷达基数据正确率提升5.3%,自动站提升1.62%;风廓线雷达小时产品提升6.2%,质控后均方根误差小于2.8米/秒,达到国际同类水平,根据模式背景场分析评估验证,其数据可同化率为70%。水汽产品数据有效率92%,实时精度达到3.2毫米,比2017年提高10%,达到国际先进水平;水汽处理时间分辨率从1小时缩短到15分钟。天气雷达主要技术指标大幅提升,噪声系数由4分贝降低到1.4分贝,探测能力显著提升;关键器件寿命提升50%,S波段雷达主要技术指标(表8.7)与国外先进水平相当。大气成分业务能力稳步提升,在世界气象组织全球大气观测网(WMO/GAW)第58次降水化学实验室国际比对考核中全球排名第4,温室气体离线样品采集率100%。

表8.6 观测业务质量情况

统计指标	值
全国地面自动气象站设备稳定运行率	99.98%
全国地面自动气象站数据到报率	99.81%
全国地面自动气象站数据可用率	99.95%
高空气象观测数据可用性	100%
天气雷达观测数据可用性	99.24%
雷电观测数据可用性	98.43%
土壤水分观测数据可用性	98.28%

数据来源:中国气象局综合观测司。

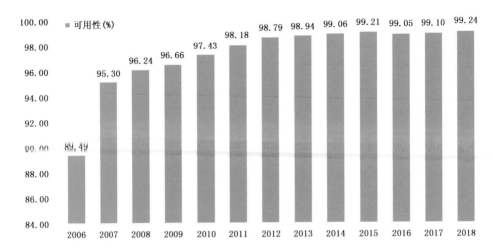

图 8.4　2006—2018 年天气雷达业务可用性(单位:％)

(数据来源:中国气象局气象探测中心)

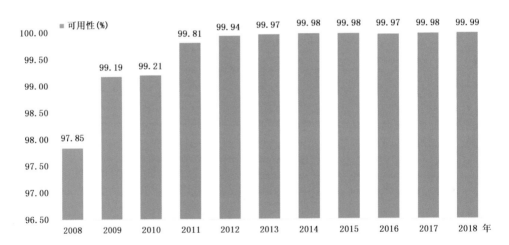

图 8.5　2008—2018 年国家级自动站业务可用性(单位:％)

(数据来源:中国气象局气象探测中心)

表 8.7　S 波段雷达主要技术指标

项目	指标	国外先进水平
噪声系数(分贝)	机外≤3.0	—
接收系统动态(分贝)	机外≥95	≥100
相位噪声(°)	≤0.1	≤0.1
发射机峰值功率波动(分贝)	≤0.2	—

续表

项目	指标	国外先进水平
发射机输出端极限改善因子(分贝)	≥55	—
发射机速调管输入端极限改善因子(分贝)	≥58	—
发射机输出端杂噪比(分贝)	≤10	—
波束分辨率(°)	1	0.5
实际地物对消能力(分贝)	≥55	—
距离分辨率(米)	250	250

数据来源:中国气象局气象探测中心。

气象装备保障业务,实行分级分类管理,进一步明确了省、地市、县级台站三级保障职责与业务流程,国家级观测站维修时间平均缩短 4.9 小时(24.7%),天气雷达维修时间平均缩短 3.8 小时(24.5%)。

4.卫星气象与空间天气业务应用

空间天气业务包括太阳大气、行星际、磁层、电离层和中高层大气空间天气监测、预报预警、应用服务、研发以及相关的基础设施建设等。其预报的内容主要是太阳活动水平、地磁活动水平、电离层天气和中高层大气状态等。2018 年,通过全面深化改革、大力推进卫星气象现代化,初步建立了卫星中心质量管理体系,并于 2018 年 9 月 21 日通过 ISO9001 质量管理体系认证,有力地推动了卫星气象和空间天气业务的发展。

(1)卫星工程建设积极服务国家战略。风云二号 09 星成功发射,顺利完成在轨测试和漂星工作。完成风云三号 D 星在轨测试工作和业务运行;完成风云四号 A 星在轨测试工作,于 5 月上旬成功转业务试运行;完成碳卫星在轨测试工作,碳卫星正式投入业务运行。完成《我国气象卫星及其应用发展规划(2021—2035 年)》修改,组织专家进行论证。地面应用系统能力持续提升、运行稳定可靠。风云二号、风云三号、风云四号卫星全年接收成功率达到 99% 以上,超过考核指标要求。积极服务"一带一路"工作,加强顶层设计,组织编写《风云二号气象卫星服务上海合作组织行动方案》《风云卫星服务阿拉伯国家行动方案》《风云卫星服务"一带一路"沿线国家行动方案》《风云卫星国际用户防灾减灾应急保障机制服务描述》《落实风云卫星服务一带一路行动方案工作情况报告》。

风云系列气象卫星获中国工业最高奖

2018 年 12 月 9 日,在北京人民大会堂举行的第五届中国工业大奖发布会上,颁发了"风云"卫星的奖牌和证书。

历经 40 年发展、被习近平总书记多次"点名"的风云系列气象卫星,作为我国改革开放以来艰苦创业、自主创新、勇攀高峰、走向国际的代表之一,以优异成绩,获得了这项中国工业领域的最高奖。

2018年,"风云"卫星在多个重要外交场合被反复提及,在青岛上合组织峰会上,习近平宣布"中方愿利用风云二号气象卫星为各方提供气象服务";在7月10日北京召开的中阿合作论坛上,习近平提出"要共建'一带一路'空间信息走廊,发展航天合作,推动中国北斗导航系统和气象遥感卫星技术服务阿拉伯国家建设";9月4日,在中非合作论坛北京峰会期间,习近平主持通过的《北京行动计划(2019—2021年)》指出:"中方愿继续从气象卫星数据和产品以及必要的技术支持"

"风云"卫星是我国气象卫星技术从跟跑并跑转向并跑领跑的实践者之一,推动我国迈入气象强国行列。后续,风云卫星体系建设将朝着"全球广域高分辨率气候观测与局地高频次天气监测相结合、全域全要素综合稳定观测与独特要素精细化探测相结合、要素成像与定量多维度观测、主被动结合多手段融合探测"目标发展。其将采用"综合观测＋专用观测＋技术试验"的组网架构,在当前卫星体系基础上,计划于2025年前发射3颗高轨、6颗低轨风云卫星,2025年后补充发展风云五号及测云专用星等,实现完备、精细、准确、实时的气象体系效能,更好地满足高精度数值天气预报、长期稳定气候监测、防灾减灾趋利避害等应用需求。

(2)研发部署面对国际用户的卫星应用平台。卫星天气应用平台(SWAP)单机版和网络版已经完成英文版本,并投入试运行。完成风云二号H星安卓应用进入测试阶段。开发完成基于公有云的风云气象卫星数据传输客户端软件并开展数据传输测试。参与世界气象中心(北京)建设,提供所需云图产品。研发风云卫星"一带一路"遥感服务产品。为伊朗、越南、菲律宾等国家提供SWAP单机版软件,并向俄罗斯、吉尔吉斯斯坦、印度尼西亚等十多个国家推广试用SWAP网络版。已对老挝、缅甸、乌兹别克斯坦、突尼斯、蒙古、新西兰等13个国家开通数据服务网站权限。利用风云二号H星开展了孟加拉湾气旋风暴和阿拉伯海气旋风暴监测。对2018年影响阿富汗的重大沙尘天气过程以及近10年以来沙尘气候特点进行了遥感监测分析,提供决策服务。

(3)碳卫星正式提供业务服务。业务运行平稳达标,指令生成成功率100％,三站接收成功率98％,数据存档成功率100％,总计数据量约为81.63TB。"地面数据接收处理与二氧化碳反演验证系统"课题通过科技部验收,完成了任务书全部研究内容,各项考核指标优于任务书要求,创新性突破了超高精度光谱定标技术,产品填补了我国CO_2全球观测的技术空白。

(4)大力推进遥感应用体系建设。着力落实中国气象局《卫星遥感综合应用体系建设指导意见》,顶层规划设计全国遥感应用业务体系(图8.6)。推动和支持30个

图 8.6　全国遥感气象应用业务体系

省(区、市)建立省级实体遥感应用机构,联合内蒙古、山东、辽宁、广西、重庆等 18 个试点省(区、市),支撑建设 5 个省级生态示范应用中心,建立国家级与省生态遥感中心业务会商机制,初步形成涵盖"山水林田湖草气土城"等特色应用的全国生态遥感业务体系布局。增强生态遥感应用服务能力,建立卫星遥感区域生态环境评价方法和指标,为重大灾害卫星遥感监测服务提供及时有效保障;开展卫星遥感区域生态环境评价方法和指标的研制工作,建立了温湿指数模型和释氧量、人居舒适度等评价指标，在天然氧吧评估中取得了较好的应用效果。

（5）空间天气领域实现新突破。中俄合作成为国际民航空间天气中心，形成区域联盟，建立国际空间天气业务和服务新格局。国家空间天气监测预警中心联合民航气象中心顺利通过世界气象组织和国际民航组织的空间天气对民航服务能力的现场评估。完成"嫦娥四号空间天气保障"任务。完成《空天地一体化观测站网布局评估原型系统建设》任务。

5. 综合气象观测业务效益发挥

2018年，综合气象观测业务以服务保障国家发展战略为引领，推动观测业务"从平面向立体转变、从规模向质量效益转变、从以避害为主向趋利避害并重转变"，观测质量效益显著提升。

（1）积极服务"一带一路"倡议。2018年6月10日上午，国家主席习近平在上海合作组织青岛峰会上宣布，"中方愿利用风云二号气象卫星为各方提供气象服务。"这一承诺，既是对气象服务保障"一带一路"成绩的肯定，也对下一步的气象工作提出了更高期望。风云二号气象卫星是近年来气象服务保障"一带一路"倡议的生动体现。2018年，调整优化了风云二号卫星在轨布局，以更好覆盖"一带一路"国家和地区，同时，签署风云卫星应用合作意向书和协定，向亚太空间合作组织及其成员国提供服务。目前，风云气象卫星已被世界气象组织（WMO）纳入全球业务应用气象卫星序列，成为全球综合地球观测系统的重要成员，同时也是国际灾害宪章机制的值班卫星，正在为全球103个国家和地区、国内2500多家用户提供卫星资料和产品。此外，我国已经建立了风云气象卫星国际用户防灾减灾应急保障机制，将根据"一带一路"沿线国家和地区的防灾减灾需求为其启动应急加密观测。2018年，应越南、菲律宾等国申请，3次启动该机制。

（2）加强生态遥感应用服务能力。为贯彻落实《中国气象局关于加强生态文明建设气象保障服务工作的意见》，围绕生态文明建设，聚焦国家战略需求，国家卫星气象中心依托《卫星遥感综合应用体系建设》方案和山洪项目等政策和资金支持，联合内蒙古、山东、辽宁、广西、重庆等18个试点省（区、市），已初步建立涵盖"山水林田湖草气土城"等特色应用的全国生态遥感业务体系布局。作为国家级业务单位，卫星中心负责核心技术攻关、业务规范制定、系统平台研发等，统筹指导全国生态遥感年报制作；各省级业务单位结合地方需求，开展特色技术研究和应用保障服务工作。目前，以生态遥感为核心的遥感应用业务基本建立，全国31个省（区、市）气象局都开展了遥感应用工作，全年发布了1+31份生态遥感年度报告。围绕生态遥感气象保障服务难点，开展技术攻关，加快业务转化和系统集成，强化生态环境监测能力。目前，已拥有包含全国主要化学反应气体、大气气溶胶和雾、霾等的大气环境状况遥感监测评估能力，包含全国陆表植被状况和主要气象灾害等的陆地环境状况遥感监测评估能力，包含全国重点水体区域水面积、蓝藻水华、海冰、黄海浒苔等的水（海洋）环境状况监测评估能力,基于风云气象卫星和高分卫星的重大灾害生态环境影响监测评估能力;建设了植被指数、地表温度、积雪、火点、海冰、大气环境要素等遥感产品历史数据集,并依托风云卫星遥感数据服务网,实现了生态气象遥感数据产品实时共享。

(3)以自动气象站建设覆盖扶贫乡镇和气象扶贫公岗为抓手助力精准脱贫工作。2018年,在中国气象局定点扶贫点突泉县及兴安盟地区,率先组织开展了新政策的实施试点,建设了扶贫自动站,开发了气象观测扶贫公岗。根据自动气象站分布情况,由一名维护管护人员就近维护管护1~3个自动气象站,根据自动气象站的路途远近和承担的业务量,来确定工作补助。这样既避免因站点数量过少、劳务补助少、不能解决贫困户实际困难的问题,又要避免出现扶贫工作"垒大户"的问题,切实将气象扶贫工作落地做实。其中,在兴安盟地区联合建设了15个扶贫自动站,设置了超过50个气象脱贫公岗,惠及兴安盟所属6个贫困旗(县、市)50~60户贫困户,可使贫困户每户增收1000~5000元不等。观测扶贫试点工作得到了国务院扶贫办的认可,5月,气象部门与扶贫部门合作编制并发布《中国气象局办公室 国务院扶贫办综合司关于联合印发〈国务院扶贫办四川西藏气象助力精准扶贫自动气象站乡镇覆盖能力建设工作方案〉的通知》,将自动气象站建设与精准扶贫有机结合,创建气象扶贫新机制,向深度贫困地区聚焦发力。新政策立足于扶贫攻坚最困难的四川西藏地区,设立建设专项,通过在深度贫困地区建设自动气象站,提升贫困县气象灾害监测站网密度,为贫困地区气象防灾减灾救灾等工作提供支撑。同时,遴选当地贫困户承担自动气象站看护、维护任务,拓宽特定贫困群众收入来源渠道,增加贫困群众收入。为提高脱贫攻坚的精准度,要求气象部门和地方扶贫办密切合作,将自动气象站助力精准脱贫工作纳入地方扶贫工作大局,各级气象部门主动与当地扶贫办合作,定点到村到户,开展深度贫困人员遴选认定、培训及考核等工作。截至2018年底,全国共新建251个扶贫自动站,新增10个省份实现了贫困地区乡村观测全覆盖,全国整体上贫困地区自动气象站覆盖率已提升至92.27%。

(二)气象预报预测业务

1.天气预报业务

气象学上把分析气象要素、天气现象及其演变规律,并据此预报未来天气变化的业务,称为天气预报业务。随着气象科学技术的不断发展,天气预报业务已由传统的预报业务发展为基于数值天气预报技术的现代天气预报业务。2018年,天气预报业务加强顶层设计,印发《智能网格预报行动计划(2018—2020年)》《区域高分辨率数值预报业务发展计划(2018—2020年)》《延伸期气象预报业务技术建设方案(2018—2020年)》等,建立精准化、无缝隙、智能型网格预报技术和产品体系,实现在各项预报和服务的业务应用。

(1)数值预报业务研发全面推进

全球四维变分同化技术研发取得里程碑式进展。2018年,我国自主研发的新一代全球数值预报系统（Global/Regional Assimilation and Prediction Enhanced System_Global Forecast System，简称 GRAPES_GFS）的全球四维变分同化系统（GRPES_4DVar）于 7 月 1 日正式业务运行，实现了我国全球数值天气预报同化系统里程碑式研发进展。解决了观测时间剖分、线性化物理过程、内外循环插值、外循环模式轨迹的使用、多次外循环更新、数字滤波弱约束和卫星动态偏差订正等诸多技术问题。与三维变分同化相比，四维变分观测使用量增加 50％，GRAPES 全球预报动力场和大型雨带预报的稳定性和参考性得以提高，天气预报水平获得全面改进。风云四号的辐射率资料和云导风资料在 GRAPES 中进行了评估和同化试验。

GRAPES 全球集合预报系统于 2018 年 12 月 26 日正式业务运行，回算试验结果表明效果总体优于 T639 全球集合预报。GRAPES_GFS 水平分辨率为 0.25°，模式顶为约 3 百帕，垂直分层 60 层。其北半球可用预报时效达到 7.5 天，较 2017 年提高 0.3 天，较 2016 年提高 0.1 天，达到业务化以来最高值；东亚可用预报时效达到 7.8 天，较 2017 年提高 0.4 天，较 2016 年提高 0.4 天，为业务化以来最高水平（图 8.7）。

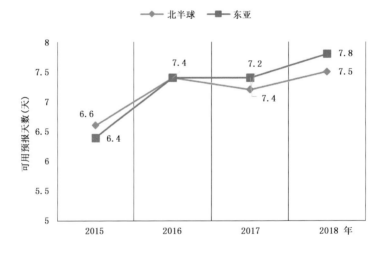

图 8.7　2015—2018 年 GRAPES_GFS 可用预报天数变化（北半球和东亚）
（数据来源：中国气象局预报与网络司）

数值预报最新进展

　　2006 年，GRAPES 区域数值预报业务系统正式投入业务运行；2007 年 7 月，GRAPES 的研发全面进入全球模式系统发展阶段；2012 年，GRAPES 研发团队入选国家重点领域科技创新团队，这是我国气象领域唯一一支国家级科技创新团队；2014 年，高分辨率资料同化与数值天气模式被确定为国家气象科技创新工程三大攻关任务之一，自主创新的脚步不断加快；2016 年，正式业务化运行并面向全国下发的 GRAPES_GFS 全球中期预报产品，被视为我国数值预报技术体系实现国产化的重要标志，也宣告我国基本掌握了从全球预报到区域高分辨率预报的系列数值预报核心技术。

　　有数据为证，党的十八大以来，我国台风路径预报 24 小时误差从 95 千米缩小到 66 千米，各时效预报全面超过美国和日本，达到国际领先水平。但我国现有的研究和业务应用水平与发达国家还有一定差距，尤其是缺乏针对我国气象问题的原创性科技成果，在模式物理过程研究以及观测资料同化技术和观测资料应用方面仍有待加强，进入国际先进行列仍需付出艰苦的努力。

　　区域高分辨率数值预报业务持续推进。华南、华东区域高分辨率数值预报系统实现业务运行，区域模式分辨率提升至 3 千米，实现逐 1～3 小时循环更新。风云四号 A 星/风云三号 D 星资料在全球和区域模式中开始同化试验和应用。成立区域高分辨率数值预报检验评估技术团队，制订区域模式独立检验评估实施方案和指标体系，初步建立区域模式降水过程精细化评估业务流程，通过评估推动区域数值预报模式业务发展。

　　(2)智能网格预报业务技术能力不断增强

　　持续填补无缝隙全覆盖智能网格预报空白。按照《智能网格预报行动计划 (2018—2020 年)》要求，积极发展精准化、智能型网格预报技术和产品体系。打造从实况、临近、短时、短中期到延伸期及滚动更新的无缝隙全链条网格预报技术体系，优化基于金字塔架构的守恒定量降水预报临近外推滚动更新预报技术，发展基于机器学习与中尺度模式的临近预报技术、变权重融合短时强对流预报技术、自适应集成短期定量降水预报技术、偏差订正延伸期网格预报技术、分区超级集合全球网格预报释用技术、发展基于残差衰减的逐时滚动预报技术，发展适应网格预报的检验和评估技术。

　　全国智能网格预报业务实现单轨运行，全国智能网格实况融合分析产品投入业务应用。2018 年，全国 31 个省(区、市)的省级智能网格预报均实现单轨业务运行，气象部门不再单独制作城镇预报、乡镇预报等站点预报，预报服务所需的各类站点预报可从智能网格预报中导出，真正实现格点站点预报一体化。智能网格预报业务流程均已形成，可基于智能网格预报导出包括城镇站点预报在内的各类预报服务产品，预报产品至少能实现 0～10 天逐 3 小时更新、5 千米空间分辨率，且自动生成数据、文字、图形、表格等预报服务产品；能够与国家级业务单位有效衔接基本形成智能网格预报"一张网"，主要气象服务产品与"一张网"统一数据源对接，满足各项气象服务及保障需求。

各省近 6 个月从网格预报导出的 0～24 小时、24～48 小时、48～72 小时城镇预报的晴雨(雪)和最高、最低温度预报准确率,与同期城镇天气预报相比不得低于5%,且与 2014—2018 年站点预报准确率基本持平。各省均达到标准,其中,广东上半年 48～72 小时最高气温预报准确率超过近 5 年平均值;陕西网格预报的晴雨预报质量居历年预报质量第一。31 个省(区、市)均能基于全国综合气象信息共享平台(CIMISS)数据环境流畅读取国家级和华北、华东、华南三个区域气象中心的区域数值预报产品和中央气象台的指导预报产品;在 5 分钟内上传省级网格预报产品到国家级 CIMISS,6 个月内统计合格到报率达 99%。

智能网格预报行动计划(2018—2020 年)

党的十八大以来,中国气象局全面谋划部署全国智能网格预报业务技术发展。2014 年启动格点预报业务建设,2015 年组织国家气象中心和10 个省(市)开展试点,2016 年印发《现代气象预报业务发展规划(2016—2020 年)》,明确构建全国精细化气象网格预报一张"网",2017 年稳步推进全国智能网格预报业务试验。历经谋划布局、试点带动和全面推进,初步实现了滚动更新、实时共享的全国 5 千米分辨率实况分析和 0～10 天网格预报业务试运行(图 8.8)。

图 8.8　智能网格预报发展大事记

为深入贯彻落实党的十九大精神,适应新时代的发展需求,推进现代气象预报业务的无缝隙、全覆盖、精准化、智慧型发展,中国气象局制定《智能网格预报行动计划(2018—2020 年)》,提出一个总体目标——到2020 年,建成"预报预测精准、科技支撑有力、核心技术自控、系统平台智能、人才队伍优化、管理科学高效"的从零时刻到月、季、年的智能网格预报业务体系,气象预报业务整体实力接近同期世界先进水平,初步具有"全球监测、全球预报、全球服务"能力,和若干具体目标(图 8.9)。

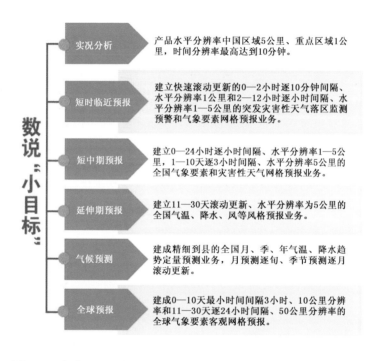

图 8.9 《智能网格预报行动计划(2018—2020 年)》确定智能网格预报
到 2020 年发展具体目标

进一步提升灾害性天气网格预报技术能力。研发基于 GRAPES 中尺度模式快速同化循环系统的"配料法"分类强对流概率预报技术,自 2018 年 6 月向全国下发10 千米分辨率 1 天 8 次滚动更新的逐小时雷暴、短时强降水、雷暴大风和冰雹概率预报产品。水文气象风险预警发展了基于山洪地质灾害的生态风险影响评估技术,初步实现山洪地质灾害向生态领域的延伸。基于多模式集成的 $PM_{2.5}$、PM_{10} 格点预报,雾、霾、能见度网格预报时效延长至 5 天逐 3 小时,1 至 10 天 $PM_{2.5}$ 浓度和能见度预报产品提供应用。实现网格预报向灾害风险和专业气象服务的拓展,建立了基于网格预报的农业气象、海洋气象、水文气象、航空气象、生态气象等产品。

　　(3)以世界气象中心(北京)建设为抓手开展全球预报业务

　　世界气象中心(北京)运行办公室组建。世界气象中心(北京)网站于 6 月 6 日正式业务运行,将为世界各国用户实时提供多项气象预报预测业务产品及支持。以《全球预报业务能力建设》项目申报为抓手,确定了以数值模式和网格预报为重点的世界气象中心建设方向,为践行中国气象"全球监测、全球预报、全球服务"战略打下良好的组织基础。在世界气象组织第 70 届执委会上获批海洋气象服务区域专业气象中心(北京)。

　　全球气象业务惠及"一带一路"沿线国家。一天两次的 0~10 天全球网格气象要素指导预报实现业务运行。针对阿富汗遭遇严重干旱,在网站上开设专门服务通道,提供了有关天气预报、降水量、干旱影响等的气象资料。全球气象要素网格预报系统试验运行。开展全球台风业务布局,正式开展北印度洋热带气旋预报业务,印发《WMO 区域台风预报中心建设工作方案》,及时响应防台减灾工作需求,新增 3 个海岛作为台风登陆点。多次与越南等国开展实时台风天气会商,共同提高上述地区防灾减灾水平。建立中央气象台、粤港澳联合会商工作机制和技术保障机制,提升灾害性天气共同抵御应对能力。亚洲航空气象中心于 7 月 11 日正式运行,承担亚洲航空危险天气咨询中心技术中心职责,建立起面向航站和航路的航空气象预报技术体系,为危险天气咨询中心的日常业务运行实时提供客观化专业化预报产品。升级亚洲沙尘暴预警中心网站及产品,共享服务能力明显提高。

　　(4)天气预报精准化水平持续提升

　　定量降水预报准确率进一步提升。主客观融合定量降水预报(quantitative precipitation forecast,QPF)业务产品中,预报员小雨、中雨、大雨和暴雨累加 24 小时站(格)点预报 TS 评分分别达到 0.6、0.373、0.255 和 0.188(图 8.10)。对比 2010 年以来 QPF 逐年预报评分,2018 年小雨 24 小时预报准确率达到近 9 年最高水平。对比欧洲中期天气预报中心(EC)模式、日本(JAPAN)模式预报,预报员 24 小时、48 小时定量降水预报各量级预报准确率均较高(图 8.11、图 8.12),充分体现了预报员的模式订正能力。其中,预报员 24 小时和 48 小时暴雨预报 TS 评分分别为 0.188 和 0.154,相对于 EC 模式分别提高 21.3% 和 33.9%。

　　台风长时效路径预报取得明显进步。2018 年,中央气象台台风路径 24 小时、48 小时、72 小时、96 小时和 120 小时预报时段预报误差分别为 72 千米、124 千米、179 千米、262 千米、388 千米(图 8.13),台风路径预报性能较前两年有明显提升。2018 年我国台风路径预报继续保持世界先进水平,台风 24 小时和 48 小时路径预报误差(72 千米和 124 千米)和日本(71 千米和 120 千米)、美国(75 千米和 125 千米)相当,台风 72 小时、96 小时、120 小时路径预报误差均优于日本和美国(图 8.14),长时效路径预报准确率取得明显进步;台风 24 小时强度预报平均误差为 3.6 米/秒,连续 2 年低于 4 米/秒,居历史最好水平。

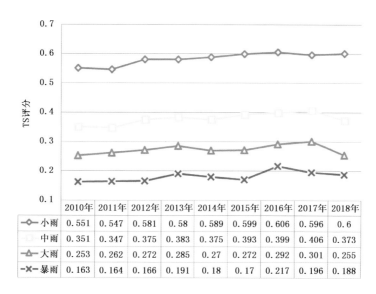

	2010年	2011年	2012年	2013年	2014年	2015年	2016年	2017年	2018年
小雨	0.551	0.547	0.581	0.58	0.589	0.599	0.606	0.596	0.6
中雨	0.351	0.347	0.375	0.383	0.375	0.393	0.399	0.406	0.373
大雨	0.253	0.262	0.272	0.285	0.27	0.272	0.292	0.301	0.255
暴雨	0.163	0.164	0.166	0.191	0.18	0.17	0.217	0.196	0.188

图 8.10　2010—2018 年中央气象台预报员主观 08 时次累加 24 小时定量降水预报 TS 评分对比
（数据来源：中国气象局天气业务内网）

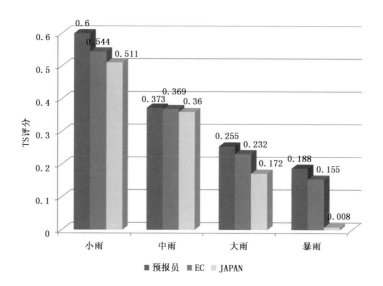

图 8.11　2018 年 08 时次 24 小时定量降水预报 TS 评分的预报员和各模式预报对比
（数据来源：中国气象局天气业务内网）

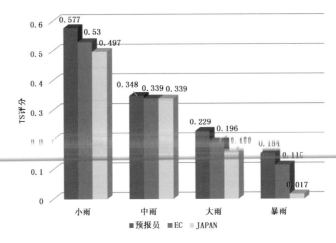

图 8.12 2018 年 08 时次 48 小时定量降水预报 TS 评分的预报员和各模式预报对比
（数据来源:中国气象局天气业务内网）

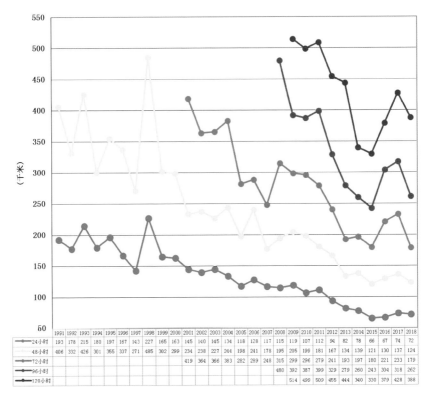

	1991	1992	1993	1994	1995	1996	1997	1998	1999	2000	2001	2002	2003	2004	2005	2006	2007	2008	2009	2010	2011	2012	2013	2014	2015	2016	2017	2018
24小时	193	178	215	180	197	167	143	227	165	163	145	140	145	134	118	128	117	115	119	107	112	94	82	78	66	67	74	72
48小时	406	332	426	301	355	337	271	485	302	299	234	238	227	244	198	241	178	195	205	199	181	167	134	139	121	130	137	124
72小时											419	364	366	383	282	289	248	315	299	296	279	241	193	197	180	221	233	179
96小时																		480	392	387	399	329	279	260	243	304	318	262
120小时																			514	499	509	455	444	340	330	379	428	388

图 8.13 1991—2018 年中央气象台西北太平洋和南海台风路径各预报时段预报误差
（数据来源:中国气象局预报与网络司）

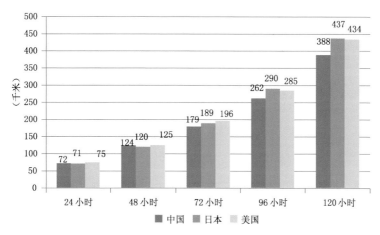

图 8.14　2018 年中国、美国、日本台风路径预报误差对比

（数据来源：中国气象局预报与网络司）

　　天气预报准确率水平保持稳定。2009—2018 年全国 24 小时晴雨、最高温度和最低温度预报准确率平均分别为 87.0%、76.3% 和 80.7%。2018 年全国 24 小时晴雨、最高温度和最低温度预报准确率分别为 86.9%、80.4% 和 84.5%，分别较 2009—2018 年平均值降低 0.1%、提高 1.3%、5.4% 和 4.7%（图 8.15—图 8.17）。强对流预警时间提前量由 2017 年的 36 分钟提高到 2018 年的 38 分钟，24 小时短时强降水预报 TS 评分较 2015—2017 年平均提高 11.3%，暴雨预警准确率由 2017 年的 83% 提高到 2018 年的 88%。

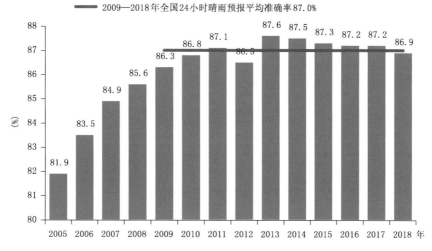

图 8.15　2005—2018 年全国 24 小时晴雨预报准确率评分

（数据来源：中国气象局预报与网络司）

图 8.16　2005—2018 年全国 24 小时最高温度预报准确率评分
（数据来源：中国气象局预报与网络司）

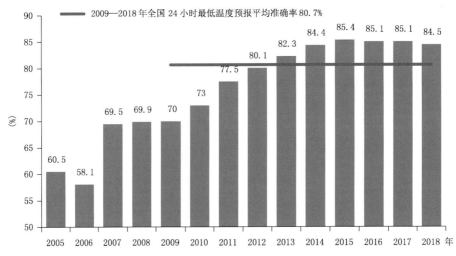

图 8.17　2005—2018 年全国 24 小时最低温度预报准确率评分
（数据来源：中国气象局预报与网络司）

（5）系统平台和信息化工作向纵深发展

气象信息综合分析处理系统(MICAPS)发布了 4.2 版本，全面接入风云四号 L1 和 L2 级产品，并在预报服务中应用；分布式系统已完成全国 31 个省(区、市)推广；基于风云四号资料的对流云识别和闪电监测产品业务应用；QPF 融合平台支持冬季降水相态预报及降水预报滚动集成订正；中长期天气预报业务系统有效支撑了以可预报性分析为核心的技术流程;台风海洋一体化平台实现了对全球台风监测预报以及海洋智能网格预报业务支撑能力不断提升。智能网格预报应用分析平台 V3.0 顺利通过定版,在金沙江堰塞湖、上海进博会等重大气象保障服务发挥重要作用。决策气象服务信息系统(MESIS)2.0 完成定版,初步具备海量数据可视化分析与预报文本自动生成能力。全国现代农业气象业务系统(CAgMSS)基本实现业务产品流程自动化。数值预报业务系统全面对接全国综合气象信息共享平台(CIMISS)。

2.气候预测业务

气候预测业务以全球气候系统监测和气候动力学诊断分析为基础,以气候模式、气候系统探测资料综合应用和气候信息处理分析系统为技术支撑,主要针对时间尺度从两周以上,到月、季节和年的预测业务。2018 年,气候预测业务着眼于国家重大发展战略需求,落实中国气象局"五个全球"发展思路,围绕气候"趋利避害",制定了《2018—2020 年现代化实施方案》,强化海洋气候、生态文明气候保障、精细化气候网格预测、气候服务等方面工作。

(1)气候预测水平稳定发展。2018 年气候预测效果良好,准确预测了汛期"降水南北多、中间少、以北方多雨区为主"的特征,汛期降水、气温预测评分分别达 77.2 分和 94.7 分,均创历史最好成绩,分别较 2017 年提高 2.3% 和 0.7%。月降水和气温预测平均分别为 69.4 和 81.1,分别较 2017 年提高 4.3% 和下降 3.2%。近 8 年全国月降水、月气温、汛期降水和汛期气温预测评分平均分别为 67.0、79.2、70.7 和 84.4分,分别较 2001—2010 年平均提高 3.4%、5.9%、3.1% 和 10.6%(图 8.18—图8.21)。准确预测了"台风生成和登陆个数均偏多,且活动路径以西北行和北行为主"。联合生态环境部开展了 10 次大气污染气候条件预测会商,重点区域大气污染过程预测准确率达 73%;为《打赢蓝天保卫战三年行动计划》开展了未来 1～3 年大气污染气候条件进行分析。

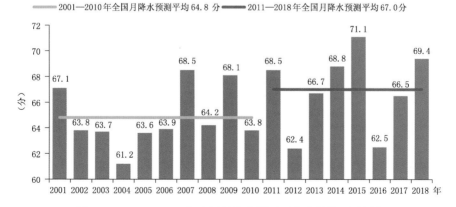

图 8.18　2001—2018 年全国月降水距平百分率趋势预测评分
(数据来源:中国气象局预报与网络司)

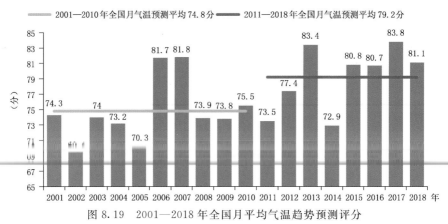

图 8.19　2001—2018 年全国月平均气温趋势预测评分

（数据来源：中国气象局预报与网络司）

图 8.20　2001—2018 年全国汛期(6—8 月)国家级降水距平百分率趋势预测评分

（数据来源：中国气象局预报与网络司）

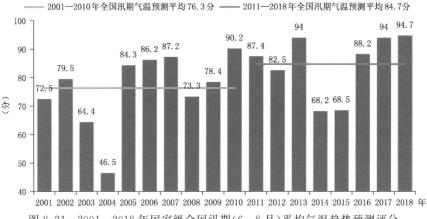

图 8.21　2001—2018 年国家级全国汛期(6—8 月)平均气温趋势预测评分

（数据来源：中国气象局预报与网络司）

气候预测两问

1. 为什么气候专家能判断未来一段时间整体气候趋势,却又无法精确预测较长时间里的具体天气过程呢?

气候预测和天气预报不同。天气预报主要聚焦大气圈,搞清楚大气圈的活动就可以预报未来一到两个星期的天气。气候预测不同,要预测未来一个月、一个季度、一年,甚至几年、几十年的气候,光靠研究大气圈远远不够,还需要了解海洋、陆面、冰雪圈及太阳活动等的情况,以及气候变暖的背景,将它们纳入一个预报系统里,进行集中考虑。由此可见,气候预测要比天气预报更为复杂。

气候预测需要的数据资料非常庞大。北极海冰的变化、海洋温度的变化、陆面积雪状况甚至太阳黑子的活动等各类资料都是其重要依据。在较长时间尺度上,海洋圈、冰冻圈等其他圈层的缓慢变化缓慢影响着大气圈的"状态"。气候专家只有精准地"捕捉"这种变化,才能给出准确的气候预测结论。但相对大气圈的监测资料,其他圈层的数据比较缺乏。即便如此,做满足社会和公众需要的气候预测仍然是气候专家最重要的任务和矢志不渝的目标。

2. 跟发达国家比,我国气候预测水平如何?

20世纪90年代,我国的气候预测业务刚刚起步,准确率约为60%到65%。二十年过去了,气候预测准确率提升了十几个百分点,大约在70%~80%之间。目前,各国对海洋地区气候的预测比较准确,比如在厄尔尼诺和拉尼娜现象的判断上,我国气候专家的预测也相当准确。由于海洋气候主要受海洋影响,只要掌握了海洋资料,就能比较准确地把握海洋气候变化的趋势。对低纬度地区和中高纬度地区气候的预测水平有所不同,前者的准确率高于后者。

尽管各国预报水平相差并不是很大,但就气候预测模式的客观预测能力而言,水平最高的要数欧洲中期天气预报中心。我国与美国、日本等国家属于第二层次。在预报方法上,欧洲和美国、日本等发达国家或地区预测气候主要依靠先进的数值模式与大数据,我国除气候预测除数值预报外,还综合参考多种方法,比如统计方法和环流型关键区预报。

(2)构建多源卫星遥感序列数据集。收集1984年以来多源卫星遥感数据,建立不同分辨率的植被指数(NDVI)、叶面积指数(LAI)、生态系统总处级生产力(GPP)、水体面积等长时间序列,初步实现不同区域植被、水体、荒漠化、石漠化等监测与评估。建立20世纪70年代以来超过6000站的全球气候场数据集,研制了全球和亚洲平均气温、最高气温、最低气温、高温热浪发生频次时间序列。

(3)气候监测能力不断提升。继续完善极端天气气候事件监测业务系统,实现对高温、暴雨、沙尘、台风、干旱等高影响天气气候事件的实时监测;实现对梅雨、华南汛期、西南雨季、华北雨季、东北雨季和华西秋雨等我国主要雨季的实时监测,以及南海夏季风、东亚冬季风、副热带高压、AO和ENSO等关键环流、主要气候事件与气候现象的实时监测,其监测结果在国家级气象业务内网上实时发布,国省实时共享。

(4)延伸期预测业务不断完善。开展全球延伸期网格预报业务试验,初步实现全球温度、降水各观网格预报并在国家级气象业务内网发布逐候更新、1.1分辨率的趋势/概率预测试验产品;组织开展针对重大服务需求的天气气候过程预测及效果检验,在国家级初步形成影响我国的台风强度和路径预测业务能力,并开展了对梅雨、华南前汛期、华北雨季、华西秋雨等主要雨季预测的业务试验。继续推进国省两级的高温、强降水、强降温等重要天气过程延伸期预报和省级第一场透雨、关键农时农事期预测等本地化、特色化业务建设,并将其优势成果和预报产品通过CIPAS2.0在周边区域推广应用。完成了次季节—季节预测产品可视化系统上线运行,在全国各省份开展多模式产品的释用及业务试验。

(5)气候模式性能明显改进。开展了基于气候系统模式的气候一体化预测研究,完成了T266L56高分辨率气候系统模式BCC-CSM2-HRv1的定版及相关预测试验,大气模式垂直分层由26层提高至56层,模式层顶达到0.1百帕,显著提高了热带平流层准两年振荡(QBO)的模拟水平,有效缓解耦合模式中"双赤道辐合带"问题,进一步改进了对云量和辐射特征的模拟,改进了对东亚地区降水、热带气旋等的模拟能力。新版本通过改进BCC-AVIM陆面模式、高分辨率海洋模式,开展集合预测方法研究,其预测结果与第二代季节预测业务系统相比,全球地表气温、500百帕高度、850百帕纬向风异常的ACC预报技巧均有所提高,而对降水、主要季风指数、ENSO等的预报技巧与以前基本相当。

(6)发展精细化网格及关键环流、重要气候现象的气候预测业务。初步建立了分辨率30千米的中国精细化区域气候预测系统,并于2018年汛期开展业务试验;建成了中高纬—极地大气遥相关、副热带高压、季风等东亚重要环流型的预测系统;国家级实现热带季节内震荡(MJO)监测预测系统业务运行,以及北极涛动(AO)/北大西洋涛动(NAO)和北极、欧亚积雪监测预测系统、国家级大气污染潜势预测系统的业务试运行。FY-4卫星资料在季风、积雪、植被等气候监测预测业务中得到初步应用。

(7)建立中国多模式集合预测系统。以模式本地化运行和国外数据引进相结合的方式建成了中国多模式集合预测系统(CMME1.0)(图8.22),实现业务试运行,形成实时汛期温度和降水等要素及关键环流场的业务试验预测能力。同时,完成了CMME1.0的1981—2016年历史回报试验,形成了历史回报数据集并进行检验评估,研发了面向月季尺度预测的气候现象和气候要素预报产品,实现了自动化运行和预测产品实时更新。

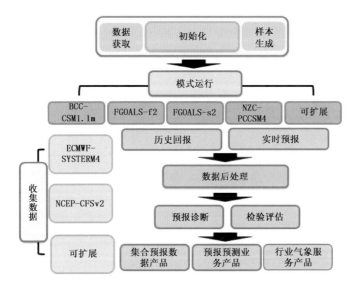

图 8.22　中国多模式集合预测系统(CMME1.0)流程图

(8)继续完善客观化气候预测技术,利用主要气候现象预测以及前期观测和同期模式信息的我国温度和降水的组合降尺度方法和预测模型改进了动力与统计相结合的季节预测系统(FODAS)。该系统在 2013—2018 年期间的平均夏季降水预测技巧 PS 评分为 71.5 分,特别是 2015—2018 年平均的 PS 评分预测技巧达到 72.7 分,总体上高于业务模式直接预测技巧,其中对 2018 年汛期降水异常的预测效果较好,PS 评分达到 75.8 分。

(9)开展客观化气候预测检验平台的改进升级,推进客观化气候预测检验评估业务流程及检验系统建设,实现对月、季节站点预测质量的实时检验,初步建立对第二代月动力延伸气候预测模式和季节气候预测模式基本要素实时产品的检验。

(10)建立气象灾害风险管理系统。加强气象灾害大数据建设,风险普查达 7800 万条,确定灾害风险隐患点阈值 15.7 万个。完成县域尺度暴雨洪涝、城市内涝、冬小麦干旱、台风等灾害风险图谱 220 余张。建立集约化气象灾害风险管理系统,投入业务试运行。

(三)气象服务业务

气象服务业务是开发和生产气象服务产品基础和支撑,近些年来全国各级气象部门根据经济社会发展需要,为提高气象服务针对性、实用性和科技含量,建立形成了各具特色的气象服务业务。

1.公众气象服务业务

全国气象部门积极探索开展智慧公众气象服务业务建设。组织建立全国精细化服务"一张网"，实现格点实况资料和精细化网格预报产品的全国应用。建立用户对天气的反馈互动机制，基于位置的气象服务业务覆盖 21 个省份。

面向精细化服务需求，自主研发的精细化气象服务产品日益完善，时效涵盖 0～45 天，全球站点达到 52 万个，省、市下载超过 15000 次，同比增长 150％；精细化实况格点专业气象服务产品在航空、影响指数等方面实现新的突破；基于人工智能和大数据技术的强对流精准预警气象服务产品在江苏、山东、江西、安徽、福建、四川、重庆、云南、贵州、陕西、山西、宁夏等省份推广应用，受到基层欢迎；深化专业气象服务与公路、铁路、健康等行业的高度融合，风云四号卫星数据在太阳能资源、公路交通、电网雷击、航空气象、森林草原火险等五个领域得到应用；构建全业务流程监控体系，围绕数据支撑应用抓好抓实信息化建设。2018 年，全国公众气象服务产品进一步丰富，全国各级气象部门每天向公众及时提供七大类，100 余种公众气象服务信息。

国家预警发布业务工作取得新进展。完成《国家预警信息发布能力提升工程可研报告》的编写，17 个部委参与并得到支持。全年通过国家预警发布系统发布预警信息 26.2 万条，气象信息决策支持系统入驻应急管理部指挥大厅；联合自然资源部、工信部及社会新媒体政务平台、短视频平台推进预警发布技术能力和机制建设；全国 17.7 万人应用智慧气象信息员平台，活跃人数 8.8 万人。

2018 年 12 月，为适应更高质量、更高水平的气象现代化建设，提升气象服务智慧化水平，中国气象局制定了《智慧气象服务发展行动计划（2019—2023 年）》，拟推进大数据、云计算、人工智能等信息技术在气象服务中得到充分应用，基本实现服务产品制作从"技术劳动"向"智能生产"转变，气象服务模式从"单向推送"向"双向互动"转变，气象服务体系从"低散重复"向"集约化"转变，加快发展智能感知、精准泛在、情景互动、普惠共享的新型智慧气象服务，加快建成全国智慧气象服务业务。

2.农业气象服务业务

到 2018 年，全国气象部门建成由 69 个农业气象试验站、653 个农业气象观测站、2312 个自动土壤水分观测站组成的现代农业气象主干观测站网，1618 套农田小气候观测仪、1028 套农田实景观测仪服务于各类作物监测。农业气象灾害格点化影响预报与风险预警技术实现业务应用，中国农业气象服务系统（CAgMSS）在国省两级部署。编制修订 52 项全国性农业气象技术标准和业务服务规范，制定 5548 个农业气象指标，研发推广 60 多项农业气象适用新技术。

现代农业气象业务服务组织更加有效。基本形成国、省、市、县四级业务和延伸到乡的五级服务格局，业务服务职责和业务流程进一步明晰。与农业农村部联合创建 10 个特色农业气象中心，全国建成 6 个独立运行省级的农业气象中心，12 个省份成立 44 个省级农业气象分中心。其中茶叶气象服务中心制定了《茶园小气候自动观测业务规范》《农业气象观测规范——茶叶》《茶叶霜冻害精细化监测预报技术指南》和《茶叶农业气象灾害监测预报业务规范》4 项指南规范,制定气象行业标准《茶树霜冻害等级》和《茶叶气候品质评价》,完善茶叶系列化农业气象指标,并在成员单位进行本地化应用。苹果气象服务中心发布气象行业标准《富士系苹果花期冻害等级指标》和地方标准《花期冻害预警等级》。甘蔗气象服务中心修订和补充完善了甘蔗干旱、寒冻害和大风的监测评估预警指标体系,发布甘蔗干旱灾害等级 1 项国家标准。烤烟气象服务中心制定气象行业标准《烤烟气象灾害等级》。棉花气象服务中心联合新疆生产建设兵团,初步确定棉花脱叶剂适宜喷施期气象服务指标。设施农业气象服务中心确定了 16 种设施果蔬和特色果蔬服务指标;完善了 5 种设施农业气象灾害指标。

持续推进智慧农业气象服务发展。制定《智慧农业气象服务行动计划(2018—2020 年)》《农业气象大数据建设方案(2018—2020 年)》和《全国智慧农业气象能力建设 2018 年实施方案》。628 个农田小气候站、207 个作物实景观测站数据上传到气象大数据云平台,43 万新型农业经营主体注册应用智慧农业气象服务客户端,较上年 31.9 万有明显提升。

强化农业气象业务服务标准规范建设,有效开展服务。印发《北方冬小麦干热风影响预报与评估业务规定(试行)》《精细化农业气候区划产品制作基本规程》《作物病虫害气象等级预报技术指南——小麦赤霉病和水稻稻瘟病》等业务规定、指南。组织了春耕春播、夏收夏种、秋收秋种关键农时服务,制作了农业产量预报报告。

着力推进贫困地区智慧农业气象服务。一是助力特色农业产业发展。一些省级特色农业气象服务分中心,有效服务于贫困地区苹果、枸杞、甘蔗、橡胶、烤烟、茶叶等特色农业和设施农业产业发展;22 个省份完成农业气候区划 1164 项,农业气象灾害风险区 738 项,为农业结构调优提供基础支撑。二是增加农业气象服务有效供给。22 个省份开展苹果、茶叶、枸杞等农产品气候品质评估 131 项,助力农产品品牌化发展;16 个省份研发 33 项天气指数,服务农业保险发展;安徽通过"惠农、聚农、爱农"等 APP 将气象信息服务延伸至农产品品牌化销售增值、乡村旅游等领域。三是创新农业气象服务供给方式。22 个省(区、市)气象局基本建成智慧农业气象平台以及 APP、微信等智能服务终端,801 个贫困县开展智慧农业气象服务,"江西微农"以及重庆、云南等地农业气象精细化智能服务 APP 已经初步形成品牌效应。与农业农村部联合开展的"直通式"服务和气象信息进村入户覆盖全国近 100 万新型农业经营主体,智慧农业气象服务惠及 37.6 万注册用户。各地完成 76 项农业保险天气指数研发,开展了涵盖粮、油、水产、畜牧、花卉、中药材等的 60 种农产品气候品质评估。15 个省份"直通式"气象服务已覆盖 80%以上新型农业经营主体,其他 7 个省份覆盖率为 66%～79%。

3. 环境气象服务业务

环境气象观测业务进一步加强。到 2018 年，气象部门共建有 29 个沙尘暴观测站、166 个大气成分观测站、398 个酸雨观测站，臭氧观测站 53 个，紫外线观测站 111 个。全国环境气象观测业务基本建立，在地市级以上城市以及京津冀、长三角、珠三角地区县级城市，建设以雾霾监测为重点的环境气象监测站，满足空气质量预报和大气污染防治的需求。

中国气象局组建汾渭平原环境气象预报预警中心。完善全国环境气象预报服务体系。全国形成了雾、霾过程预报业务，能见度和 $PM_{2.5}$ 浓度预报时效延长到 10 天。与生态环境部北京气象中心大气环境质量监测中心数据，联动开展中国大气污染气候条件分析，强化重污染天气联合预报和分析。发布《2017 年大气环境气象公报》。印发《全国臭氧气象预报业务规范》，推进大气污染气象条件评估业务；组织京津冀、长三角、珠三角、汾渭平原开展关键季节重污染防治气象保障服务。

2018 年，交通气象服务业务、能源气象服务业务、海洋气象服务业务、水文气象服务业务均有新的进展。

（四）气象信息网络和资料业务

1. 气象业务系统和数据资源整合

系统平台和信息化工作向纵深发展。MICAPS4 发布了 4.2 版本，全面接入风云四号 L1 和 L2 级产品，并在预报服务中应用；分布式系统推广至 29 个省（区、市）；QPF 融合平台支持冬季降水相态预报及降水预报滚动集成订正；台风海洋一体化平台实现了全球台风监测预报以及海洋智能网格预报业务支撑能力。智能网格预报应用分析平台 V3.0 顺利通过定版，在金沙江山体滑坡、上海进博会等重大气象保障服务发挥了重要作用，最大限度地发挥了智能网格预报应用服务效益。MESIS 2.0 完成定版，初步具备海量数据可视化分析与预报文本自动生成能力。数值预报业务系统全面对接全国综合气象信息共享平台（CIMISS）。

气象数据资源管理工作取得新进展。到 2018 年，组织完成 13 类 162 种历史气象数据汇交，新增 7 类 19 种社会和互联网气象数据提供使用。组织完成全国地面近 60 年分钟降水数据数字化，为雄安新区建设和海绵城市建设提供历史序列支持。落实与生态环境部、与长江委合作协议，空气质量监测、污染源排放、流域 6 省水文雨量等一批行业数据提供使用。组织完成全国气象部门规范使用地图情况普查和问题整改。印发《气象信息化标准体系（2018 版）》。地面、高空、辐射、酸雨等标准格式数据提供业务应用。发布《中国气象大数据（2018）》。

数据创新应用取得新突破。整合并新增 17 种全球地面、海洋和高空资料，开展基础数据质量评估系统建设，基础资料质量不断提高。落实中国气象局《智能网格预报行动计划》，联合攻关研制多维实况数据分析产品，"零时刻"实况分析产品接入全国智能网格预报系统。解决资料质量控制、偏差订正、黑名单控制等技术，基本完成 40 年大气再分析数据集研制。制定年度全国气象数据资源汇交清单，扩大部门内外业务、科研数据汇交和共享,新增汇交 11 种数据,全面实现部门共享。完善国家科技资源共享平台功能,深化数据开放共享,数据用户增长 30%,数据服务量增长 155%,气象数据共享成为科学数据共享典范,成为首批科技部授牌的国家气象科学数据中心。

2.气象信息网络基础设施建设

全国气象信息化工作会议顺利召开,全面部署未来三年气象信息化工作任务。编制《气象信息化系统工程可行性研究报告》并完成节能评估。编制了《气象信息集约化管理办法》,建立气象信息系统建设全流程的监督管控机制。统筹山洪、雷达、海洋、军民融合等重大工程建设任务,推进集约化建设。组织编制了《气象大数据云平台设计方案》《气象大数据云平台试点建设工作方案》,推进大数据平台建设以及与气象业务应用系统融合对接。持续推进气象信息业务标准化,完成气象信息化标准体系修订。编制《气象信息基础设施云平台业务管理规定》及《中国气象局高性能计算资源管理规定》。

国内气象通信系统 2.0 实现业务化,天气雷达、国家级地面站等观测资料实现同步传输,传输时效缩短到秒级。"派－曙光"高性能计算机投入业务运行,提供中国气象局数值预报中心、国家气候中心、中国气象科学研究院等 140 多个用户使用,资源利用率提升至 72%,极大增强模式研发和业务运行资源保障能力;开展基于 GPU、众核加速技术的模式移植,试验效果良好。完成气象大数据云平台构架设计与测试,核心功能提供试用。

精细资源管理与服务,气象云平台服务初见成效,全年分配 852 台虚拟机资源服务,提供中国气象局直属 12 家单位用户 357 个应用运行。加强"派"曙光 HPC 资源分配,数值模式业务运行全面移植到"派"系统。视频会商和应急通信保障持续稳定,各类会商及会议 626 次,卫星应急通信保障工作 54 次。初步建立网络安全监测能力与处置协同机制,构建安全智能分析平台,动态监测国家级网络安全态势及 31 个省级气象门户网站安全动态,全年监测到 241 万条威胁告警,确认 373 个安全事件,协助处置安全事件 345 起,全年未发生信息安全事故。

3.气象资料业务和服务

推进气象资料共享应用。印发《风云气象卫星数据管理办法》。

风云气象卫星遥感数据用户覆盖近 100 个行业,95 个国家,数据服务总量 4.99PB。中国气象数据网新增用户 4.8 万个,访问量近 1.2 亿人次。中国气象数据网企业实名注册用户数达 935 个,其中京津冀地区 230 个,长三角地区 196 个,广东省 123 个;涉及行业主要为专业技术服务、软件、公共管理等(图 8.23,表 8.8)。截至 2018 年 12 月,中国气象数据网累计注册个人用户 25.6 万人(含卫星遥感网注册用户)。用户以社会公益性行业为主,排名前 5 名的是教育(36.3%)、地球科学(8.9%)、农业科学(3.7%)、环境与安全(3.4%)、气象(3.3%)(图 8.24,表 8.9)。

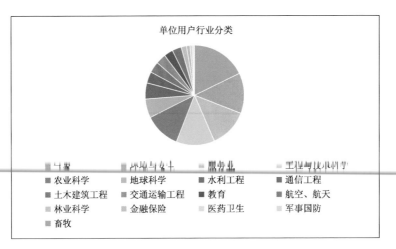

图 8.23　2018 年中国气象数据网企业用户的行业分布
（数据来源：国家气象信息中心）

表 8.8　2018 年中国气象数据网企事业用户的行业分布

行业	企事业用户数（个）
气象	132
环境与安全	96
服务业	93
工程与技术科学	92
农业科学	87
地球科学	45
水利工程	38
通信工程	27
土木建筑工程	27
交通运输工程	25
教育	22
航空、航天	22
林业科学	13
金融保险	8
医药卫生	6
军事国防	3
畜牧	2

数据来源：国家气象信息中心。

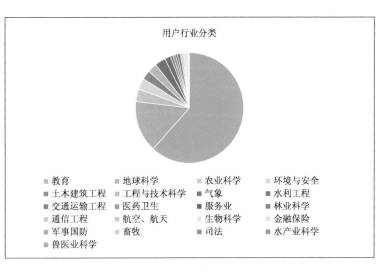

图 8.24　2018 年中国气象数据网用户的行业分布

（数据来源：国家气象信息中心）

表 8.9　2018 年中国气象数据网个人用户的行业分布

行业	个人用户数（个）
教育	100309
地球科学	24564
农业科学	6017
环境与安全	5233
土木建筑工程	4378
工程与技术科学	4489
气象	5167
水利工程	3019
交通运输工程	1228
医药卫生	1320
服务业	888
林业科学	1389
通信工程	1070
航空、航天	670
生物科学	807
金融保险	1154
军事国防	240
畜牧	205
司法	146
水产业科学	117
兽医业科学	42

数据来源：国家气象信息中心。

中国气象数据网共享数据量超过 500TB,累计用户突破 24 万,累计访问量超过 2.8 亿人次,支持国家科技支撑计划、973、863、自然科学基金等重点科研项目 4600 多项;用户应用气象数据发表文章、论著及发布国家标准和行业标准共 492 篇,较 2017 年同期分别增长 193.8% 和 7.1%(表 8.10,表 8.11)。

表 8.10　气象数据服务科研项目数量统计总表

科研项目类型	2017 年	2018 年
863 项目(课题)	150	101
973 项目(课题)	62	166
国家科技支撑计划项目(课题)	41	122
重大工程项目	32	118
国家自然科学基金项目(课题)	582	1673
中科院知识创新项目	10	22
社会公益研究专项基金	43	127
气象事业业务拓展项目	7	39
内部项目	65	203
其他	596	1789
合计(项)	1588	4666

数据来源:国家气象信息中心。

表 8.11　应用气象数据取得科技成果统计表

科技成果类型	2015 年	2016 年	2017 年	2018 年	合计
发表论文、论著、成果	370	383	459	492	1704

数据来源:国家气象信息中心。

三、评价与展望

经过长期建设,我国由综合气象观测业务、气象预报预测业务、公共气象服务业务和气象信息网络与资料业务等构成的现代气象业务体系建设取得了重大进展,已经建成了世界上规模最大、覆盖最全的综合气象观测系统,建成了精细化、无缝隙的现代气象预报预测系统,建成了高速气象网络、海量气象数据库、超级计算机系统,建成了世界一流、中国特色的气象服务体系。中国气象局被世界气象组织正式认定为世界气象中心,成为全球 9 个世界气象中心之一,标志着我国气象现代化的整体水平迈入世界先进行列。但是,对标世界气象科技先进水平,未来我国气象科技还需要在以下方面有新突破。

一是核心业务坚持自主创新。数值预报是现代气象业务的核心,缺少核心算法等关键自主研发技术会面临"卡脖子"窘境。未来我国应坚持科技自主创新,加快建设国家气象科技创新体系,推进核心和关键技术攻关,实施气象"创芯"工程,力争尽快把气象事业发展的"芯片"掌握在自己手上。应持续推进核心科技攻关,推进高分辨率资料同化与数值天气模式、资料质量控制及多源数据融合与再分析、次季节至季节气候预测和气候系统模式、多尺度气象数值预报模式系统、风云气象卫星发展及遥感应用体系建设、人工智能技术业务应用等关键技术自主创新。

二是加快发展智能化业务。发展自动、智能气象观测装备,研发天气实况自动判识技术和自适应观测技术,推进地空天协同智能观测,着力提升针对气象灾害自动快速判识、多设备协同、多模式联动、全过程跟踪的观测能力和业务运行保障能力,实现业务稳定运行。综合运用多源观测数据,提升遥感数据综合应用能力。推进无缝隙、全覆盖、精准化的气象预报业务建设,提升"全球监测、全球预报、全球服务"能力。实施智慧气象工程,发展智能化、客观化预报预测技术和气象灾害识别技术,研发分季节、分区域、分要素的高影响、灾害性天气定量预报模型,优化满足服务需求、快速滚动更新的高时空分辨率智能网格预报和灾害性天气监测预警业务。深入推动大数据、云计算、人工智能等技术在气象服务中的应用,建立基于场景定制、用户行为自动感知、精准推送的智慧公众气象服务。

三是大力发展全球气象业务。推进风云气象卫星服务"一带一路"建设,形成完整涵盖一带一路及亚太区域的持续观测体系,完成静止气象光学卫星的技术升级换代;发展静止气象微波卫星实现有云区域的大气三维探测;建设静止卫星和地面系统故障智能识别与故障自主处理能力。实施海洋气象保障工程建设,在石油平台、海岛新建或更新气象观测站点,提升现有海洋浮标、船舶和港口等区域气象观测业务能力,启动远洋船舶自动气象观测站建设。积极主动开展国际交流合作,推进气象观测设施共建、资料共享。

四是推进发展研究型业务。依托气象大数据云平台和现代通信技术,重构直连互通、结构扁平的国家、省、市县一体化业务流程,减少层级业务间数据逐级传输反馈环节,实施"云+端"数据流程再造,推进国省两级算法向国家级"云"中整合,实现实况产品、智能网格预报、短临监测预警、海洋气象业务、用户行业等数据统一在国家级"云"上生成。加快推进国省两级基础设施资源池、大数据云平台建设,实现国家和省级大数据平台间数据及时同步,推进观测、预报和服务等系统与大数据平台有机融合,突破业务、部门和层级间数据阻碍。推进计算向数据靠拢,构建以气象大数据平台为核心、顺畅高效的国家—省级观测、预报和服务数据流程,逐步形成国家级计算、各级应用的"云+端"业务模式,为发展研究型业务提供坚实基础。

第九章　气象科技创新

气象科技创新是指原创性气象科学研究和技术创新的总称,包括发现天气气候变化规律等知识创新,取得关键业务技术突破的技术创新,以及组织协调部门、科研机构、高校、企业等协同推进气象科学技术进步,实现产、学、研、用一体化的管理制度创新。2018 年,中国气象局准确把握世界气象科技发展大势,围绕气象自主创新能力和核心技术,继续加强气象科技创新顶层设计,充分发挥科技创新对气象现代化的支撑和引领作用,气象核心技术攻关取得积极进展,气象科学数据共享效益突显,科研院所布局进一步优化,科技资源配置更加合理。

一、2018 年气象科技创新概述

(一)气象科技创新顶层设计加强

中国气象局于 2018 年总结了改革开放 40 年气象科技创新取得的成绩,从更高站位谋划气象科技发展,通过编制专项规划、行动计划等推进落实科技创新重点工作任务,加快实现新时代气象科技发展目标。同时,深入开展科技创新领域相关的专题调研,梳理重大核心科技问题和科技体制机制改革重点、难点问题,研究解决问题的措施,强化对核心业务的科技支撑。加强科技创新管理工作,推动国家和部门科技创新政策的落实落地,强化督促检查,注重气象科技成果转化与应用推广,进一步激发创新活力,提升科技创新整体效能。

(二)气象核心技术攻关取得一批新成果

2018 年,气象现代化核心技术攻关取得新突破。风云四号 A 星成功投入业务运行,实现了对我国及周边地区每 5 分钟一次的高时效多光谱观测,卫星观测服务"一带一路"沿线国家,卫星数据获取和服务能力进一步提高。我国自主研发的全球数值天气预报同化系统正式开始在国家气象中心业务化运行,标志着我国自主研发模式取得了里程碑式进展,填补了我国该领域的科技空白,为我国天气预报水平的提高提供了重要科技支撑。继续优化多来源观测资料整合多重处理技术,形成了更加完整的全球陆地、高空、海洋、风廓线定时值数据集。气候系统模式和次季节至季节气候预测、多尺度数值预报系统、人工影响天气关键技术均取得较大突破。

（三）气象科学数据共享继续扩大

气象科学数据开放共享程度进一步提高,2018 年中国气象数据网自上线以来累计用户数突破 24 万,访问量超过 2.8 亿人次,3600 余家科研教育机构和 800 余家企业通过中国气象数据网进行科研创新和深度挖掘,气象卫星数据共享服务总量达4.99PB,较 2017 年增长 6％,服务"一带一路"沿线国家 100 多个行业,国内外公众获取气象数据的途径更加丰富多元,气象大数据产业发展更加活跃,气象＋新零售、气象＋医学＋环境科学＋社会学等新业态逐步发展,气象数据共享效益进一步显现。

（四）气象科研院所改革激励创新

中国气象局 2018 年突出气象科技创新,聚焦完善科研管理、提升科研绩效、推进成果转化、优化分配机制等方面,先后制定出台了一系列政策文件,在赋予科研人员自主权等方面进行了有益的探索、取得了显著效果,在原中国气象局北京城市气象研究所基础上成立北京城市气象研究院,原一院八所改为两院七所,科研院所布局进一步优化,科技资源配置更加合理。

二、2018 年气象科技创新进展

（一）气象科技创新全面推进①

2018 年,面向国家发展战略需求,面向世界科技前沿,面向气象现代化,中国气象局印发《加强气象科技创新工作行动计划（2018—2020 年）》,进一步落实创新驱动发展战略,以提升气象科技创新整体效能为主线,统筹优化气象科技创新体系布局,聚焦核心技术攻关、深化科技体制改革,完善创新发展机制,着力增强核心科技创新能力,加快实现气象科技突破,支撑引领 2020 年气象现代化目标实现和新时代气象事业高质量发展。

加强谋划新时代气象科技创新发展战略。为全面推进气象科技创新,2018 年中国气象局组织编制《中国气象科技创新发展规划（2019—2035 年）》,进一步明确了到2020 年、2025 年和 2035 年的发展目标,统筹部署了新时代气象科技创新重点任务。重点推动实施创新驱动发展战略,着力深化气象科技体制改革,强化气象科技发展机制创新,统筹配置科技资源,构建布局合理、开放高效、支撑有力、充满活力的国家气象科技创新体系,加强制约我国气象事业发展的重大基础理论问题研究,着力突破重大核心关键技术,大幅提高气象科技创新能力和水平,加快建设世界气象强国,为科技强国建设提供强有力的气象保障。

进一步强化了科技成果转化激励政策的规范落实,2018 年中国气象局进一步激

---

① 参考资料:科技与气候变化司.2018 年气象科技体制改革总结报告;加强气象科技创新工作行动计划（2018—2020 年）;中国气象科技创新发展规划（2019—2035 年）（征求意见稿）。

发创新活力,出台《中国气象局科技成果业务准入办法》《科技成果中试基地(平台)管理办法(试行)》《气象科技成果认定规程》《关于进一步推动落实科技成果转化政策相关事项的通知》等文件,依法推进科技成果转化、落实激励政策、健全成果转化体系等提出了明确要求,并挂牌成立气象服务科技成果中试基地,有效强化对核心业务的科技支撑。

2018年,中国气象局加强了气象科技管理的督促检查工作,营造良好创新氛围,组织开展了《关于进一步完善中央财政科研项目资金管理等政策的若干意见》《关于增加气象人才科技创新活力的若干意见》的督改,推进科研经费、财务管理、人才发展等政策的落实落地。规范气象部门国家科学技术奖提名工作,出台了《中国气象局国家科学技术奖提名工作方案》,对国家科技奖申报工作开展培训,做好重大科技成果的凝练和培育,形成动态清单。同时,完善了中国气象学会科技奖项评奖规则,做好气象科技奖项与国家科技奖励推荐提名工作的衔接。

(二)气象核心技术攻关持续推进

1. 气象卫星观测与应用技术

2018年风云四号A星成功投入业务运行,实现了对我国及周边地区每5分钟一次的高时效多光谱观测。风云二号H星,定点于79°E位置,使得风云卫星在轨布局更好地覆盖我国天气系统上游地区和"一带一路"沿线国家和地区。风云三号D星顺利投入业务,实现了极轨气象卫星从多光谱探测到高光谱探测的跨越,实现高光谱和微波组合。碳卫星正式投入业务运行,使我国成为继美国、日本之后,第三个可以提供碳卫星数据的国家。截至2018年,我国已成功发射17颗风云系列气象卫星,其中有8颗风云卫星在轨运行,包括5颗静止轨道气象卫星,3颗极轨气象卫星。极轨气象卫星实现了"上、下午星业务组网观测",静止气象卫星实现了"多星观测、在轨备份、适时加密"的业务布局。

卫星探测能力显著增强。我国静止轨道卫星遥感仪器的探测能力已经与国际水平相当,部分探测能力已经赶超欧洲和美国。风云三号D星(FY-3D)上装载了10套先进的遥感仪器,核心仪器中分辨率光谱成像仪进行了大幅升级改进,性能显著提升。风云四号卫星的首颗星FY-4A配备的扫描成像辐射计通道数量增加了2.8倍,达到14个。其观测时间分辨率提高1倍,最快可以每1分钟生成一次区域观测图像。最高空间分辨率较之前提高了6倍。达到500米。风云四号卫星(FY-4A)还搭载了世界上首个静止轨道干涉式大气垂直探测仪,其在垂直光谱探测通道达到1700个,可对大气结构实现高精度定量探测,是国际静止轨道气象卫星的首次装载。

卫星数据获取和服务能力大幅提高。风云卫星资料接收处理地面站网南北极站的投入将风云卫星获取全球数据时效提高到2个小时左右,显著提高了风云卫星获取全球数据的能力。碳卫星地面系统投入业务增强了对国内卫星观测的直接获取能力。借助"天地一体化"的气象卫星数据共享服务系统建设,风云系列气象卫星通过多种渠道为各类用户提供高效的数据服务，国内用户覆盖包括 31 个省（区、市）和港澳台地区，国际用户覆盖 84 个国家，遥感数据服务网的注册人数已超过 6 万人[①]。

卫星数据预处理方法有新的突破。突破了红外恒星观测与识别方法，建立了全时的风云四号卫星图像定位与配准能力；完成了激光站佳木斯站初验，初步建立了天地一体的精度检验体系；完成 FY-3D 资料控制系统及资料定位在轨测试，定位精度提高至（250 米，500 米）。针对风云三号 D 星高精度在轨定标的应用需求，建立 HIRAS 红外高光谱在轨实时定标业务算法，完善了 MERSI 可见光近红外波段星上定标和综合定标技术，优化了 MWHS 业务定标模式，实现了卫星数据高精度定标实时业务处理系统；建立涵盖 FY-3D 卫星及所有观测仪器性能和健康监视系统，具备实现了对卫星及载荷状态变化准实时分析的能力。针对卫星数据气候应用需求，开展风云卫星历史数据再定标研究，发展长时间序列历史数据回溯与评估诊断技术，初步实现对历史数据的高质量再分析。

卫星定量产品种类更加丰富。风云气象卫星可通过数十个遥感仪器从太空获取陆表、海表、大气以及近地空间的辐射值和遥感数据，产品种类覆盖云、大气、陆表、海表、冰雪、辐射、闪电和空间天气等多种类型。此外，风云气象卫星联合开展生态红线监测评估研究，分别针对草地、农田、湿地、石漠化、山地等典型生态系统类型，开展关键技术攻关，研建客观、定量的生态功能评估和生态环境状况评价指标体系。

卫星观测服务"一带一路"积极推进。"一带一路"沿线国家气象资料匮乏，2018年 4 月 23 日，中国气象局、国防科工局和亚太空间合作组织签署风云气象卫星应用合作意向书，确定将 FY-2H 定点位置从原定的 86.5°E 移至 79°E，使我国静止轨道气象卫星观测范围向西扩展到 4°E 附近。监测范围包括亚洲 50 个国家、非洲 41 个国家、欧洲 39 个国家、大洋洲 9 个国家，"一带一路"沿线 64 个国家。

2.高分辨率资料同化与全球模式攻关任务

"高分辨率资料同化与全球模式攻关任务"是中国气象局气象现代化核心技术四项攻关任务之一。2018 年 7 月 1 日，我国自主研发的 GRAPES 四维变分同化系统业务化运行，标志着我国自主研发模式取得了里程碑式进展，填补了我国该领域的科技空白，为我国天气预报水平的提高提供了重要科技支撑。解决了观测时间剖分、线性化物理过程、内外循环插值、外循环模式轨迹的使用、多次外循环更新、数字滤波弱约束和卫星动态偏差订正等诸多技术问题。在科学技术方案上实现了升级换代，多矩约束有限体积模式动力框架的研发和并行化奠定了中国气象局下一代高精度守恒高可扩展性大气模式的重要基础。

从运行效果来看，2018 年 GRAPES 全球四维变分同化系统的观测使用量在原有 GRAPES 全球三维变分同化系统的基础上提高 50%。从 500 百帕位势高度的距

①　风云系列气象卫星最新进展及应用，卫星应用，2018(11).

平相关来看,平均预报时效提高 5 小时,其中南半球能够达到 7～8 小时,GRAPES_GEPS 集合预报大尺度环流预报能力较现行全球业务集合预报系统 T639_GEPS 平均提高 0.5 天(表 9.1)。

表 9.1　集合模式平均可用预报时效(500 百帕 ACC0.6 天)对比

	北半球集合平均	南半球集合平均	东亚集合平均
GRAPES_GEPS	8.275	7.670	8.872
T639_GEPS	7.957	6.925	8.366
相对增量	0.3 天	0.8 天	0.5 天

2018 年,全球数值天气预报模式业务化后,全球数值天气预报模式可用性由 2017 年的 7.4 天提高到 7.5 天,预报模式可用性较 2014 年有明显提升(图 9.1);全球数值天气预报模式分辨率由 2015 年的 50 千米提高到了 25 千米(图 9.2)。2018 年,区域数值天气预报模式分辨率由 2014 年的 10 千米提高到 3 千米,区域台风数值预报系统的台风路径误差为 77 千米,较 2014 年的 95.7 千米误差大幅减小(图 9.3)。

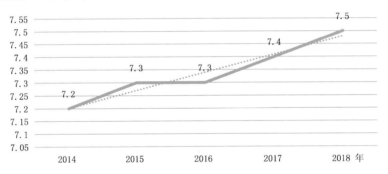

图 9.1　2014—2018 年全球数值天气预报模式可用性(单位:天)
(数据来源:2018 年中国气象局气象现代化评估报告)

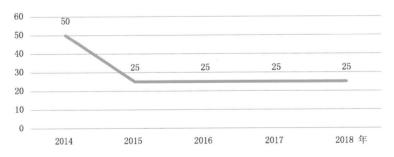

图 9.2　2014—2018 年全球数值天气预报模式分辨率(单位:千米)
(数据来源:2018 年中国气象局气象现代化评估报告)

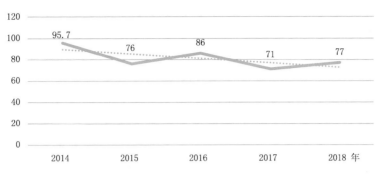

图 9.3 2014—2018 年区域数值预报模式台风路径误差（单位：千米）

（数据来源：2018 年中国气象局气象现代化评估报告）

　　智能网格预报业务技术基础不断夯实。积极发展精准化、智能型网格预报技术和产品体系。定量降水预报优化了基于金字塔架构的守恒 QPF 临近外推滚动更新技术预报技术；使用 AI 技术改进雷达回波外推预报模型；研发了基于 GRAPES－RAFS 的"配料法"分类强对流概率预报技术，自 2018 年 6 月向全国下发 10 千米分辨率 1 天 8 次滚动更新的逐小时雷暴、短时强降水、雷暴大风和冰雹概率预报产品。对于 3 次登陆台风暴雨过程，精细化网格产品较好模式体现了更高的精确度（图 9.4）；对于 35 次暴雨过程，有 30 次呈现了更高的评分，4 次接近或略有降低。

　　智能网格预报融入预报服务链条，从降水等气象要素预报，水文气象风险预警，环境、海洋预报，气象为农服务及粮食产量预报，到决策气象服务，已全面应用了智能网格预报产品。网格预报滚动融合流程进一步优化，完成适应单轨运行的格站点一体化业务升级。基于网格预报的检验技术与平台支撑能力不断增强。

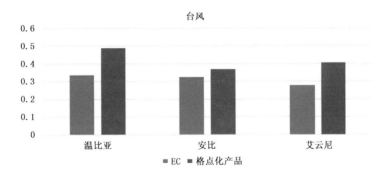

图 9.4 1 天时效 24 小时累积降水暴雨评分

　　系统平台和信息化工作向纵深发展。2018 年，MICAPS4 应用了 4.2 版本，全面接入风云四号 L1 和 L2 级产品，并在预报服务中应用。分布式系统推广至 29 个省（区、市），QPF 融合平台支持冬季降水相态预报及降水预报滚动集成订正，台风海洋一体化平台实现了全球台风监测预报以及海洋智能网格预报业务支撑能力。智能网格预报应用分析平台 V3.0 顺利通过定版,在金沙江山体滑坡、上海进口博览会等重大气象保障服务发挥了重要作用,最大限度发挥智能网格预报应用服务效益。决策气象服务信息系统 MESIS 2.0 完成定版,初步具备海量数据可视化分析与预报文本自动生成能力。

3.气象资料质量控制及多源数据融合与再分析攻关任务

气象数据产品质量与国际同类产品质量基本持平。"气象资料质量控制及多源数据融合与再分析攻关任务",自启动以来,一直围绕气象业务核心技术问题,协同推进。2018 年,气象数据产品质量与国际同类产品,如 OISST、OSTIA 等产品质量基本持平,平均偏差为 0.0019℃,标准差和均方误差值为 0.4103℃(图 9.5)。继续优化多来源观测资料整合多重处理技术,形成了更加完整的全球陆地、高空、海洋、风廓线定时值数据集。多类观测资料质量控制和评估技术实现优化升级,非常规资料处理技术快速拓展。自主研发的常规观测资料统计分析、偏差订正和均一化技术取得较好应用效果。天气雷达资料质量控制评估和产品研发能力进一步增强,实现质量控制和产品系统业务化运行。集成研发可见光、近红外、红外综合定标技术,实现红外通道定标精度优于 0.5 开,可见定标精度优于 5% 的预定目标。利用 2017 年发展的月球辐射定标方法,得到基于月球目标的 FY-2E 扫描辐射计辐射响应变化及拟合趋势线,分析月相角变化分布与辐射响应间的变化。研发 OLR、积雪、海温、降水定量反演产品。实况分析产品全面支撑汛期智能网格预报业务,研制全球气温、降水等基本要素融合分析技术,开展 FY-4 新型资料融合应用研究,研究多源数据融合中的观测资料同化及同化技术,继续推进省级示范应用。全球大气再分析中间产品通过业务准入审核进一步攻克卫星资料同化应用关键技术,形成 CRA-40 卫星资料数据集。启动 40 年全球大气再分析产品生产,全球大气再分析中间产品通过业务准入审核,实现首批实况分析产品业务准入。

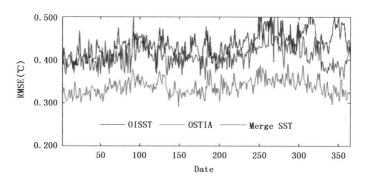

图 9.5　气象数据产品质量与国际同类产品质量对比

(资料来源:中国气象局国家信息中心)

提升全球实时资料自主处理能力,实现全球大气再分析实时运行。优化全球大气再分析运行监视和评估系统,提升问题诊断能力,在"派"高性能计算机实现全球大气再分析系统优化升级,1 个时次全球大气再分析循环同化运行效率从 30 分钟缩短到 15~20 分钟。攻克地面要素分析关键技术,提升 CRA-Interim 近地面产品质量。完善长时间序列观测资料收集整理,研发雷达资料同化关键技术,建立高时空密度地面资料同化方案,通过三维变分同化及 Nudging 同化技术的对比试验,实现高时空地面观测资料全要素(温度、气压、风、湿度)的有效同化。基于全球大气再分析系统和全球常规与卫星观测资料处理与同化对接关键技术,建成全球实况分析系统。进一步优化东亚区域再分析系统,完成 5 年再分析资料研制。

从运行效果来看,2018 年,气象卫星资料同化量占比率由 2017 年的 64.5% 提高至 70.3%(图 9.6)。风云三号 Y3C/GNSO 的 GPS 掩星资料已经在全球 GRAEPS 系统中业务化应用,经评估 FY3D/GNOS 掩星资料的质量也达到业务应用标准,在上传 GTS 后,也可同化进 GRAPES 全球和区域同化系统,实现业务应用。与热带水汽偏差有关的主要物理过程的改进已经实现了集成,并于 2018 年底实现在 GRAPES 全球预报系统中的业务应用。风云四号的辐射率资料和云导风资料在 GRAPES 全球预报系统中进行了评估和同化试验,将实现世界上首颗静止卫星搭载的红外高光谱资料的业务应用。

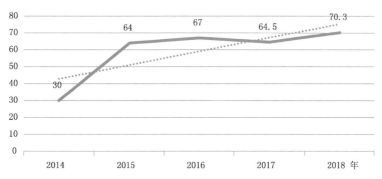

图 9.6 2014—2018 年气象卫星资料同化量占比率(单位:%)
(数据来源:2018 年中国局气象现代化评估报告)

4."气候系统模式和次季节至季节气候预测"攻关任务

全球高分辨率气候系统模式取得进展。到 2018 年,完成了高分辨率大气模式 BCC_AGCM3(T266L56)的定版,其中垂直分层 56 层,模式顶达到 0.1 百帕;开展了 30 千米分辨率(T382)的模式开发工作,并初步形成了能稳定运行的 T382L56 模式。平流层模拟性能得到进一步改进,模式对平流层变率模拟性能显著提高,通过调试对流重力波参数化方案,提高了热带平流层准两年振荡(QBO)的模拟水平;发展了新的边界层参数化方案,并改进了浅对流参数化方案的触发条件,建立了一套具有协调一致性特点的边界层和浅对流参数化方案,有效缓解耦合模式中"双赤道辐合带"问题;高分辨率模式 BCC_AGCM3 中云微物理双参数化方案(MG)的调试,进一步改进了对云量和辐射特征的模拟。

进一步改进了 BCC-AVIM 陆面模式。考虑到青藏高原土壤中有机质含量较高,在土壤冻融参数化方案中增大土壤导热率、导水率和土壤热容量,显著减小了高原站点土壤冻结/融化偏快的模拟误差;改进农作物的物候方案以刻画华北地区农作物生育期的过程;将改进的 CoLM 湖泊方案 CoLM Lake 耦合到陆面模式 BCC_AVIM 中,解决冻融过程部分参数化问题;整理全球土地利用资料,使之与 BCC_AVIM 模式的下垫面类型相适应。

建立了高分辨率海洋模式版本。BCC-CSM 全球海洋分量模式由原来 MOM4d 版本升级到 MOM5,并建立了高分辨率海洋模式版本。海洋海冰分辨率由赤道 1/3°、高纬 1°提高到全球均匀 1/4°,垂直方向由 40 层提高 50 层,具备初步分辨海洋中尺度过程的能力。基于高分辨率海洋模式版本引入国家海洋局第一海洋研究所发展的最新海浪模式,从而使模式具备预报海浪的能力。在 BCC-CSM 耦合平台上,基于集合最优插值(EnOI)方法构建了海洋资料同化方案,开展了 AVHRR 卫星遥感海表温度资料和 ARGO 温盐廓线资料的同化试验,检验了海洋资料同化效果;基于最优插值方法(OI)构建了海冰资料同化方案,实现了对 AVHRR 海冰密集度资料的逐日窗口同化;基于集合卡曼滤波(EnKF)方法构建了陆面资料同化方案。

开展了集合预测方法研究。基于 BCC-CSM 季节气候预测模式建立增长模繁殖法(BGM)初值集合预测系统,BGM 预测方法可以有效提高起报第一个月的大气环流场以及亚洲、西太平洋区域气温和降水的预测技巧,但对夏季的预测技巧提升不明显。基于 T266L26 分辨率气候系统模式开展了 5 月 1 日起报的历史回算试验,评估了模式对基本气象要素及亚洲季风、ENSO 等指数的预测技巧,并与业务预测模式结果做了比较。检验表明,相比第二代季节预测业务系统,新版本模式预报的全球地表气温、500 百帕高度、850 百帕纬向风异常的 ACC 技巧均有所提高,而对降水、主要季风指数、ENSO 等的预报技巧与以前基本相当。

揭示了北半球夏季风降水年际协同变化的主模态及其与 ENSO 事件季节演变之间的物理联系,指出该主模态受到 ENSO 事件季节演变及其引起的热带印度洋海温异常的调控和海温定常扰动对东亚夏季风次季节变化的周期影响。大气准双周振荡对青藏高原低涡强度的调制作用和机理;发现了前春高原表面气温变化能很好地反映夏季华北降水的变化,可作为一个重要的前兆信号;完成了包括 AO/NAO 在内的中高纬－极地大气遥相关与海冰－积雪预测系统(MATES1.0)的开发和包括西太平洋副热带高压和东亚季风在内的东亚重要环流型预测系统(PEACE1.0)的研发,并实现了准业务化运行。

　　完成季节内气候事件(华南前汛期、梅雨、华西秋雨)早/晚、强度特征及影响因子的诊断分析、动力模式对气候事件相关的环流预测技巧的评估分析以及海气相互作用对亚澳季风区次季节可预报性的影响分析。建立相应的预测概念模型,并在CIPAS2.0平台实现监测、诊断预测的自动化运行。

　　建立不同分辨率的 NDVI、LAI、GPP、水体面积等长时间序列,初步实现不同区域植被、水体、荒漠化、石漠化等监测与评估。建立 20 世纪 70 年代以来超过 6000 站的全球气候场数据集。研制全球和亚洲平均气温、最高气温、最低气温、高温热浪发生频次时间序列(图 9.7)。研制中国及东亚 25 千米,重点区域 6 千米的气候变化预估数据集,广泛应用于气候服务。

　　完善了利用主要气候现象预测以及前期观测和同期模式信息的我国温度和降水的组合降尺度方法和预测模型。已连续六年在预测业务中的实时应用评估,2013—2018 年平均的夏季降水预测技巧 PS 评分为 71.5 分,特别是 2015—2018 年平均的PS 评分预测技巧达到 72.7 分,总体上高于业务模式直接预测技巧,模型对 2018 年汛期降水异常的预测效果较好,PS 评分达到 75.8 分。

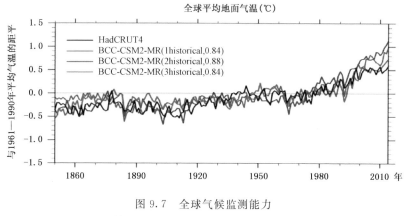

图 9.7　全球气候监测能力
(数据来源:中国气象局国家气候中心)

　　2018 年,全球气候系统数值模式分辨率为 45 千米。全球气候系统数值模式准确率(东亚季节温度预测距平相关系数 ACC 评分)为 0.09,其准确率近四年来维持在一定水平。环境气象数值预报模式可用性为 5 天,相较 2014 年的 3.5 天显著提升。城市环境气象数值模式分辨率由 2014 年的 54 千米精准到 3 千米,相较 2016 年3～15 千米精准度有大幅提升(表 9.2)。

表 9.2　全球气候系统数值模式指标对比

年	全球气候系统数值模式分辨率(千米)	全球气候系统数值模式准确率(ACC评分)	环境气象数值预报模式可用性(天)	城市环境气象数值模式分辨率(千米)
2014	45	0.155	3.5	54
2015	45	0.09	5	3~15
2016	45	0.09	5	3~15
2017	45	0.09	5	8
2018	45	0.09	5	3

数据来源:2018 年中国气象局气象现代化评估报告。

5."多尺度数值预报系统"攻关任务

任务以浅水方程作为模式水平方向的软件原型,完成了基于模式基础架构的二维正压模式的发展和系统性评估,采用球面高精度传输算法从两方面改善模式的计算性能,完成了并行版本计算框架的建立并验证了串并行计算的一致性。

在理论计算基础上,利用 CAMS－CSM 模式完成了 CMIP6 核心试验。模式能够再现与观测一致的全球大尺度环流的平均态、季节循环、季节内变率、年际和年代际变率以及 ENSO－季风关系的主要特征。研发中国第一代快速辐射传输模式 ARMS 测试 Beta 版,将国产 FY 气象卫星载荷光谱响应函数与大气光谱逐线积分卷积,建立风云仪器大气透过率快速计算模型,扩展了快速辐射传输模式支撑风云卫星应用和研究能力。

在物理过程参数化关键技术方面,对比了边界层参数化方案,提出了一个半经验的雨滴碰并－破碎参数化公式。研究表明,考虑水平风切变的作用后,雨滴碰撞破碎率增大,雨滴直径变小,雨滴蒸发增加,相变冷却作用增强,使得模拟的偏振雷达参量、地面雨滴谱参数、地面降水率均有一定程度的改进。这一结果对改进微物理方案中的雨滴参数化过程有很好的指导意义。

高分辨率海陆气冰耦合关键技术方面,利用 CAMS－CSM 模式完成了 CMIP6核心试验,对核心试验结果进行了系统评估。对模式的基本性能的评估结果显示模式能够再现与观测一致的全球大尺度环流的平均态、季节循环、季节内变率、年际和年代际变率以及 ENSO－季风关系的主要特征。在此基础上,对 CAMS－CSM 模拟的陆面、南北半球环状模、冰雪圈、MJO、ENSO 反馈机制、气候敏感度、火山气溶胶效应等方面重点进行了评估。

全波段快速辐射传输模式方面,研发中国第一代快速辐射传输模式 ARMS 测试Beta 版,将国产 FY 气象卫星载荷光谱响应函数与大气光谱逐线积分卷积,建立风云仪器大气透过率快速计算模型,扩展了快速辐射传输模式支撑风云卫星应用和研究的能力[①]。

6.人工影响天气关键技术

2018年,中国气象局人工影响天气中心建设完成具有国际先进水平的膨胀云室,"云水资源评估研究与利用示范"国家重点研发计划项目取得新进展,青藏高原云和降水形成机理取得阶段成果。

"云水资源评估研究与利用示范"国家重点研发计划项目取得新进展。该项目建立了近20年中国1°×1°分辨率的云水资源及其特征量数据集,认识中国云水资源及其特征量的时空分布特征及变化规律,给出云水资源开发利用对区域陆地水资源的影响,提出并建立固定目标区的云水资源精细开发优化技术,建立了云水资源和陆地水资源耦合利用方案。

青藏高原云和降水形成机理取得阶段成果。通过飞机、多波段雷达协同观测数据,揭示了高原独特的云微物理和降水过程,评估、改进了WRF-CAMS云物理参数化方案。飞机观测研究首次发现,青藏高原过冷液态水含量丰富,云滴浓度甚至比海洋清洁环境下的云粒子浓度小但尺度大,表明高原云系统更容易产生降水。研究揭示了高原对流云和降水过程的显著日变化特征,指出高原日平均降水转化率较大,水分循环次数较同区域的干旱地区高,水分再循环(内循环)比较活跃。这些成果对于揭示高原云和降水形成机理,改进数值模式云物理方案,提高模式预报水平具有非常重要的价值和意义。

研究气溶胶-云(雾)-降水相互作用及机制。通过对华北地区持续性雾-霾的连续观测,研究了北京持续性霾和雾霾混合天气$PM_{2.5}$浓度、能见度和大气边界层高度的相互作用关系,提出了双逆温的形成及通过辐射效应产生的相互作用是形成更加稳定的边界层结构和持续性大雾的原因,通过模拟中高云在北京持续性大雾期间的辐射变化,发现云辐射效应在华北持续性大雾维持和发展中具有促进作用。

改进人工影响天气催化模式的仿真催化模拟能力,注重科技成果转化与业务应用。实现飞机催化的仿真模拟功能,改进后的模式可以直接使用飞机飞行作业的GPS轨迹数据和作业信息进行催化模拟,能最大程度再现飞机实际作业的飞行播撒情况,从而实现仿真模拟(表9.3)。完成"新舟60增雨飞机系统"气象科学技术成果评价,新舟60增雨飞机系统成果总体技术达到国际先进、国内领先水平,其中机载观测与播撒一体化技术、空地实时指挥及监控技术达到国际领先水平。与中国商飞、哈飞等公司合作,开展飞机自然积冰探测试验研究,为我国国产大飞机自然结冰适航验证提供科技支撑。

开展增雨减污人工影响天气探索试验。联合上海市、安徽省气象局,成功组织进口博览会增雨减污人影探索试验。充分集中气象、环境专家意见,聚焦人工增雨改善

———————

[①]　资料来源:中国气象科学研究院。

空气质量的科学机理认识和实践探索。通过典型个例分析,增雨作业合理有效,对污染物清除具有一定的作用。

表 9.3　人工增雨作业飞机增雨效果对比

飞机型号	累积影响区域	影响区与周边地区降水量	增加降水(雨)量
空中国王	4500 千米²	多 0.12 毫米	约 54 万吨
新舟 60	1.3 万千米²	多 0.3 毫米	约 400 万吨

数据来源:中国气象科学研究院人工影响天气中心。

7.重大科技计划和重点专项

2018 年国家重点研发计划重点专项立项项目名单公布,其中在自然灾害、大气污染和全球变化等重点关注领域均有气象行业有关单位牵头实施项目。其中,科技部会同中国气象局等相关部门和地方,组织实施国家重点研发计划"重大自然灾害监测预警与防范"重点专项,面向重大自然灾害监测预警与防范的国家重大战略需求,重点突破包括极端气象灾害在内的一系列重大自然灾害的核心科学问题。2018 年度该专项在极端气象灾害监测预警及风险防范研究领域中,面向极端气象灾害形成机理、预测预警核心技术、气象综合观测关键技术、气象数据资料融合以及人工影响天气关键技术等研究方向,立项了"气候变暖背景下极端强降温形成机理和预测方法研究""东亚季风气候年际预测理论与方法研究""近海台风立体协同观测科学试验""多源气象资料融合技术研究与产品研制""人工影响天气基础理论、数值模式技术研究"等 24 个重点专项项目。为在全球变化领域若干关键科学问题上取得一批原创性成果,科技部会同有关部门,组织实施了国家重点研发计划"全球变化及应对"重点专项,重点关注了全球变化关键过程、机制和趋势的精确刻画和模拟,全球变化影响、风险、减缓和适应、数据产品及大数据集成分析技术体系研发,以及国家、区域应对全球变化和实施可持续发展的途径。该专项 2018 年度立项项目 12 个,其中国家气候中心牵头承担了"小冰期以来东亚季风区极端气候变化及机制研究""京津冀超大城市和城市群的气候变化影响和适应研究"两个项目,将聚焦阐明人类活动、自然强迫和内部变率对极端气候变化的影响和相对贡献,以及系统分析气候增暖对京津冀地区自然和社会系统的影响、研发适应路径和措施的社会经济代价评估模型等关键科学问题开展技术攻关。

此外,气象行业还在其他多个国家重点研发计划中获得项目支持。在国家重点研发计划"地球观测与导航"重点专项中,立项了"国产多系列遥感卫星历史资料再定标技术"项目。该项目将基于气象、陆地、海洋等多系列国产卫星历史数据资源,生产最长达 30 年我国多系列卫星初级气候产品。在国家重点研发计划"科技冬奥"重点专项中,立项了"冬奥会气象条件预测保障关键技术"项目。该项目将研发直接支持冬奥气象保障的无缝隙定点预报及风险预警产品、智能化服务技术和系统。在国家重点研发计划"重大科学仪器设备开发"重点专项中,立项了"高精度高空多参数监测传感器研发及应用"项目。该项目将开发具有自主知识产权、质量稳定可靠的高精度高空气象探测用的温度、湿度、气压和风速监测传感器,实现在探空仪、艇载气象观测仪等仪器中的应用。

此外,国家自然科学基金重点项目也分别对"塔克拉玛干沙漠起伏地形上地气交换过程和大气边界层结构研究""人类用水活动的气候反馈及其对中国陆地水循环的影响研究""中国东部气溶胶与天气—气候相互作用机制及其对大气重污染影响的模拟研究""全球变暖背景下海洋的快慢影响过程及对东亚区域气候的影响"四个项目进行了立项。

(三)实验室和试验基地聚焦自主创新

2018 年,中国气象局加强灾害天气国家重点实验室建设,进一步完善部门重点实验室建设和布局,成立中国气象局－复旦大学海洋气象灾害联合实验室,上海城市气候变化应对重点开放实验室通过建设验收,进一步加强野外科学试验基地建设。

1.国家重点实验室

中国气象局拥有国家重点实验室——灾害天气国家重点实验室,是依托中国气象科学研究院建立的我国灾害天气领域唯一的国家级重点实验室,也是中国气象业务系统唯一的国家重点实验室,该实验室定位于应用基础研究,重点围绕提高灾害天气监测预测准确率和精细化水平的业务关键技术问题,开展灾害天气形成机理以及监测与预测有关的理论和方法研究,为国家气象防灾减灾提供有力支撑和引领。

2018 年,为创造良好科研氛围,提高灾害天气国家重点实验室的影响力,加强学术交流,发挥国内外相关专家的学科优势,促进实验室建设成为"开放、流动、联合"的科研实体,实验室特面向灾害天气方面的业务技术人员和研究人员设立开放课题。

2.部门重点实验室

2018 年 12 月,中国气象局上海城市气候变化应对重点开放实验室完成建设任务,正式纳入中国气象局重点开放实验室管理序列。中国气象局要求同济大学和上海市气象局进一步加大支持力度,组织实验室围绕城市气候变化领域开展研究,创新体制机制,加强人才培养和合作交流,注重成果转化和推广应用,支持实验室的发展。至 2018 年底,已建成部门重点实验室 17 个(表 9.4)。

表 9.4　2018 年中国气象局部门重点实验室列表

序号	所在省	实验室名称	依托单位	批准成立文号
1	北京	中国气象局大气化学重点开放实验室	中国气象科学研究院	国气科发〔1989〕72 号
2	北京	中国气象局云雾物理环境重点开放实验室	中国气象科学研究院	国气科发〔1989〕72 号
3	北京	中国气象局气候研究开放实验室	国家气候中心	中气科发〔1994〕36 号

续表

序号	所在省	实验室名称	依托单位	批准成立文号
4	甘肃	中国气象局干旱气候变化与减灾重点开放实验室	甘肃省气象局	气发〔2005〕253 号
5	广州	中国气象局区域数值天气预报重点实验室	广东省气象局	气发〔2005〕253 号
6	北京	中国气象局中国遥感卫星辐射测量和定标重点开放实验室	国家卫星中心	气发〔2005〕253 号
7	上海	中国气象局台风数值预报重点实验室	上海市气象局	气发〔2005〕253 号
8	成都	中国气象局大气探测重点开放实验室	成都信息工程大学	气发〔2005〕253 号
9	新疆	中国气象局树木年轮理化研究重点开放实验室	新疆气象局	气发〔2005〕253 号
10	江苏	中国气象局气溶胶与云降水重点实验室	南京信息工程大学	气发〔2007〕205 号
11	河南	中国气象局农业气象保障与应用技术重点开放实验室	河南省气象局	气发〔2009〕259 号
12	北京	中国气象局气象探测工程技术研究中心	中国气象局气象探测中心	中气函〔2010〕451 号
13	北京	中国气象局—南京大学气候预测研究联合实验室	国家气候中心、南京大学	气科函〔2016〕11 号
14	北京	中国气象局空间天气重点开放实验室	国家卫星气象中心	气科函〔2016〕74 号
15	宁夏	中国气象局旱区特色农业气象灾害监测预警与风险管理重点实验室	宁夏气象局	气科函〔2017〕73 号
16	江苏	中国气象局交通气象重点开放实验室	江苏省气象局	气科函〔2017〕4 号
17	上海	中国气象局上海城市气候变化应对重点开放实验室	同济大学、上海市气象局	气科函〔2018〕72 号

数据来源:中国气象局科技与气候变化司。

3.其他相关实验室

2018 年,成立中国气象局—复旦大学海洋气象灾害联合实验室,积极推动水文气象联合实验室、南海海洋气象联合实验室、极端天气气候与地质灾害联合研究中心建设。至 2018 年底,中国气象局已拥有海峡气象开放实验室和东北地区生态气象创新开放实验室和 6 个共建联合实验室(研究中心),具体详见表 9.5。

表 9.5　2018 年中国气象局共建联合及其他实验室列表

类别	序号	名称	依托单位	发文文号
部门	1	海峡气象开放实验室	福建省气象局	气办函〔2014〕171 号
	2	东北地区生态气象创新开放实验室	黑龙江省气象局	气科函〔2017〕9 号
省部联合共建	3	中国气象局－吉林省人民政府人工影响天气联合开放实验室	吉林省气象局	中气科发〔1998〕5 号
	4	中国社会科学院－中国气象局气候变化经济学模拟联合实验室	气候中心、社科院城市所	2009 年 6 月
	5	中国气象局－南京大学天气雷达及资料应用联合开放实验室	气科院、南京大学	气科函〔2015〕35 号
	6	中国气象局－南京大学气候预测研究联合实验室	气候中心、南京大学	气科函〔2015〕51 号
	7	中国气象局－成都信息工程大学气象软件工程联合研究中心	信息中心、成都信息工程大学	气科函〔2016〕6 号
	8	中国气象局－复旦大学海洋气象灾害联合实验室	上海市气象局、复旦大学	气科函〔2018〕77 号

数据来源：中国气象局科技与气候变化司。

4.科学试验基地

至 2018 年底，中国气象局拥有 21 个省部级野外科学试验基地（表 9.6），其中青海瓦里关、北京上甸子、黑龙江龙凤山、浙江临安大气本底站于 2007 年经科技部批准成为国家野外科学观测研究站，作为国家级科技创新基地开展建设，是气象部门开展大气成分观测和科学研究的重要基地，是国家防灾减灾、应对气候变化、构建生态文明体系的重要基础支撑设施。

为深入实施创新驱动发展战略，加强和规范国家野外科学观测研究站的建设和运行管理，2018 年科技部出台了《国家野外科学观测研究站管理办法》（国科发基〔2018〕71 号）（以下简称《管理办法》），为做好气象部门国家野外科学观测研究站的建设，中国气象局印发《中国气象局科技与气候变化司关于进一步加强气象部门国家野外科学观测研究站建设的通知》，要求 4 个大气本底站所在省级气象部门，要高度重视国家野外科学观测研究站建设，认真研究《管理办法》，将大气本底站建设纳入当地气象现代化的重点任务，统筹考虑、优先支持，全力保障大气本底站持续、健康、有序运行。同时，要求各基地的依托单位都要参照《管理办法》，完善基地基础条件建设，提高观测试验能力，加强科学研究，强化人才队伍建设，其他 17 个中国气象局野外科学试验基地争取早日纳入国家野外科学观测研究站序列。

表 9.6　　2018 年中国气象局野外科学试验基地

序号	基地名称	依托单位	学科方向
1	中国气象局长江中游暴雨监测野外科学试验基地	中国气象局武汉暴雨研究所	中小尺度暴雨监测预警预报
2	中国气象局大理山地气象野外科学试验基地	云南省气象局	山地气象
3	中国气象局定西干旱气象与生态环境野外科学试验基地	中国气象局兰州干旱气象研究所	干旱成因、监测与技术机理
4	中国气象局东北地区生态与农业野外科学试验基地	中国气象局沈阳大气环境研究所	生态与农业气象
5	中国气象局高原陆气相互作用野外科学试验基地	中国气象局成都高原气象研究所	青藏高原气象
6	中国气象局固城农业气象野外科学试验基地	中国气象科学研究院	农业气象
7	中国气象局华北降水野外科学试验基地	北京市气象局	云降水物理与人工影响天气
8	中国气象局淮河流域典型农田生态气象野外科学试验基地	安徽省气象局	生态环境
9	中国气象局吉林云物理野外科学试验基地	吉林省气象局	云物理与人工影响天气
10	中国气象局雷电野外科学试验基地	中国气象科学研究院、中国气象局广州热带海洋气象研究所	大气电学
11	中国气象局临安大气本底野外科学试验基地	浙江省气象局	大气化学
12	中国气象局龙凤山大气本底野外科学试验基地	黑龙江省气象局	大气化学
13	中国气象局南海（博贺）海洋气象野外科学试验基地	中国气象局广州热带海洋气象研究所	海洋气象
14	中国气象局秦岭气溶胶与云微物理野外科学试验基地	陕西省气象局	大气物理与大气环境
15	中国气象局青海高寒生态气象野外科学试验基地	青海省气象局	生态气象

序号	基地名称	依托单位	学科方向
16	中国气象局上甸子大气本底野外科学试验基地	北京市气象局	大气化学
17	中国气象局塔克拉玛干沙漠气象野外科学试验基地	中国气象局乌鲁木齐沙漠气象研究所	沙漠气象
18	中国气象局瓦里关大气本底野外科学试验基地	青海省气象局	大气化学
19	中国气象局锡林浩特草原生态气象野外科学试验基地	内蒙古自治区气象局	草原生态气象
20	中国气象局邢台大气环境野外科学试验基地	河北省气象局	大气环境
21	中国气象局遥感卫星辐射校正场野外科学试验基地	国家卫星气象中心	卫星遥感

数据来源：中国气象局科技与气候变化司。

5. 重大科学试验

至 2018 年底,第三次青藏高原大气科学试验为提高中国暴雨和旱涝预报业务能力提供了技术支撑,华南季风降水试验破解华南季风降水预报难题,干旱气象科学研究计划在核心的干旱灾害监测、预警技术领域取得突破,超大城市综合观测试验在综合观测、数据共享、原创成果等方面取得显著进展。

2018 年,第三次青藏高原大气科学试验有序推进,并取得具有国际影响力的研究成果,研究论文在 BAMS 等期刊发表。干旱气象科学研究于 2015 年启动,至 2018 年底,项目有序推进,研究和试验均取得创新性成果,揭示了气候变化人为因素加剧骤发干旱的新特征,得到了基于 Copula 方法的中国地区干旱年代际变化新成果,给出了干旱半干旱复杂下垫面地—气交换研究新事实,发现了自我防御机制有助于贝加尔针茅适应未来气候变化新现象,实现了通用陆面模式 CLM4.5 中水热传输完全耦合的新方法。华南季风强降水科学试验,深化了对季风暴雨物理机制的认识,从减小数值预报初始误差和模式误差、发展对流尺度集合预报系统等方面推进了华南前汛期暴雨预报水平的提高。超大城市综合观测试验,制定了相控阵、风廓线、X 波段双偏振雷达的功能需求和运行评估报告,完成了毫米波云雷达考核评估,试验数据共享平台上线,激光雷达产品等已在大城市服务中应用,2018 年 5 月 4 日,国家重点研发计划"重大自然灾害监测预警与防范"重点专项"超大城市垂直综合气象观测技术研究及试验"实施方案通过专家组论证并正式启动。

6. 企业科技创新

2018 年,华云集团继续深化科技创新,提升产品服务和保障能力,全集团共投入七千余万元研发经费预算,支持 100 多项研发任务,完成"风云四号科研试验卫星地面应用系统工程""天气雷达系统改进升级""船载自动站""面向通航的气象服务云平台研发"等项目的研发与应用推广。通过不断强化科技创新,天气雷达相位噪声从 0.15 度降低到 0.10 度,雷达接收机的动态范围从 95 分贝提高到 105 分贝,有效提高了雷达的探测能力和地物抑制能力;联合国内高校研发的导航卫星地面高精度天线已批量应用于业务;全年新增 51 项知识产权,其中发明专利 4 项、软件著作权 31 项、实用新型和外观设计 9 项、专利 15 项;取得 11 类小型公路交通气象观测站等 4 项气象装备使用许可证;通合公司船载项目科技成果荣获国家科技进步二等奖。

华风集团持续推进科技创新与成果转化。建设"中国天气"智慧气象服务云平台,实现产品支撑与保障;华风创新研究院立项气象行业颠覆性技术战略研究、基于机器学习方法的短临多气象要素预报系统、"天目"系统二期、"美丽中国生态发展指数"等;推进了风云四号 A 星观测产品业务化应用;开发了中国天气频道自动化视频生成系统,完成了影视业务文件化二期、融媒体直播云平台建设;建设交通气象大数据服务平台,高铁气象服务系统,打造"五位一体"航空气象服务解决方案,开展近海海洋及远洋导航服务;建立了电网气象灾害精准预测预警技术体系,打造精细化服务核心技术体系和基于影响的服务产品,升级能源管道气象服务专网;组建重灾巨灾风险管理股份有限公司,研发动态航空延误定价模型产品、中国主要经济作物农业风险模型、积雪覆盖和雪深产品。

（四）气象科研院所创新能力增强

2018 年中国气象局全面推进科研院所各类改革,国家级科研院所由"一院八所"调整为中国气象科学研究院、北京城市气象研究院 2 个研究院和沈阳大气环境研究所、上海台风研究所、武汉暴雨研究所、广州热带海洋气象研究所、成都高原气象研究所、兰州干旱气象研究所、乌鲁木齐沙漠气象研究所 7 个专业气象研究所。省级科研所（以下简称省所）减少为 23 个,分布在 23 个非区域气象中心的省（区、市）气象局。

1. 科研项目及经费持续增长

气象部门 2018 年度科研院所获得科研经费总量为 16676.3 万元,比 2017 年增加 2532.2 万元,科研经费增长率为 18%,其中国家级科研院所科研经费同比增长 20%,省级科研院所科研经费同比增长 10%。共主持承担科研类项目 407 项,其中国家级科研院所主持 206 项,省级所主持 201 项,参与项目 139 项,获批国家自然基金项目 67 项。

2. 科研人才队伍与结构优化

经过近几年的发展,中国气象局重点实验室研究队伍稳步壮大,队伍结构体现出以中青年为骨干,高学历、高专业技术职务人员为主的结构特点。截至 2018 年底,气象部门科研院所共有在职职工 1454 人,具有正研级职称的科研人员 278 名,较 2017

年增加 58 名,副研及高级工程师 616 名,具有副高级及以上职称的人员占在职职工
的 61％,较上年比例提高 2％(图 9.8)。2018 年,具有博士及以上学历的职工有 456
人,硕士学历的人数为 654 人,两者共占职工总数的 76％(图 9.8)。从年龄结构来
看,科研院所人员年龄在 30～40 岁之间的有 569 人,占 39％,41～50 岁的有 353 人,

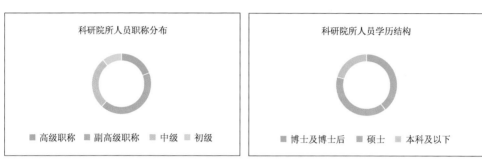

图 9.8　科研院所人员职称与学历分布

占 24％,中青年队伍结构占总数的 63％。科研院所着重加大人才培养和引进高层次
人才力度,通过多种方式培养领军人才和学科带头人,以及一批基础扎实、成果突出、
积极上进的中青年科技骨干人才,增强核心科技力量。2018 年科研院所拥有国家
"千人计划""万人计划"、百千万人才工程国家级人选等国家级人才计划 25 人,中国
气象局特聘专家、科技领军人才 18 人,青年英才 14 人,主要分布在气科院,各专业所
和省级所。

继续加强科技创新团队,截止到 2018 年底,气象部门科研院所共有科技创新团
队 70 个,其中国家级创新团队 1 个,省部级创新团队 12 个,司局级创新团队 52 个。
在 70 个创新团队中,中国气象科学院 6 个,北京城市气象研究院 3 个,专业所 24 个,
省所 37 个。创新团队的数量比 2017 年略有下降,研究方向总体上保持稳定。

创新团队领域分布最多的为区域数值模式团队,另外还包括气象服务团队、观测
技术团队、环境气象团队、气候研究团队、灾害性天气预测团队、人工影响天气团队
(图 9.9)。

3.科技论文与专利成果显著增加

各院所 2018 年发表科技论文 1057 篇,较 2017 年提高了 53％,其中以第一作者
在 SCI(SCIE)/EI 期刊发表论文 319 篇,占发表论文总数的 30％,SCI 论文中近 90％
集中在国家级科研院所,为 279 篇;在核心及以上刊物发表论文 467 篇,占发表论文
总数的 34％(图 9.10)。

2018 年中国气象局获得专利授权 12 项,其中发明专利 10 项,获软件著作权登
记 53 项。

气象部门科研院所 2018 年共获得省部级以上科技奖励 15 项,国家级科研院所
获得 8 项,省级所获得 7 项。获奖项目中,国家科学技术进步奖二等奖 1 项、中国技

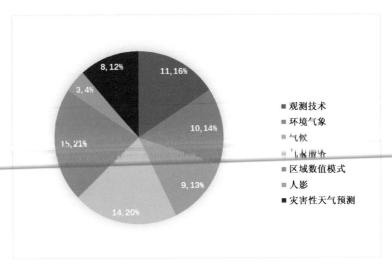

图 9.9　气象部门科研院所创新团队研究领域

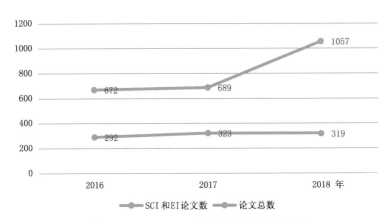

图 9.10　2016—2018 年科技论文发表数量

术市场金桥奖 1 项、2 项中国气象学会的科技奖,其余为各省(区、市)政府的科技进步奖。

　　4.关键技术研发[①]

　　除上述提到的关键技术攻关外,国家级科研院所聚焦重大关键核心技术开展科技攻关,在优势研究领域获得新发现、新技术和新方法。在城市气象研究方面,建立并发展城市高分辨率陆面资料同化系统,在多层城市冠层模式中加入"冷却塔"模型,对提高城市地区夏季热通量的预报效果有重要作用。环境气象研究方面,提出"不利

---

①　资料来源:中国气象局科技与气候变化司。

气象条件与$PM_{2.5}$累积之间双向反馈机制",解释了在京津冀冬季出现持续性$PM_{2.5}$重污染过程的主要原因,并发现气溶胶污染累积导致的进一步转差的气象条件其反馈作用控制了$PM_{2.5}$的"爆发性增长"现象,阐明了气溶胶对辐射、热岛、边界层和降水的影响机理,被科技部和总理基金项目选为亮点成果。生态与农业气象方面,创建了生态文明建设绩效考核气象条件贡献评价理论与方法体系,明确了影响植被生态质量的关键气候因子,建立了不同等级的植被生态质量气象条件贡献率指标体系;完善了中国农业气象模式(小麦)部分机理过程,搭建了中国农业气象模式网路运转平台。海洋气象研究方面,建设南海区域高分辨率台风海气耦合模式;研究了ENSO对季风背景下南海台风生成的影响,建立全球海洋范围的数值计算网格系统,初步建立了海洋资料同化系统。

16个省级所开展了数值模式释用和灾害天气研究,14个省级所开展农业生态气象领域研究,其他省级所还开展了环境气象、海洋气象、交通气象、人工影响天气等领域的研究。省级所围绕省级核心业务需求和地方经济发展特色提供技术支撑和科技服务。江苏重构了新一代区域高分辨率数值预报模式PWAFS2.0,在高分辨率静止卫星资料同化、区域高分辨率数值预报系统建设取得实质性进展并投入业务。浙江开展了基于GSI-3DVAR的同化系统本地化应用与改进,初步建立了GSI常规资料质量控制系统,台风精细化定位定强技术在业务化应用中获得了较好效果。山东成功研发高分辨率格点实况同化融合分析系统,对数值模式温度预报地形高度偏差机理取得完整认识。天津围绕ROAD数值预报系统研发、海气耦合相关技术改进和推广等工作开展研究。云南建立了冬季极端暴雨概念模型,研发的"区域WRF数值预报系统"产品在省台、州市台预报员作为强降水预报参考依据。重庆优化了集合预报业务系统,开发了降水集合预报订正系统和2米温度集合预报订正系统。湖南完成了湖南省流域面雨量预报系统研究和业务试运行。安徽引入人工智能技术,实现了FY-4卫星反演降水填补雷达缺测。此外,各省级所还进一步围绕本地特色开展特色领域科技创新。

5.科研院所改革发展

2018年气象部门科研院所在聚焦完善科研管理、提升科研绩效、推进成果转化、优化分配机制等方面,先后制定出台了一系列政策文件,在赋予科研人员自主权等方面进行了有益的探索、取得了显著效果。气科院编写扩大自主权试点单位实施方案并获得六部委批准。专业所按照《中国气象局深化专业气象研究所改革方案》制订了相应的改革方案,持续推进学科、机构、机制建设等改革任务,建立健全财政投入、激励考评、成果转化、协同创新等运行机制,进一步壮大科技人才队伍,推动优势学科发展。省级所根据继续优化学科布局,完善发展体制,增强研发职能,强化省级所在支撑核心业务方面的支持作用。

(五)气象科学数据共享继续扩大

1.气象数据网共享服务

截至 2018 年,中国气象数据网自上线以来累计用户数突破 24 万,访问量超过 2.8 亿人次,数据订单量突破 150 万,共享服务数据量达 104TB。十余个部委通过同城数据专线实现数据共享和融合应用,3600 余家科研教育机构和 800 余家企业通过中国气象数据网进行科研创新和深度挖掘,带来巨大的社会经济价值。

2018 年,以建立气象部门统一的公共数据服务收集平台为目标,完成中国气象数据网建设、公共云迁移和风云卫星遥感数据网的整合,在线数据总量超过 3PB。中国气象数据网服务接口涵盖地面、高空、卫星、雷达以及数值预报模式产品等多类气象观测数据和产品。2018 年新增接口资料服务 9 类,接口服务量超过 48TB。联合科技部国家科技基础条件平台中心,推动气象科技资源服务校园创新,引导和培养大学生使用气象数据、开展气象大数据深度挖掘与应用,推动气象科技资源服务校园创新,引进一步导和培养大学生使用气象数据、开展气象大数据深度挖掘与应用,让社会公众了解和使用气象数据,推动气象数据与各行业数据跨界融合、创新应用,助力行业和社会资源汇聚共享。

气象数据促进企业应用创新和效益提升。至 2018 年,中国气象数据网企业实名注册用户数达 822 个,其中,主要从事气象相关行业占比 18.6%、服务业占 13.3%、工程与技术科学占 12.2%。气象数据在交通运输、新能源、农业、移动互联软件开发和服务、公共管理及基于大数据技术的智慧城市、智慧交通、智慧粮食等领域的开发建设中广泛应用(图 9.11)。

个人累积注册用户数逐年攀升,通过大数据分析,中国气象数据网个人用户以社会公益性行业为主,其中京津地区、长三角、珠三角等经济发展水平较高的地区用户对气象数据使用率更高。个人用户主要关注地面气象观测数据,占检索量的 50% 以上,应用方向涉及专业研究、行业规划、交通保障等(图 9.12)。中国气象数据网辐射全国 300 余所高校,有效推动气象数据在高校群体的创新应用。

面向教育科研单位提供数据支撑,有效支撑国家科技创新发展。截至 2018 年,中国气象数据网为清华、北大、中科院、社科院等 3600 余家高校、各类科研机构提供数据服务,支持各类项目累积 4666 项,其中国家科技支撑计划、973、863、自然科学基金等重点科研项目(课题)2368 项(表 9.7),用户应用气象数据发表论文 1700 余篇,有效支撑国家科技创新发展。

分类统计访问量

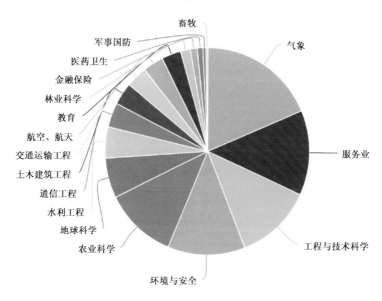

图 9.11 中国气象数据网企业用户的行业分布
(资料来源:中国气象大数据(2018))

分类统计访问量

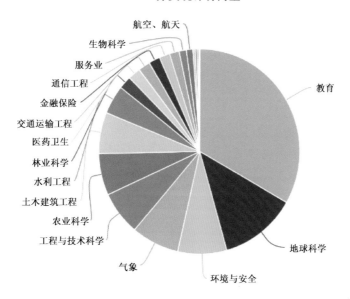

图 9.12 中国气象数据网个人用户的行业分布
(资料来源:中国气象大数据(2018))

表 9.7　气象数据服务科研项目数量统计总表

科研项目类型	数量
863 项目(课题)	407
973 项目(课题)	166
国家科技支撑计划项目(课题)	122
重大工程项目	110
国家自然科学基金项目(课题)	1681
中科院知识创新项目	22
社会公益研究专项基金	127
气象事业业务拓展项目	39
内部项目	203
其他	1789
合计(项)	4666

2.气象卫星数据共享服务

2018 年,我国进一步增强了气象卫星的综合能力,有效支撑了"全球监测、全球预报、全球服务",并在服务"一带一路"建设中发挥重要作用。特别是风云卫星数据服务能力显著提升,公众获取数据途径更加多元。2018 年卫星数据共享服务总量达4.99PB,较 2017 年增长 6%(图 9.13)。国内外公众获取"风云"等气象卫星数据的途径更加丰富多元,公众可以通过国家卫星气象中心所属"风云"卫星遥感数据服务网、FTP 数据共享、数据推送服务、卫星数据资源池服务、人工数据服务、新媒体服务、应急数据服务和公有云等方式获取数据(图 9.14)。

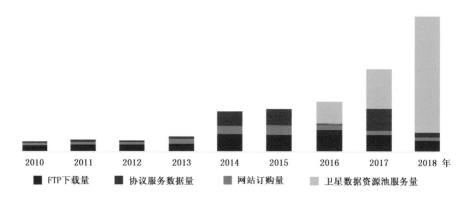

图 9.13　数据服务总量

图 9.14 气象卫星数据服务方式

截至 2018 年底,风云卫星遥感数据服务网作为数据共享的主要平台,注册用户超过 7 万人,分布在中国所有省(区、市)以及全球 95 个国家,其中还包括 47 个"一带一路"国家,以及近 100 个行业(图 9.15)。2018 年处理订单 47704 个,为 1796 个用户提供数据量 132.24TB。这些注册用户主要来自高校和科研机构。其中,教育、研究和试验发展以及气象服务行业是主要用户来源,科技推广和应用服务、商业服务、软件和信息技术服务等领域也对气象卫星数据有较大需求。据测算,国际用户总体满意度评分达 4 分(满分 5 分),国内用户服务满意度较上年提高了 13%。

从用户对卫星数据的应用来看,"风云"系列卫星数据最受用户欢迎,其订购量远大于其他卫星。其中,风云三号系列成为用户最欢迎的卫星,风云三号用户分布在全球 22 个国家,国内用户涉及 28 个行业,风云三号向用户提供的热点产品主要包括降水和云水、陆表温度、海面风速、土壤水分、植被指数、海表温度、沙尘监测、海冰监测、陆上气溶胶、雪深雪水等产品(图 9.16)。风云四号用户分布在全球 9 个国家,国内用户遍及 22 个行业,热点产品主要包括云检测、闪电仪 1 分钟事件产品、大气温湿度廓线、降水估计、快速大气订正、云类型、地面入射太阳辐射、沙尘监测、射出长波辐射、大气稳定度指数等。碳卫星受到德国和美国用户的关注,下载数据量达到 3.9TB,国内用户来自全国 23 个省(区、市)遍及 7 个行业,主要来自教育、研究与试验发展人员。

2018 年,气象系列卫星"一带一路"服务成果显著,其中在国际注册用户中,有超四成用户来自"一带一路"沿线国家。为更好地利用风云气象卫星为"一带一路"沿线

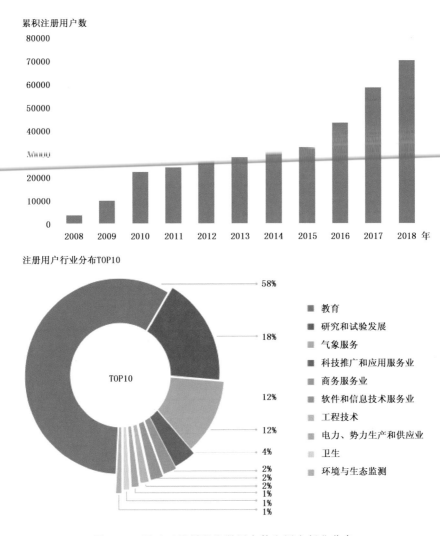

图 9.15　风云卫星累积注册用户数和用户行业分布

国家提供服务,中国气象局在 2018 年推出了"风云卫星国际用户防灾减灾应急保障机制",在该机制下,国际用户在遭受台风、暴雨、强对流、森林草原火情、沙尘暴等气象灾害时,可申请启动风云静止气象卫星区域加密观测。中国气象局还打通了"一带一路"数据服务"绿色通道",部署卫星应用支撑平台服务,其中对接吉尔吉斯斯坦、伊朗、阿曼、阿联酋、土耳其、乌干达提供数据服务"绿色通道"服务;对接伊朗、越南、菲律宾、俄罗斯、吉尔吉斯斯坦、印度尼西亚部署卫星应用支撑平台;对接老挝、缅甸、伊朗、马尔代夫、泰国等 14 个国家提供国际应急保障服务。

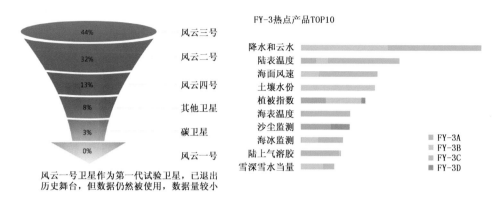

图 9.16　风云系列卫星服务和风云三号热点产品

（六）气象科研项目取得一定突破

2018 年，气象科研投入结构得到优化，国家级项目经费投入继续增长，气象科技成果取得重大突破，"台风监测预报系统关键技术"获国家科学技术进步奖二等奖，气象科技研发实力得到进一步增强。

1. 气象科研经费

自 2007 年至 2018 年，11 年来全国科研课题经费投入总体保持增长态势，累计投入共计 66.4 亿元，年均投入 5.5 亿元，"十三五"期间，累计投入 18.2 亿元，年均投入 6.1 亿元，较"十二五"期间年均投入 5.8 亿元增长了 1.05 倍（图 9.17）。2018 年，全国科研课题经费总额 57761.33 万元，其中，中央财政直接下达课题经费总额 26274.13 万元，较 2017 年增长 5.02%，省级政府机构下达经费总额 8900.42 万元，较 2017 年减少 2.89%（图 9.18）。

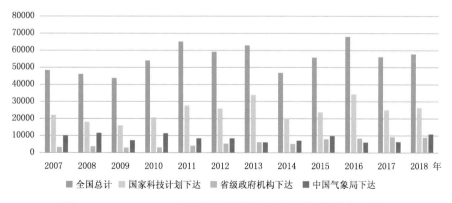

图 9.17　2007—2018 年全国科研课题经费来源情况（单位：万元）

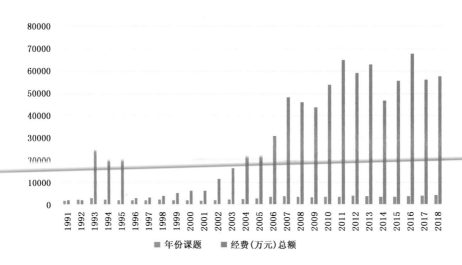

图 9.18　1991—2018 年全国气象科研项目经费总投入（单位：万元）

2018 年中国气象局获批立项国家重点研发计划重点专项项目 24 项,经费 5.88 亿元。"十三五"以来获批国家科技重点专项项目已达 43 项,总经费 10.2 亿元。国家自然科学基金项目取得重要突破,2018 年获批立项 113 项,经费 4900 万元,气象部门自主培养的青年科学家获得首个杰青项目。2018 年,中国气象局积极参与国家极地科学研究、青藏高原第二次综合科学考察,与中国铁路总公司合作开展川藏铁路建设气象科技攻关。

2.气象科研项目

2007—2018 年,全国气象科研课题数量总体呈上升趋势,累计 44281 项,年均 3690 项(图 9.19—图 9.21)。"十三五"期间,累计 12187 项,年均 4062 项,较"十二五"期间年均 3644 项增长了 11.47%。2018 年,全国气象部门气象科研课题总数为 4242 个,较 2017 年增长 4.25%,其中基础研究类 1113 个,应用研究类 2264 个,较 2017 年分别增长 5.3%和 6.99%。

3.气象科学技术奖励

2018 年,中国气象局气象科技成果共获得各类科技奖励 46 项(图 9.22),比 2017 年增加了 17.95%。其中,获得国家科学技术奖 2 项,分别为科技进步奖 1 项和国际科技合作奖 1 项,省部级科学技术奖 44 项,比 2017 年增加了 12.82%(图 9.23)。

获奖项目中,国家科学技术进步奖二等奖 1 项、中国技术市场金桥奖 1 项,2 项为中国气象学会的科技奖,其余为各省(区、市)政府的科技进步奖。其中,"台风监测预报系统关键技术"获国家科学技术进步奖二等奖,"生态气象监测评估预警及其业务化"获中国技术市场金桥奖;"干旱半干旱区陆面水热过程和超厚大气边界层特征

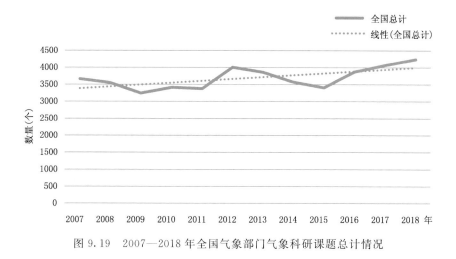

图 9.19 2007—2018 年全国气象部门气象科研课题总计情况

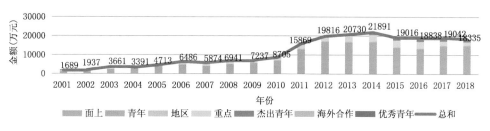

图 9.20 2001—2018 年气象行业获批国家自然科学基金大气科学学科立项金额

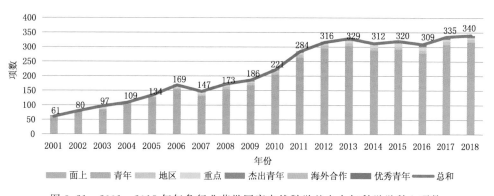

图 9.21 2001—2018 年气象行业获批国家自然科学基金大气科学学科立项数

及其参数化研究"获大气科学基础研究成果奖一等奖;"天山山区人工增雨雪关键技术研发与应用""宁夏干旱半干旱区高产杂交谷子引种农业气象适用技术示范推广""台风多源数据分析及应用示范"等获得省部级科技奖项。

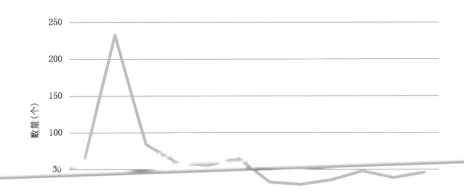

图 9.22　2007—2018 年气象科学技术奖励情况

	2007	2008	2009	2010	2011	2012	2013	2014	2015	2016	2017	2018
全国总计	65	233	84	59	56	65	33	30	36	48	39	46

年份

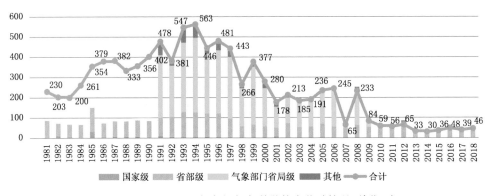

图 9.23　1981—2018 年各级气象科学技术奖励情况(单位:个)

"台风监测预报系统关键技术"获得国家科学技术进步奖二等奖

　　中国处于北太平洋西部海区,每年饱受台风之苦,尤其在夏秋高发季节,台风登陆过程复杂多变,对其举行精确观测存在诸多艰难;另一方面,台风造成强风暴雨、风暴潮等恶劣环境,极大地增加了台风登陆过程的观测难度。为克服上述困难,2000 年以来,由中国气象科学研究院、中国气象局上海台风研究所、中国气象局广州热带海洋气象研究所、中国科学院大气物理研究所、国家气象中心共同研究,完成了"台风监测预报系统关键技术",并获得了国家科学技术进步奖二等奖。

项目组以登陆台风监测、预报预警技术为攻关重点,在台风外场协同观测系统建设、台风多源资料库构建及应用、台风数值预报系统关键技术研发、登陆台风精细化预报技术以及监测预报预警综合平台建设等方面取得突破性进展,为我国在西北太平洋地区台风路径预报达到国际领先水平起到了关键的支撑作用。目前,项目主要成果已在中央气象台、上海中心气象台、广州中心气象台以及浙江、福建、海南等省气象台广泛应用,部分成果在水文、海洋、民航部门推广应用,效益明显。

此外,"大气季节内振荡及其动力学和影响的研究""干旱半干旱区陆面水热过程和超厚大气边界层特征及其参数化研究""陆地碳水循环与气候变化和大气环境的相互关系研究"等 3 项成果获 2018 年度大气科学基础研究成果奖一等奖;"基于实测和精细数值模拟的台风风工程论证技术和应用""雷电探测新技术研发及应用""ENSO集合预测系统研制与业务应用""气象信息综合分析处理系统第四版(MICAPS4)"等4 项成果获气象科学技术进步成果奖一等奖。

4.气象专业技术人才

2018 年,全国气象部门事业单位正式职工中专业技术人员共计 33248 人(图9.24),其中高级技术职称 11186 人,比 2017 年增加 7.09%,正研级 1123 人,副研级10063 人,分别较 2017 年增长 34.17%和 4.74%。

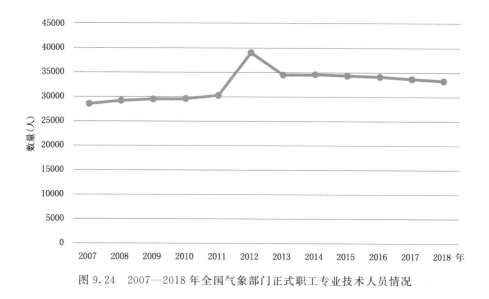

图 9.24　2007—2018 年全国气象部门正式职工专业技术人员情况

5.气象科技成果产出

(1)科技成果登记与转化

2018 年,气象部门继续积极培育重大科技成果,一批重要科技成果实现业务转化应用,全国气象部门登记(备案)科技成果 1300 项,较 2017 年下降 18.75%(图 9.25)。其中,应用技术类成果 1203 项,基础理论类成果 70 项,软科学类成果 27 项。

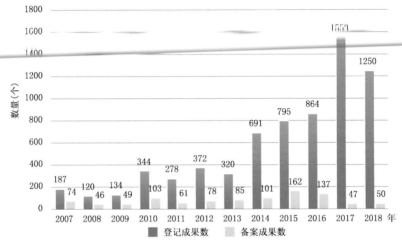

图 9.25　2007—2018 年气象科技成果登记(备案)情况

(资料来源:干部学院标准化与科技评估室)

2018 年气象科技成果登记(备案)的应用技术类成果中,天气领域成果 328 项,所占比例为 27.27%;气候领域成果 118 项,所占比例为 9.81%;应用气象领域成果 584 项,所占比例为 48.55%;综合观测领域成果 117 项,所占比例为 9.73%;其他领域成果 56 项,所占比例为 4.66%(图 9.26)。

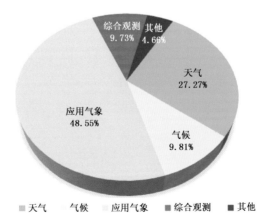

图 9.26　2018 年气象科技成果登记(备案)的应用技术类成果领域分类

据统计,2018年登记(备案)的1203项应用技术类科技成果中,有533项实现了业务化,占比为44.31%;180项正在进行中试转化,占比为14.96%,见表9.8。

表 9.8　2018年气象科技成果登记(备案)的应用技术类成果转化情况

地区	总数	成熟	中期	初期
安徽	30	9	3	18
北京	6	2	1	3
福建	56	18	9	29
甘肃	37	15	11	11
广东	77	22	23	32
广西	74	33	9	32
贵州	22	12	3	7
海南	30	13	4	13
河北	50	11	6	33
河南	33	20	2	11
黑龙江	33	8	11	14
湖北	26	5	3	18
湖南	23	14	1	8
吉林	56	27	6	23
江苏	32	22	1	9
江西	56	35	3	18
辽宁	112	60	22	30
内蒙古	24	11	3	10
宁夏	26	16	6	4
青海	34	24	2	8
山东	50	18	6	26
山西	22	9	1	12
陕西	21	11	0	10
上海	16	3	2	11
四川	34	12	3	19
天津	39	15	7	17
新疆	6	2	2	2
云南	13	6	4	3
浙江	108	40	17	51
重庆	19	11	3	5
国家气象中心	7	5	1	1
国家气候中心	9	5	2	2

续表

地区	总数	成熟	中期	初期
卫星中心	1	1	0	0
信息中心	13	12	1	0
探测中心	1	1	0	0
公服中心	3	3	0	0
气科院	2	1	1	0
干部学院	0	0	0	0
南信大	1	0	1	0
解放军理工大学	1	1	0	0
合计	1203	533	180	490

数据来源:中国气象局气象干部培训学院标准化与科技评估室。

(2)科学论文发表

2018 年,全国气象部门共发表 SCI 论文 1142 篇,较 2017 年的 945 篇有所增长,涨幅为 20.85%。这是自 2014 年起,连续第 5 年保持了增长态势。2014—2018 年全国气象部门发表 SCI 论文的情况如图 9.28 所示。由图 9.27 可以看出,近 5 年来,全国气象部门 SCI 论文的数量均呈逐年攀升的趋势。

图 9.27　2014—2018 年全国气象部门发表 SCI 论文的情况

三、评价与展望

一直以来,中国气象事业发展坚持把科技创新摆在突出位置,认真落实党和国家关于创新驱动发展的战略部署和改革要求,加快推进国家气象科技创新体系建设。目前我国气象科技创新能力显著提高,气象科技水平大幅增强,涌现出一批具有自主知识产权的重大科技创新成果,气象卫星探测、台风路径预报及防灾减灾决策服务等一些重要领域进入世界先进水平行列。

但是,纵观当前科技发展,新一轮科技革命和产业变革蓬勃兴起,科技创新进入密集活跃期,以云计算、大数据、物联网等为代表的新一代信息技术和产业创新日新月异,对今后几年至十几年气象部门业务、技术和管理都有着深远影响。国际气象科技发展态势强劲,多圈层、全覆盖、无缝隙成为当前数值预报模式发展的主流,与国际前沿发展水平相比,我国气象科技整体仍居于跟跑阶段,要跻身世界气象科技强国行列,必须不断提高我国气象科技自主创新能力和核心技术水平。

未来需要对关键核心技术进行集中攻关。2018 年,世界气象组织对国际领先的数值预报模式进行了对比,中国的数值预报模式与世界领先水平还有较大差距,我国参加第 5 次国际耦合模式比较计划,地球系统模式相对误差普遍高于国际各模式水平,水平分辨率低于国际模式平均水平,模拟能力在参加计划的 40 多个模式水平有待提高。因此,未来需要进一步聚焦气象现代化核心技术攻关及应用研究,完善高分辨率资料同化与数值天气模式,发展次季节至季节气候预测和气候系统模式,提高资料质量控制及多源数据融合与再分析技术水平,推进先进的无缝隙、全覆盖的智能网格预报系统建设,发展多尺度气象数值预报模式系统。增强对重点地区关键性天气的敏感性,形成客观定量的预报方法,发展客观化的预报技术。发展气象卫星应用技术,提升风云气象卫星及遥感应用技术水平,推进人工智能技术气象应用研究,构建软硬件一体化设计的气象人工智能应用平台。

未来需要进一步加强气象基础研究水平。当前我国气象关键核心技术能力不足,主要是受制于气象基础研究水平不够高,造成了研发动力和后劲不足。因此,当前需要开展极端天气气候和气象灾害形成机理研究及科学试验,加强对重点地区和区域天气气候演变规律的综合性认识和研究,强化基础研究。加强气象类科技期刊能力建设,搭建强国气象科技影响力的载体,提高大气科学认识水平。实现基础研究与应用研究融通创新发展,提升气象核心业务的科技支撑能力、气象科技创新能力以及气象基础研究水平。

未来需要克服"小低散"、实现"高精尖"以提升气象科技创新整体效能为主线,重点统筹优化气象科技创新体系布局。当前,我国在系统模式研发上仍采取分散的组织形式,有限的模式研发人员队伍分散在 9 个不同的研究单位,在一定程度上不利于集中攻关。因此,未来需要集中研发力量,实施国家重大研发工程,聚焦研发目标,集中攻关,深化科技体制改革,完善创新发展机制,着力提升核心科技创新能力,支撑引领气象现代化目标实现和气象强国发展。同时,需要大力推进发展研究型业务,进一步加强气象科技成果转化应用,坚持把科技成果转化应用效率作为检验创新驱动发展成效的重要内容,完善科技成果转化应用机制,建设科研与业务紧密结合的中试平台,形成促进科技成果转化的评价体系和激励措施,激发科技创新活力,提高科技支撑能力。

第十章　气象人才队伍建设

创新是第一动力，人才是第一资源。2018 年，全国气象行业深入学习贯彻习近平新时代中国特色社会主义思想和党的十九大精神，各级气象部门坚持党管人才原则，认真落实全国组织工作会议、全国干部教育工作会议精神，围绕健全人才机制、强化人才服务、激发人才活力积极开展工作，气象人才队伍建设成效持续彰显。

一、2018 年气象人才队伍建设概述

2018 年，全国气象部门通过不断加强人才党性教育，健全人才发展体制机制，做好人才服务，加强人才素质培养与源头培养，联合有关部门和相关高校加强气象学科建设等措施，气象人才队伍的规模、素质、结构得到持续改善，气象现代化人才支撑得到进一步夯实。

气象人才创新发展环境持续优化。中国气象局聚焦增强气象人才科技创新活力，进一步完善了气象人才科技创新活力配套政策。增加和调整了高级人才岗位指标，优化了高级人才岗位设置。贯彻落实中央深化人才评价要求，改进和完善了人才评价标准和评审机制，更加突出强调人才评价的品德、能力、业绩导向。注重建章立制，完善选人用人制度，坚持严管厚爱相结合，激励干部担当作为，优化气象干部人才创新发展环境。

气象人才培养和培训力度不断加大。通过举办高层次专家研修班、组织专业技术人员培训等途径，加强对人才的思想政治素质教育和专业技能教育，分层分类的气象教育培训体系更加完善。在全国实施重点气象人才工程，新增入选国家人才工程和项目 16 人、专业技术二级岗人员 47 人，正高级和副高级专业人才比例进一步提升。通过加强进修访问、交流学习、岗位锻炼等途径，拓展青年人才培养平台，培养锻炼青年骨干。

气象人才源头培养更加有力。中国气象局积极发挥行业主管部门作用，服务高校气象学科发展和气象人才培养，启动大气科学类专业认证工作，编制大气科学类专业认证标准，推进气象硕士专业学位申报工作，制定气象教学名师遴选办法，遴选首届全国气象教学名师，推选气象部门专家成为新一届大气科学教学指导委员会委员。

二、2018 年气象人才队伍建设进展

（一）2018 年气象人才工作

1.完善人才发展政策

2018 年,为确保重大业务工程顺利实施,中国气象局制定印发了《中国气象局重大业务工程负责人员管理办法(试行)》,对重大气象业务工程负责人员的任职资格和条件、主要职责、任职程序和考核制度进行了规范管理,推动促进重大业务工程出成果、出效益、出人才。贯彻中央关于人才工作的新精神新要求,中国气象局结合气象人才队伍实际,修订出台了《气象部门事业单位专业技术二级岗位管理办法》,更加强化用人单位在岗位管理中的主体责任,更加注重岗位能力需要和业绩评价导向,气象高层次人才活力得到进一步激发。各省级气象部门积极出台配套政策措施,贯彻落实《中国气象局党组关于增强气象人才科技创新活力的若干意见》精神,截至 2018 年底,全国省级气象部门共出台配套实施意见 21 个,配套政策文件 400 多件,为气象科技工作注入了新的活力和强大动力。

2.健全人才培养机制

2018 年,中国气象局加强气象职称制度改革,完善职称评审机制,坚持品德、能力、业绩评价导向,充分发挥各用人单位的主体责任,统筹用好岗位指标,有目标、有重点地加强高层次人才队伍建设,调整增加正高级岗位指标,2018 年全国气象部门共有 220 位人员获得正高级职称任职资格,正高级人才数量增加到 1132 人(图10.1)。持续推进气象人才评价工作,开展气象人才队伍评估和气象部门人才工作评估,引导各单位完善人才发展政策环境。建立健全人才工作经验交流机制,及时宣传气象部门落实人才发展规划的经验做法、气象人才创新成果和优秀专业技术人员的业绩贡献,努力营造识才、爱才、敬才、用才的浓厚氛围。

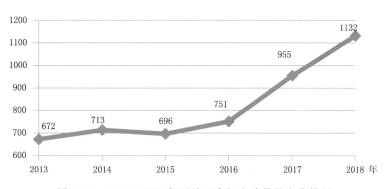

图 10.1　2013—2018 年国编正高级人才数量变化情况

3.加强高层次人才队伍建设

中国气象局扎实推进重大人才工程,积极开展国家百千万人才工程、"千人计划""万人计划"、创新人才推进计划、享受政府特殊津贴、会计领军人才等重大人才工程和项目的推荐工作。2018年全国气象部门新增高层次人才33人,其中"千人计划"专家1人、"万人计划"青年拔尖人才2人。围绕气象科技重点领域,引进中国气象局特聘专家20人,其中7人为"千人计划"专家。加强业务科研骨干人才培养,2018年选拔30人到海外气象科技先进国家进修访问,接收61名省级及以下气象部门业务科研骨干到国家级气象业务科研单位项目进修。此外,还通过上挂下派、东西部人才交流以及遴选优秀人才参加中央组织部和共青团中央主办的博士服务团等多种渠道,培养锻炼骨干人才和青年人才,有效带动气象人才队伍建设。

4.积极拓展人才服务平台

2018年,中国气象局进一步加强与部委沟通,争取人才政策支持,持续扩大气象科技骨干人才培养项目支持规模。首次依托国际组织初级专业人员项目(JPO)推送气象部门人员到国际组织工作锻炼。深化与国家留学基金委的合作,将合作开展的气象科技骨干人才培养项目支持规模增加到30人,项目实施4年来,共有25个单位近90人送培(图10.2)。推荐近20名同志参加科技驻外后备干部选拔。积极推进博士后科研工作站申报工作。举办首届气象部门高层次专家国情研修班,近40名专家接受为期四天的爱国主义精神教育专题培训,提升高层次专家人才爱党爱国、报国尽责的责任感、使命感。

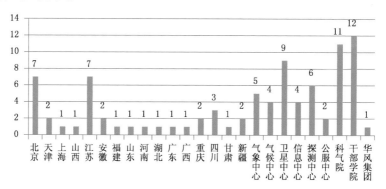

图10.2　2015—2018年气象部门留学人员单位分布

5.联合高校加强气象专业人才培养

截至2018年底,全国设立大气科学类专业的高校25所,年均招录大气科学类专业学生2800人(本科生约1900人、研究生约900人),毕业生约40%左右进入气象部门,与气象工作岗位需求存在较大差距。为进一步提升高校毕业生与气象工作人才需求的契合度,2018年,中国气象局积极发挥行业引导作用,加强与教育部和相关高校的合作,着力在扩大来源、优化结构、创新思路、完善招录机制上出成效。通过重大项目合作、联合培养、建立协同创新机制等途径强化局校合作。主动协调高校根据气象人才需求编制招生计划,通过建立定向培养、委托培养等机制为中西部地区定向培养 69 名大气科学类专业本科生,协调高校向中西部调整大气科学类招生计划 390 人。通过开展大气科学类专业认证、出台全国气象教学名师遴选办法等途径,促进大气科学专业学科和师资队伍建设。2018 年,来自南京信息工程大学、南京大学、成都信息工程大学、兰州大学、中国气象局气象干部培训学院、浙江大学、中国农业大学的 7 位教师获评首届全国气象教学名师。

6. 注重建章立制激励干部担当作为

根据中央有关文件精神,2018 年中国气象局党组出台《关于进一步激励气象干部新时代新担当新作为的实施意见》《关于适应新时代要求大力发现培养选拔优秀年轻干部的实施意见》,制定完善干部选拔任用工作报备、领导干部能上能下、事业单位领导人员管理等多项选人用人制度,提高规范化科学化管理水平。坚持政治第一标准,健全"选、育、管、用"全链条机制,调动干部干事创业活力和动力。强化对优秀年轻干部的培养选拔,采取上挂下派、交流任职、扶贫挂职、援疆援藏等方式锻炼年轻干部,及时提拔使用表现出色的扶贫和援派干部。健全严管与厚爱相结合机制,严格干部日常管理监督。树立重实干重实绩的用人导向,为担当者担当,让实干者实惠。

7. 着力强化气象人才党性教育和素质培养

中国气象局积极推动习近平新时代中国特色社会主义思想和党的十九大精神教育培训全覆盖,2018 年选派处以上干部 1052 人次参加各级党校培训,比 2017 年增加 23%。同时,加强中国气象局党校(气象干部培训学院)教育培训能力建设,完善课程体系,优化教学方案,6 项党员教育课件获中组部表彰。积极贯彻落实全国干部教育培训工作会议精神,编制印发 2018 年国家级培训计划,全年共举办各类国家级培训班 147 期。

(二)全国气象部门人才队伍概况①

1. 气象人才队伍总量

截至 2018 年底,全国气象部门在职人员共 7.2 万余人,其中编制内人员 5.7 万余人,编外聘用 1.4 万余人,劳务派遣 1600 余人。编制内人员中,国家编制在职人员共有近 5.2 万人,其中参公管理人员接近 1.5 万人,事业单位人员 3.7 万余人。从 31 个省(区、市)气象部门国家编制在职人员情况来看,四川省气象部门人数最多,在职人员 3002 人;其次为内蒙古自治区气象部门,在职人员 2992 人。

2. 气象人才学历结构

---

① 资料来源:全国气象部门人才队伍评估报告。

截至 2018 年底,全国气象部门国家编制在职人才队伍中,研究生学历占16.9%,本科学历占 66.9%。总体来看,在职国家编制人才队伍的学历水平持续稳步提高,本科以上学历人数所占比例较 2017 年提高了 3.3%,较 2010 年提高了30.0%(图 10.3);研究生以上学历人数所占比例较 2017 年提高了 1.9%,较 2010 年提高了 9.7%(图 10.4)。但 31 个省(区、市)气象部门学历分布差距依然较大,在职人才队伍本科以上学历占比最高(93.1%)的省份(北京市)与最低(68.9%)的省份(新疆维吾尔自治区)之间的差值达到 24.2%。

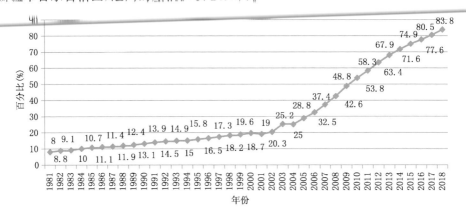

图 10.3　1981—2018 年全国气象在职国家编制人才队伍本科以上比例

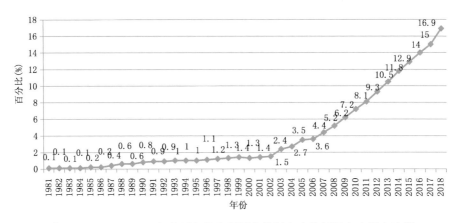

图 10.4　1981—2018 年全国气象在职国家编制人才队伍研究生以上比例

3.气象人才专业结构

截至 2018 年底,气象部门国家编制人才队伍中,大气科学类专业占 49.9%;地球科学类其他专业占 6.6%;信息技术类专业占 19.8%;其他专业占 23.7%。总体来看,气象在职人才队伍专业结构不断优化,大气科学类专业人才占比保持稳定(图10.5)。

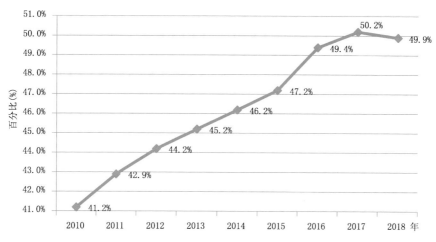

图 10.5　2010—2018 年全国气象部门在职国家编制人才队伍大气科学类专业占比

4.气象人才职称状况

截至 2018 年底,气象在职国家编制人才队伍中,拥有各类专业技术职称的人员 4.7 万余人,占 92.4%。其中,正高级职称占队伍总量的 2.2%;副高级职称占 19.4%;中级占 45.2%。拥有中高级职称人员数量持续稳步提高(图 10.6)。

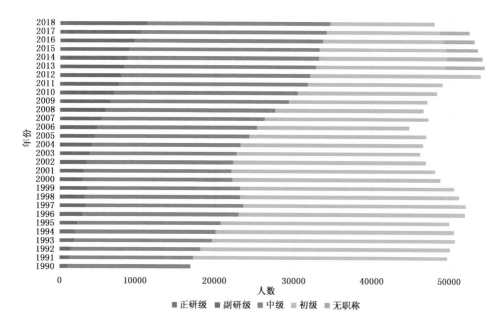

图 10.6　1990—2018 年气象在职职工人才队伍专业技术职称数量变化情况(单位:人)

5. 气象人才层级分布

截至 2018 年底,气象部门国家编制人才队伍中,国家级、省级、市级和县级气象部门人才队伍数量分别占全国气象人才队伍总量的 5.8%、23.9%、32.7% 和 37.6%。

气象部门各层级在职人才队伍学历结构中,研究生占本级人才队伍比例随国家、省、市、县四级逐级降低,分别占 67.1%、33.3%、8.6% 和 3.7%;地市级人才队伍中本科生比例最高,占 76%(图 10.7)。与 2010 年相比,国家级人才队伍研究生比例增长最多,达 38.1%;县级气象部门人才队伍本科生比例增长最多,达 34.2%。

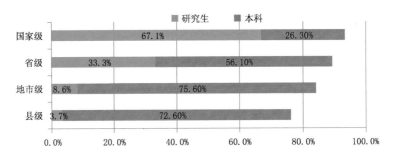

图 10.7　2018 年各层级气象在职国家编制人才队伍本科以上学历结构

各层级气象部门在职人才队伍中,市级和县级气象部门人才队伍的大气科学类专业人员所占比例较高,分别达到 50.0% 和 53.9%(图 10.8)。与 2010 年相比,各层级气象部门队伍中大气科学类专业人员所占比例都有所增加,增幅 10% 左右。

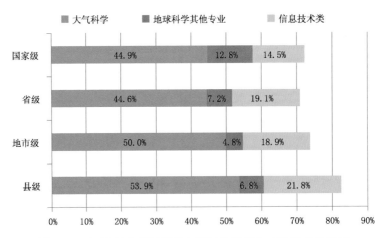

图 10.8　2018 年各层级气象在职国家编制人才队伍专业结构

6. 气象部门党员、党组织发展情况①

截至 2018 年底,全国气象部门共有各级党组织 6459 个,较 2017 年增加 11.3%。其中:党组 1544 个、党委 212 个、党总支 294 个(在职党总支 251 个,离退休党总支 43 个)、党支部 4409 个(在职党支部 3870 个,离退休党支部 539 个)(图 10.9)。

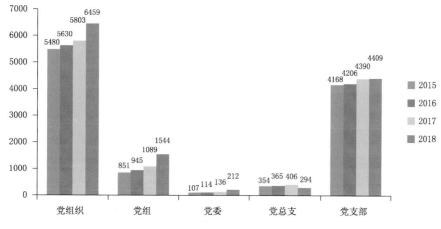

图 10.9　2015—2018 年气象部门党组织情况

截至 2018 年底,全国气象部门共有党员 55307 人,较 2017 年增加 1.8%。其中:在职党员 37350 人;离退休党员 17957 人(图 10.10)。

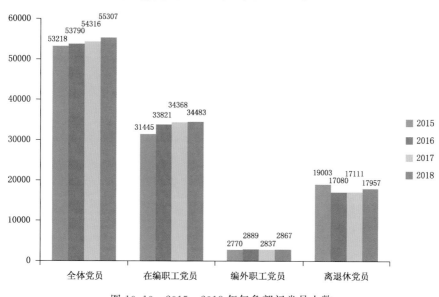

图 10.10　2015—2018 年气象部门党员人数

① 资料来源:中国气象局直属机关党委。

（三）行业气象人才队伍概况

1.民航气象①

中国民用航空局空管局负责民航气象行业管理工作。民航气象人员实行执照管理制度,现有包括观测、预报、设备维护岗位的气象人员队伍,2018年新增354人取得民航气象人员执照。截至2018年底,持有民用航空各类气象人员执照达4976人,包括持有预报类别执照人员2151人,持有观测类别执照人员2136人,持有设备保障类别执照人员1598人(部分人员持多岗执照)。持有执照人员中,具有研究生学历341人,占6.9%,具有本科学历3591人,占72.2%;具有大专学历858人,占17.2%。2018年,为加强人才培养,民航气象部门制定了民航气象专业人才队伍培训规划,按照年度计划完成全年培训任务。全年共组织各专业多层次业务培训83期,培训人数1600余人次。着重提升中小机场气象业务能力,派驻专业技术人员支援中小机场工作,加强中小机场的气象人员培训工作。

2.兵团气象②

新疆生产建设兵团农业农村局农业气象处负责兵团气象行业管理工作。历经40多年的建设,兵团建成了兵、师、团"两级管理、三级业务技术"防灾减灾管理体系、指挥作业体系和安全保障体系。兵团本级现有气象机构2个,一个是农业农村局内设机构农业气象处(挂兵团气象局,兵团人工影响天气办公室牌子),为正处级单位,公务员编制4名。另一个是兵团气象科技服务中心,为兵团农业局下属正县(团)级一类事业单位,核定事业编制5名。在兵团各师中,气象机构设置情况各不相同。一师人影办、七师气象局为师直接管理的副团级参公管理事业单位;五、六、十师气象局为师农业局下属的副团级事业单位;二、三、四师设置正科级气象局(站、雷达站);九、十二、十三、十四师气象业务管理工作在师农业局;八师气象局与石河子气象局合署办公,是新疆维吾尔自治区气象局垂直管理的正处级事业单位;十一师(建工师)未设置气象机构。截至2018年底,兵团各师共有气象事业编制人员110人。兵团各师下属气象台站57个,其中地市气象站4个,其他台站机构编制级别不明确,农牧团场的气象站主要由团场农业技术推广站管理。兵团常年组织开展人工增雨雪作业和防雹减灾作业,2018年共有10个师87个农牧团场开展人工影响天气作业,参加人影作业人员2483人。2018年6月,兵团气象部门17个气象站获得首批"中国百年气象站"五十年站认定。

3.农垦气象③

黑龙江省农垦总局农业局负责农垦气象行业管理工作。农垦气象工作分为三级

---

① 资料来源:中国民用航空局空管局。

② 资料来源:新疆生产建设兵团农业农村局农业气象处。

③ 资料来源:黑龙江省农垦总局农业局。

管理,即总局气象管理站、管理局气象台、气象台站。总局气象管理站及管理局气象台承担所属台站的业务工作管理与指导,各气象台站均隶属于农垦总局、管理局、农场农业局(处)、科。目前共有各类气象台站 94 个,其中管理局气象台 6 个,农场气象站 86 个,形成了体系比较完备、独具农垦特色的气象队伍。截至 2018 年底,全局共有气象科技人员 299 人,其中总局气象管理站和管理局气象台事业在编人数 56 人,农场气象站企业编制人员 243 人。全局气象人员中,高级工程师 26 人,工程师 124 人,助理工程师和技术员 149 人。气象专业人员普遍经过国家气象院校的正规学习和培训,本科毕业 180 人,占 60.2%,大专毕业 90 人,占 30.1%。从事气象专业技术 10 年以上的业务人员占 70%以上。注重人才队伍培养工作,2018 年组织各单位技术骨干参加新设备应用技术培训,为技术人员正确使用和维护新设备提供技术保障。

4. 森工气象[①]

黑龙江省森林工业管理总局营林局负责森工气象行业管理工作。森工气象工作分为三级管理,即总局气象站、林业管理局气象站、林业局气象站。目前共拥有林区气象站 45 个,森林物候气象哨(林场所)114 个。截至 2018 年底,全局共有气象工作人员 283 人,其中事业编制 27 人,企业编制 256 人。全局气象人员中,高工 17 人,工程师 58 人,助工 36 人;硕士 4 人,本科 46 人,大专 83 人,中专 69 人。整体气象专业人员较少,林学相关专业人员较多。为提高森工气象业务人员素质和技能,2018 年 8 月,黑龙江省林业工会、黑龙江省森工总局营林局联合举办第一届黑龙江省森工系统气象职业技能竞赛,全森工系统综合气象业务岗位共 62 名选手参加了比赛。2018 年 6 月,森工气象部门 3 个气象站获得首批"中国百年气象站"五十年站认定。

5. 水利气象[②]

全国水利系统设有气象处室的单位有 4 个,其中国家水利部设有气象处,长江水利委员会、黄河水利委员会、淮河水利委员会设有气象室,其他流域机构和各省(区、市)部分单位有气象人员但没有气象科室。截至 2018 年底,水利系统共有气象科技人员 38 人,其中,教授级高级工程师 9 人,高工 16 人;硕士 17 人,博士 5 人。气象业务人员主要从事降水短期预报和中长期预报工作,为水旱灾害防御提供技术支撑。

6. 海洋气象[③]

我国的海洋预报机构始建于 1965 年。当时,为满足国防建设和国民经济发展需要,国家海洋局批准成立了国家海洋环境预报中心和北海预报中心、东海预报中心、南海预报中心三个海区预报中心。近年来,随着沿海经济的快速发展,部分沿海地方政府陆续成立了自己的海洋预报机构,全国挂牌成立海洋预报机构的单位达到 55

---

① 资料来源:黑龙江省森林工业管理总局营林局。

② 资料来源:国家水利部信息中心。

③ 资料来源:国家海洋环境预报中心。

家,实际对外发布海洋预报的单位有 35 家。2018 年国务院机构改革,国家海洋局预报机构转隶自然资源部管理,地方海洋预报机构也相应划转。目前,35 家海洋预报机构中从事预报工作的业务人员总数有 300 余人,具有初级、中级、高级职称的人员比例分别为 35.1%、35.4%、29.4%,大部分高级职称人员都集中在国家海洋环境预报中心和自然资源部北海、东海、南海预报中心。专业结构方面,各级海洋预报机构业务人员所学专业以水文气象和物理海洋为主,占 60.1%。学历结构方面,本科学历占 53.1%,研究生以上占 30.1%。海洋预报业务人员主要从事海浪、风暴潮、海啸、海冰、海温、海雾、溢油等海洋要素的观测预报工作。

(四)高校人才培养力度加大

1.高校和研究院所气象专业设置情况

根据教育部制定的《普通高等学校本科专业目录(2012 年)》,"大气科学"学科大类下包括大气科学、应用气象学 2 个二级学科(也称"专业")。对照用人单位需求的统计口径,将专科学历中的气象类专业,本科学历中的大气科学和应用气象学专业,以及研究生学历中的气象学、应用气象学和大气物理专业统一纳入大气科学类(气象学类)专业统计范围。目前,国内有 25 所高校(表 10.1)、6 家科研院所(表 10.2)设置大气科学类专业。其中,招收大气科学类专科生的高校有 2 所,招收大气科学类本科生的高校有 21 所,招收大气科学类硕士研究生的高校有 19 所,招收大气科学类博士研究生的高校有 15 所;6 家科研院所中除了中国科学院地理科学与资源研究所大气科学类专业仅招收硕士研究生外,其他科研院所均招收大气科学类硕士、博士研究生。

表 10.1 国内设有大气科学类专业的高校(排序不分先后)

序号	学校名称	所在地区	大气科学类院系	专业	培养体系
1	南京信息工程大学	江苏南京	大气科学学院,应用气象学院,大气物理学院,滨江学院	大气科学、应用气象学	本、硕、博
2	成都信息工程大学	四川成都	大气科学学院,电子工程学院(大气探测学院)	大气科学、应用气象学	本、硕
3	南京大学	江苏南京	大气科学学院	大气科学、应用气象学	本、硕、博
4	兰州大学	甘肃兰州	大气科学学院	大气科学、应用气象学	本、硕、博
5	中山大学	广东广州	大气科学学院	大气科学、应用气象学	本、硕、博
6	北京大学	北京	物理学院大气与海洋科学系	大气科学	本、硕、博

续表

序号	学校名称	所在地区	大气科学类院系	专业	培养体系
7	中国科学技术大学	安徽合肥	地球和空间科学学院	大气科学	本、硕、博
8	中国海洋大学	山东青岛	海洋与大气学院海洋气象学系	大气科学	本、硕、博
9	国防科技大学	湖南长沙	气象海洋学院	大气科学	本、硕、博
10	云南大学	云南昆明	资源环境与地球科学学院大气科学系	大气科学	本、硕、博
11	复旦大学	上海	大气科学研究院大气与海洋科学系	大气科学	本、硕、博
12	中国农业大学	北京	资源与环境学院农业气象系	应用气象学	本、硕、博
13	浙江大学	浙江杭州	地球科学学院大气科学系	大气科学	本、硕、博
14	中国地质大学（武汉）	湖北武汉	环境学院大气科学系	大气科学	本、硕、博
15	东北农业大学	黑龙江哈尔滨	资源与环境学院	应用气象学	本、硕、博
16	沈阳农业大学	辽宁沈阳	农学院	大气科学、应用气象学	本、硕
17	清华大学	北京	理学院地球系统科学系	大气科学	本(辅修专业)、硕、博
18	华东师范大学	上海	地理科学学院	气象学	硕士
19	安徽农业大学	安徽合肥	资源与环境学院	气象学	硕士
20	广东海洋大学	广东湛江	海洋与气象学院	大气科学、应用气象学	本科
21	中国民航大学	天津	空中交通管理学院	应用气象学	本科
22	中国民用航空飞行学院	四川广汉	空中交通管理学院	应用气象学	本科
23	内蒙古大学	内蒙古呼和浩特	生态与环境学院大气科学系	大气科学	本科
24	江西信息应用职业技术学院	江西南昌	气象系	大气科学、大气探测等	大专
25	兰州资源环境职业技术学院	甘肃兰州	气象系	大气科学、大气探测、应用气象等	大专

表 10.2　国内设有大气科学类专业的科研院所(排序不分先后)

序号	院所名称	所在地区	研究方向	专业	培养体系
1	中国气象科学研究院	北京	以灾害天气、气候与气候系统、大气成分、雷电防护与大气探测、人工影响天气、生态环境与农业气象等研究为主攻方向	设有大气科学一级学科硕士学位培养点,与南京信息工程大学、复旦大学、中国科学院大学等联合招收大气科学博士研究生	硕、博
2	中国科学院大气物理研究所	北京	以地球系统模式发展与全球气候变化、大气化学、大气环境变化及其预测机理、东亚季风气候系统动力学与气候预测、高影响天气的物理、动力及可预报性等研究为主攻方向	设有大气科学一级学科博士和硕士学位培养点	硕、博
3	中国科学院地理科学与资源研究所	北京	以气候变化及其影响、生物气象、水文气象、气候变化模拟与诊断、土地利用/覆盖变化的气候与环境效应、陆—气相互作用等为主攻方向	设有气象学二级学科硕士学位培养点	硕
4	中国科学院西北生态环境资源研究院(由原寒区旱区环境与工程研究所等单位整合而成)	甘肃兰州、青海西宁(一院两地)	以高寒干旱自然条件下和社会经济发展相对滞后基础上的生态系统、环境变化、资源利用与可持续发展的科学研究等为主攻方向	设有大气科学一级学科博士和硕士学位培养点	硕、博
5	中国科学院青藏高原研究所	北京、西藏拉萨、云南昆明(一所三部)	以青藏高原环境变化与地表过程、大陆碰撞与高原隆升、高寒生态学与生物多样性等研究为主攻方向	设有大气物理学与大气环境二级学科博士和硕士学位培养点	硕、博
6	中国农业科学研究院农业环境与可持续发展研究所	北京	以气候资源与气候变化、气象灾害与减灾、温室气体排放及减排、农业气候资源利用与减灾、气候变化影响与适应、农业温室气体排放及减排等为主攻方向	设有气象学二级学科硕士培养点和农业气象与气候变化二级学科博士培养点	硕、博

2.高校和研究院所气象人才培养概况

根据 2013—2018 年毕业生统计情况来看,大气科学及相关专业的毕业生逐年增多,开设大气科学相关专业的院校规模继续扩大,大气科学及相关专业招生规模逐步扩大。据不完全统计,2013—2018 年,共有 21460 名大气科学类及相关专业的毕业生(图 10.11),2018 年毕业人数较 2017 年相比变化不大。从学历层次来看,硕士和博士学历层次招生规模变化较小,每年毕业生数量比较稳定,本科毕业生有逐年增加趋势,且是毕业生供给的主要来源。近六年大气科学类(气象学类)专业毕业生总计 15667 人,占所统计毕业生总量的 73.0%(图 10.12)。

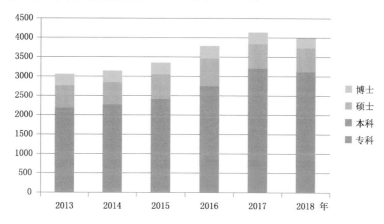

图 10.11 2013—2018 年大气科学类(气象学类)及相关专业毕业生总量(单位:人)

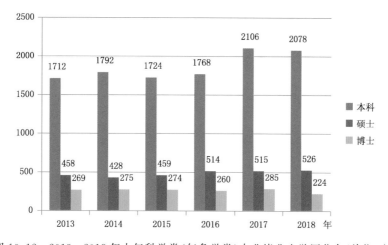

图 10.12 2013—2018 年大气科学类(气象学类)专业毕业生学历分布(单位:人)

2013—2018 年大气科学类及相关专业的毕业生中,本科毕业生为 13914 人,占所统计毕业生总人数的 64.8%。2018 年本科毕业生数量与 2017 年基本一致,较

2016 年增长幅度较大(图 10.13)。其中,大气科学类(气象学类)专业本科毕业生达到 11000 人,占到本科毕业生的 79.1%,其他相关专业毕业生 2914 人。

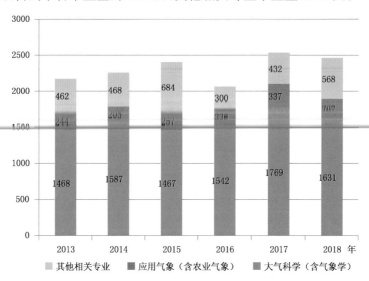

图 10.13　2013—2018 年本科毕业生专业分布情况(单位:人)

2013—2018 年大气科学类及相关专业的毕业生中,硕士研究生为 3792 人,占所统计毕业生总量的 17.7%。其中,气象学(含大气科学、气候学、气候系统与气候变化、气候系统与全球变化、流体力学、海洋气象学、大气探测)、应用气象学、大气物理专业的毕业生数量为 2936 人,占硕士研究生的 77.4%,其他相关专业毕业 856 人(图 10.14)。

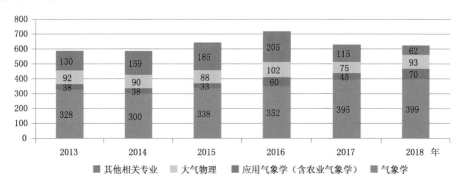

图 10.14　2013—2018 年年硕士研究生专业分布情况(单位:人)

2013—2018 年大气科学类及相关专业的毕业生中,博士毕业生数量为 1769 人,约占所统计毕业生总量的 8.2%。其中,气象学(含气候学、气候系统与气候变化、气候系统与全球变化、流体力学、大气探测、海洋气象学)、应用气象学、大气物理专业毕业生数量为 1607 人,占博士毕业生统计数量的 90.8％,其他相关专业毕业生 162 人(图 10.15)。

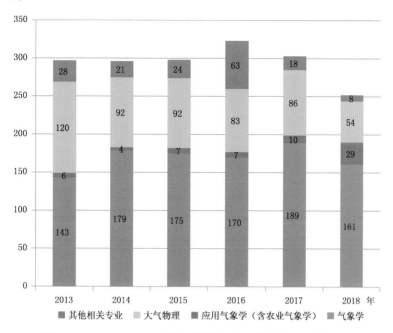

图 10.15　2013—2018 年博士研究生专业分布情况(单位:人)

　　目前,南京信息工程大学、成都信息工程大学、南京大学、兰州大学、中山大学、云南大学、中国海洋大学、中国农业大学、中国科学院大气所、气象科学研究院等院校是大气科学类专业毕业生集中的院校,是大气科学高等教育招生的主力。其中,南京信息工程大学毕业生供给达 9429 人,成都信息工程大学毕业生 3267 人,两所院校大气科学类专业及相关专业的毕业生数量达到所统计毕业生总量的 60.5％(图 10.16)。

　　3.高校气象院系概况

　　(1)南京信息工程大学[①]

　　南京信息工程大学是以江苏省管理为主的中央与地方共建高校,主要在大气科学学院、应用气象学院、大气物理学院和滨江学院招收大气科学类专业学生。2017年成为国家双一流建设高校,大气科学学科入选一流学科建设序列。

　　大气科学学院设有大气科学本科专业,气象学、气候系统与气候变化两个硕士点;大气科学一级学科博士点,气象学、气候系统与气候变化两个二级学科博士点;设有大气科学一级学科博士后科研流动站。学院现有专任教师 122 名,包括教授(研究员)44 名,副教授(副研究员)31 名,博士生导师 49 名,硕士生导师 52 名。学院有院

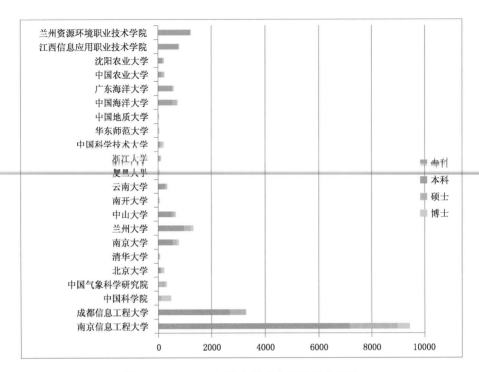

图 10.16　2013—2018 年毕业生院校分布情况

士 1 人,科技部"973"首席 2 人,教育部长江学者特聘教授 1 人。

应用气象学院设有应用气象学(含公共气象服务方向)、生态学、农业资源与环境三个本科专业,应用气象学、生态学、农业资源与环境三个学术型硕士学位授权点和农业专业硕士学位授权点,应用气象学及环境生态学两个二级博士学位授权点。学院现有专任教师 81 人,其中教授 27 人,副教授 28 人。

大气物理学院设有大气科学(大气物理学与大气环境方向)、大气科学(大气探测方向)、安全工程(雷电防护科学与技术方向)三个本科专业(方向),拥有大气物理学与大气环境、大气遥感与大气探测和雷电科学与技术三个学科的硕士、博士学位授予点。拥有中国科学院双聘院士 1 人,江苏省特聘教授 1 人,教授 12 人,副教授 22 人,博导 10 人。

南京信息工程大学滨江学院成立于 2002 年,是经教育部批准,由南京信息工程大学和南京信息工程大学教育发展基金会共同举办的独立学院,滨江学院大气与遥感学院大气科学专业依托南京信息工程大学大气科学专业开设。

2018 年,南京信息工程大学大气科学类专业本科生招生 1183 人,研究生招生428 人(其中博士研究生 102 人);大气科学类专业本科生毕业 835 人,研究生毕业307 人(其中博士研究生 68 人);大气科学类专业本科生毕业进入气象部门工作 222

人（占比 26.6%），研究生毕业进入气象部门工作 216 人（占比 70.4%）。

（2）成都信息工程大学①

成都信息工程大学是四川省和中国气象局共建的省属普通本科院校。学校创建于 1951 年，前身为中国人民解放军西南空军气象干部训练大队；1978 年升格为本科院校——成都气象学院；2015 年，更名为成都信息工程大学。学校以信息学科和大气学科为重点，以学科交叉为特色，多学科协调融合发展。

大气科学学院现有大气科学和应用气象学两个本科专业，大气科学一级硕士学位授位点，并开展了农业推广硕士专业学位研究生培养工作。学院现有教授 22 人，副教授 49 人；其中博士生导师 10 人，硕士生导师 46 人。

电子工程学院（大气探测学院）是全国高校中唯一从事气象探测工程与技术人才培养的单位。学院现有电子信息工程（含气象探测、信号处理 2 个方向）、电子信息科学与技术、生物医学工程三个本科专业，信息与通信工程、气象探测技术两个学术型硕士学位授权点。

2018 年，成都信息工程大学大气科学类专业本科生招生 675 人，研究生招生 191 人；大气科学类专业本科生毕业 664 人，研究生毕业 149 人；大气科学类专业本科生毕业进入气象部门工作 199 人（占比 30.0%），研究生毕业进入气象部门工作 87 人（占比 58.4%）。

（3）南京大学大气科学学院②

南京大学是教育部直属重点高校。南京大学大气科学学院设有大气科学和应用气象学两个本科专业，气象学、大气物理学与大气环境和气候系统与气候变化三个研究生专业，拥有大气科学一级学科博士点。全院 2018 年在职教职工有 93 人，包括教授 29 人，副教授 27 人。拥有中科院院士 2 人，教育部长江学者特聘教授 1 人，国家杰出青年基金获得者 3 人，中组部学者 5 人。

2018 年，南京大学大气科学类专业本科生招生 83 人，研究生招生 76 人（其中博士研究生 32 人）；大气科学类专业本科生毕业 78 人，研究生毕业 45 人（其中博士研究生 16 人）；大气科学类专业本科生毕业进入气象部门工作 5 人（占比 6.4%），研究生毕业进入气象部门工作 13 人（占比 28.9%）。

（4）兰州大学大气科学学院③

兰州大学是教育部直属重点高校。兰州大学大气科学学院始于 1958 年成立的气象学教研组，2004 年 6 月成立我国高校第一个大气科学学院，拥有大气科学一级学科博士学位授予权，气象学、大气物理学与大气环境、气候学三个二级学科博士点，

---

① 资料来源：成都信息工程大学。
② 资料来源：南京大学。
③ 资料来源：兰州大学。

气象学、大气物理学与大气环境、应用气象学、气候学四个二级学科硕士点。现有 1 个大气科学博士后科研流动站,1 个大气物理与大气环境国家重点培育学科。学院 2018 年有教职工 77 人,其中教学科研人员 54 人,包括教授 19 人,副教授 21 人,博士生导师 11 人,硕士生导师 24 人。学院拥有中国科学院院士 1 人,国家杰出青年基金获得者 2 人,国家千人计划特聘教授 1 人,长江学者特聘教授 1 人,另有兼职教授 30 余人(包括两院院士 6 人)。

2018 年,兰州大学大气科学类专业本科生招生 181 人,研究生招生 95 人(其中博士研究生 16 人);大气科学类专业本科生毕业 168 人,研究生毕业 73 人(其中博士研究生 20 人);大气科学类专业本科生毕业进入气象部门工作 11 人(占比 6.6%),研究生毕业进入气象部门工作 23 人(占比 31.5%)。

(5)中山大学大气科学学院[①]

中山大学是教育部直属重点高校。中山大学大气科学学院建立了从本科、硕士到博士的完整人才培养体系。设有气象学、大气物理学与大气环境、气候变化与环境生态学三个硕士点和博士点,设有大气科学、应用气象学两个本科专业。2018 年全院教师团队共 66 人,包括教授 24 人,副教授 27 人。其中千人计划入选者 1 人,973 项目(重大)首席科学家 2 人,国家重点研发计划首席科学家 1 人,长江学者特聘教授 2 人,杰出青年基金获得者 3 人。

2018 年,中山大学大气科学类专业本科生招生 105 人,研究生招生 64 人(其中博士研究生 23 人);大气科学类专业本科生毕业 77 人,研究生毕业 20 人(其中博士研究生 8 人);大气科学类专业本科生毕业进入气象部门工作 2 人(占比 2.6%),研究生毕业进入气象部门工作 10 人(占比 50.0%)。

(6)北京大学物理学院大气与海洋科学系[②]

北京大学是教育部直属重点高校。北京大学物理学院大气与海洋科学系具有包括本科生、硕士和博士研究生在内的完整的人才培养体系。大气科学学科是国家一级重点学科,具有大气物理学与大气环境和气象学两个国家二级重点学科,自设气候学和物理海洋学两个二级学科。大气与海洋科学系设有大气物理学与大气环境、气象学、物理海洋学硕士点和博士点,设有大气科学专业本科。大气与海洋科学系 2018 年有教职工 28 人,其中教授 12 人,副教授 8 人,高级工程师 2 人。国家杰出青年基金获得者 3 人,青年千人计划 4 人,另有兼职教授 4 人(均为中科院院士)。

2018 年,北京大学大气科学类专业本科生招生 23 人,研究生招生 33 人(其中博士研究生 18 人);大气科学类专业本科生毕业 12 人,研究生毕业 26 人(其中博士研究生 17 人);研究生毕业进入气象部门工作 4 人(占比 15.4%)。

---

① 　资料来源:中山大学。
② 　资料来源:北京大学。

（7）中国科学技术大学地球和空间科学学院[1]

中国科学技术大学是中国科学院所属重点高校。中国科学技术大学地球和空间科学学院1982年获得大气科学一级学科硕士学位授予权，在大气科学专业培养本科、硕士研究生，在大气物理学与大气环境专业培养硕士和博士研究生。该专业2018年共有教师18人，其中教授7人，副教授8人。

2018年，中国科学技术大学大气科学类专业本科生招生15人，研究生招生30人（其中博士研究生8人）；大气科学类专业本科生毕业15人，研究生毕业19人（其中博士研究生5人）；研究生毕业进入气象部门工作4人（占比21.1%）。

（8）中国海洋大学海洋与大气学院海洋气象学系[2]

中国海洋大学是教育部直属重点高校。中国海洋大学海洋与大气学院大气科学专业以海洋气象为特色，是我国培养海—气相互作用与气候、海洋气象学等方面人才的重要基地之一。目前海洋与大气学院下设海洋气象学系，拥有大气科学本科专业，以及大气科学博士学位授予权一级学科点，下设大气物理学与大气环境和气象学两个二级学科博士和硕士点，设有博士后流动站。学校大气科学专业2018年拥有专任教师27名，其中教授10人（博士生导师8人），副教授9人。

2018年，中国海洋大学大气科学类专业本科生招生80人，研究生招生44人（其中博士研究生7人）；大气科学类专业本科生毕业80人，研究生毕业44人（其中博士研究生7人）；大气科学类专业本科生毕业进入气象部门工作31人（占比38.8%），研究生毕业进入气象部门工作13人（占比29.6%）。

（9）国防科技大学气象海洋学院[3]

中国人民解放军国防科技大学是中央军委直属重点院校。国防科技大学气象海洋学院，是全军唯一一所培养军事气象、海洋与空间环境保障人才的专业院系。学院现有大气科学博士后科研流动站，大气科学一级学科博士学位授权点，气象学、大气物理学与大气环境等5个二级学科博士学位授权点，气象学、大气物理学与大气环境等13个硕士学位授权点，军事气象学、军事海洋学等9个本科专业。在全国最新一轮的学科评估中，该院大气科学学科并列全国第三，已成为国家和军队气象水文领域人才培养的主要基地。

（10）云南大学资源环境与地球科学学院大气科学系[4]

云南大学是教育部直属重点高校。云南大学资源环境与地球科学学院大气科学系建立于1971年，具有完整的本科、硕士、博士人才培养体系，现设有大气科学本科

---

① 资料来源：中国科学技术大学。

② 资料来源：中国海洋大学。

③ 资料来源：国防科技大学。

④ 资料来源：云南大学。

专业,并有气象学、大气物理学与大气环境 2 个硕士学位点和大气科学一级博士学位点。2018 年拥有专任教师 20 人,其中教授 5 人,副教授 5 人,博士生导师 3 人。此外,还有中国科学院大气物理研究所、中国气象科学研究院、云南省气象局等单位的客座教授或兼职博士生、硕士生导师 10 余名。

2018 年,云南大学大气科学类专业本科生招生 73 人,研究生招生 17 人(其中博士研究生 3 人);大气科学类专业本科生毕业 78 人,研究生毕业 16 人(其中博士研究生 3 人);大气科学类专业本科生毕业进入气象部门工作 31 人(占比 39.7%),研究生毕业进入气象部门工作 8 人(占比 50.0%)。

(11)复旦大学大气科学研究院大气与海洋科学系①

复旦大学是教育部直属重点高校。2016 年 4 月复旦大学成立大气科学研究院,增设大气科学学科。2017 年大气科学研究院分别获得本科生和研究生招生资格。2018 年 1 月,复旦大学批准建立大气与海洋科学系,现设气象与大气环境、气候与气候变化以及物理海洋与海洋气象三个学科方向。2018 年 3 月,大气科学一级学科博士学位授权点获国务院学位委员会审批通过。大气与海洋科学系师资队伍包括中国科学院院士 2 人,国家杰出青年科学基金获得者 3 人。

2018 年,复旦大学大气科学类专业本科生招生 18 人,研究生招生 30 人(其中博士研究生 15 人)。

(12)中国农业大学资源与环境学院农业气象系②

中国农业大学是教育部直属重点高校。中国农业大学农业气象系源于 1956 年成立的农业物理气象系,1992 年并入资源与环境学院。设有应用气象学本科专业,拥有农业气象学专业博士点,大气科学一级学科硕士点(包括气象学、大气物理与大气环境两个硕士专业),农业硕士专业学位点。2018 年,农业气象系有教职工 15 人,其中教授 5 人、副教授 7 人。

2018 年,中国农业大学大气科学类专业本科生招生 17 人,研究生招生 27 人(其中博士研究生 7 人);大气科学类专业本科生毕业 18 人,研究生毕业 25 人(其中博士研究生 8 人);研究生毕业进入气象部门工作 6 人(占比 24.0%)。

(13)浙江大学地球科学学院大气科学系③

浙江大学是教育部直属重点高校。地球科学学院前身是 1936 年由时任校长竺可桢先生创办的史地系,通过八十多年的发展,地球科学学院已经成为一个学科综合性强的学院,下设大气科学系、地质学系、地理科学系和地球信息科学与技术系 4 个系,开设大气科学、地质学、地球信息科学与技术、地理信息科学、人文地理与城乡规

---

① 资料来源:复旦大学。
② 资料来源:中国农业大学。
③ 资料来源:浙江大学。

划 5 个本科专业。拥有大气科学、海洋地质硕士学位授权点和资源勘查与地球物理、遥感与地理信息系统、资源环境与区域规划等 7 个二级学科博士学位授权点。大气科学系现有教职工人数 11 人,其中教授 4 人,副教授 5 人。

2018 年,浙江大学大气科学类专业本科生招生 12 人,研究生招生 10 人(其中博士研究生 4 人);大气科学类专业本科生毕业 7 人,研究生毕业 6 人(其中博士研究生 4 人);大气科学类专业本科生毕业进入气象部门工作 3 人(占比 42.9%),研究生毕业进入气象部门工作 5 人(占比 83.3%)。

(14)中国地质大学(武汉)环境学院大气科学系[1]

中国地质大学(武汉)是教育部直属全国重点大学。大气科学系始于 2005 年设立的大气物理与大气环境研究所,2015 年在环境学院正式成立大气科学系,2016 年开始招收大气科学专业本科生,具有大气科学一级学科硕士点和水文气候学二级学科博士点。大气科学系拥有一支以中青年博导、教授、博士为学术骨干的师资队伍,现有专任教师 8 人,另聘有兼职教授 3 人。2019 年计划与中国气象科学研究院联合在水文气候学专业招收联合培养博士生 3 名。

2018 年,中国地质大学(武汉)大气科学类专业本科生招生 33 人,研究生招生 11 人(其中博士研究生 4 人);大气科学类专业研究生毕业 3 人。

(15)东北农业大学资源与环境学院[2]

东北农业大学资源与环境学院 2000 年成立,2016 年通过教育部普通高等学校本科专业备案审批,开设应用气象学本科专业。学院现有农业资源与环境一级博士学位授权学科和博士后流动站各一个,包括生态工程与农业气象、土壤学、植物营养学、环境保护与修复等五个二级学科博士点。气象学科现有教师 4 人,其中教授 1 人,副教授 2 人,博士生导师和硕士生导师各 1 名。依托生态学硕士点,自 1990 年开始招收气象生态方向硕士研究生,现已毕业 10 余人,在读 8 人;同时,挂靠作物生态学博士点,于 2001 年开始招收气象生态方向博士研究生,目前已毕业博士研究生 5 名,在读 2 名。

(16)沈阳农业大学农学院[3]

沈阳农业大学是以辽宁省管理为主、辽宁省与中央共建的重点高校。农学院下设应用气象学和大气科学本科专业。学院拥有大气科学二级硕士点。2018 年拥有专职师资队伍 13 人,其中教授 2 人,副教授 4 人。

2018 年,沈阳农业大学大气科学类专业本科生招生 53 人,研究生招生 18 人;大气科学类专业本科生毕业 68 人,研究生毕业 17 人;大气科学类专业本科生毕业进入

---

①　资料来源:中国地质大学。

②　资料来源:东北农业大学。

③　资料来源:沈阳农业大学。

气象部门工作 12 人（占比 17.7%），研究生毕业进入气象部门工作 16 人（占比 94.1%）。

（17）清华大学理学院地球系统科学系①

清华大学是教育部直属重点高校。1932 年，清华大学地理学系更名为地学系，下设地理、地质、气象三个组；1947 年，原有的地学系气象组独立成气象学系；1952 年，清华大学地学系、气象学系调出并入北京大学；2009 年 3 月，清华大学成立地球系统科学研究中心（简称"地学中心"）和全球变化研究院。2016 年 11 月，在地学中心的基础上成立地球系统科学系（简称"地学系"）。

截至 2018 年 10 月，地学系教职工队伍共 31 人，其中正高级职称 13 人，副高级职称 17 人。教师队伍中包含"千人计划"获得者 2 人，"青年千人计划"获得者 3 人。拥有大气科学一级学科硕士学位授权点。地学系目前尚未开始招收大气科学本科生，但已面向全校本科生开展"大气科学（全球变化方向）"辅修专业教育。每年招收大气科学的博士生、硕士生各 10 余名。

（18）华东师范大学地理科学学院②

华东师范大学地理科学学院由华东师范大学地球科学学部管理，学院现设有地理科学、地理信息科学、自然地理与资源环境三个本科专业，未开设大气科学本科专业，仅在二级学科硕士学位授权点包含气象学专业，每年招收气象学硕士生 2～3 人。

（19）安徽农业大学资源与环境学院③

安徽农业大学资源与环境学院 2004 年成立，设有环境科学、环境工程、生态学、农业资源与环境、地理信息科学五个本科专业，未开设大气科学本科专业，仅在二级学科硕士学位授权点包含气象学专业，每年招收气象学硕士 5～6 人。

（20）广东海洋大学海洋与气象学院④

广东海洋大学是广东省人民政府和国家海洋局共建的省属大学，2001 年湛江气象学校并入海洋大学。海洋与气象学院是广东海洋大学重点建设和优先发展的学院之一，拥有海洋科学一级学科博士点和一级学科硕士点，本科有海洋科学、大气科学和应用气象学三个专业，其中应用气象学本科专业 2017 年获批开始招生。学院有"珠江学者岗位"特聘教授 1 人，海内外讲座教授 5 人，"双聘院士"3 人。

2018 年，广东海洋大学大气科学类专业本科生招生 150 人，毕业 139 人，进入气象部门工作 51 人（占比 36.7%）。

---

① 　资料来源：清华大学。

② 　资料来源：华东师范大学。

③ 　资料来源：安徽农业大学。

④ 　资料来源：广东海洋大学。

(21)中国民航大学空中交通管理学院①

中国民航大学空中交通管理学院是我国空管人才培养的发源地和主力军。学院现设有交通运输、应用气象学两个本科专业，于2014年成立航空气象系。截至2018年，专职气象教师10余人，其中高级职称2人，博士6人，中国科学院大气物理研究所和民航气象系统客座教授3人。中国民航大学应用气象学本科专业2017年获批开始招生，首批招生40人，2018年第二批招生76人。

(22)中国民用航空飞行学院空中交通管理学院②

中国民用航空飞行学院空中交通管理学院从20世纪60年代开始从事民航空中交通管理人才的培养。空管学院现有交通运输、导航工程、应用气象三个本科专业和一个交通运输工程研究生专业。2018年应用气象专业招生60人。

(23)内蒙古大学生态与环境学院大气科学系③

2017年1月，由内蒙古大学与内蒙古自治区气象局联合成立了以培养大气科学专业学生为主的大气科学系，2017年3月获得本科生招生资格，2017年9月招收首批大气科学专业本科生。截至2018年，拥有专职师资队伍10人，其中教授2人，副教授6人。现有在校大气科学本科生69人，其中2017年首批招生35人，2018年第二批招生34人。

(24)江西信息应用职业技术学院气象系④

江西信息应用职业技术学院是经江西省人民政府批准，教育部备案的公办专科层次普通高校。起源于1956年江西省气象局气象干部培训班，1977年设立南昌气象学校。2002年，南昌气象学校升格为大专层次的普通高校，更名为江西信息应用职业技术学院。气象系设有大气探测技术、防雷技术、大气科学等三个专业。现有教职工34人，其中教授2名，副教授8名。

2018年，江西信息应用职业技术学院气象类专科生招生136人，毕业216人。

(25)兰州资源环境职业技术学院气象系⑤

兰州资源环境职业技术学院是由原甘肃工业职工大学和原国家重点中专兰州气象学校于2004年合并组建，属专科层次的普通高等职业院校。气象系前身是成立于1951年的兰州气象学校，现有大气科学技术、大气探测技术、应用气象技术、防雷技术四个专业，拥有教职员工30人，其中教授2人、副教授3人。

2018年，兰州资源环境职业技术学院气象类专科生招生194人，毕业261人。

---

① 资料来源：中国民航大学。
② 资料来源：中国民用航空飞行学院。
③ 资料来源：内蒙古大学。
④ 资料来源：江西信息应用职业技术学院。
⑤ 资料来源：兰州资源环境职业技术学院。

4.气象类科研院所概况

(1)中国气象科学研究院[①]

中国气象科学研究院(简称"气科院")是中国气象局直属国家级研究院,是国家级气象科研基地和人才培养基地。现拥有大气科学、环境科学与工程两个一级学科硕士学位授权点,自然地理学和物理海洋学两个二级学科硕士学位授权点。拥有一批高水平的研究生导师队伍,其中,两院院士9人,国家杰出青年基金获得者5人,国家"万人计划"人才3人,国家"千人计划"人才6人,国家"百千万人才工程计划"人才9人,38位研究生导师在国际电气学术组织任职。截至2018年底,气科院已与南京信息工程大学、复旦大学、中国科学院大学、中国地质大学(武汉)等院校联合培养博士研究生190人,独立培养硕士研究生918人,所培养的研究生成为气象、环保、民航、水利等行业,以及高校和科研院所业务、科研、教学和管理岗位上的一支重要力量。

2018年,中国气象科学研究院大气科学类专业研究生招生63人(其中联合培养博士研究生19人);研究生毕业54人(其中联合培养的博士研究生11人);研究生毕业进入气象部门工作31人(占比57.4%)。

(2)中国科学院大气物理研究所[②]

中国科学院大气物理研究所(简称"大气所"),起源于1928年由著名气象学家竺可桢先生创立的国立中央研究院气象研究所。1950年,中国科学院将气象、地磁和地震等部分科研机构合并组建成立中国科学院地球物理研究所。1966年,将气象研究室分出,正式成立中国科学院大气物理研究所。大气所现有在职职工530余人,其中科研人员约占80%,研究员及正高级工程技术人员110余人,中国科学院院士6人,第三世界科学院院士1人,欧亚科学院院士2人。有国家海外高层次人才引进计划(千人计划)入选者5人,"青年千人计划"入选者7人,"万人计划"入选者5人,国家杰出青年基金获得者16人。大气所设有大气科学一级学科博士学位培养点,大气科学、海洋科学、环境科学与工程3个一级学科硕士学位培养点。现有在学研究生410余人,其中博士生270余人。

2018年,中国科学院大气物理研究所大气科学类专业研究生招生132人(其中博士研究生82人);研究生毕业100人(其中博士研究生79人)。

(3)中国科学院地理科学与资源研究所[③]

中国科学院地理科学与资源研究所(简称"地理资源所")于1999年9月经中国科学院批准,由中国科学院地理研究所(前身是1940年成立的中国地理研究所)和中

---

①　资料来源:中国气象科学研究院。

②　资料来源:中国科学院大气物理研究所。

③　资料来源:中国科学院地理科学与资源研究所。

国科学院自然资源综合考察委员会(1956 年成立)整合而成。至 2018 年底,地理资源所共有在编职工 639 人。其中科研人员 442 人,科技支撑人员 124 人,包括中国科学院院士 8 人,中国工程院院士 3 人,研究员及正高级专业技术人员 160 人。地理资源所现设有地理学、生态学 2 个一级学科博士研究生培养点,环境科学 1 个二级学科博士研究生培养点;设有自然地理学、人文地理学、地图学与地理信息系统、自然资源学、气象学、生态学、环境科学 7 个二级学科硕士研究生培养点。现有在学研究生862 人,其中博士生 551 人。

2018 年,中国科学院地理科学与资源研究所气象学专业硕士研究生招生 4 人;研究生毕业 3 人。

(4)中国科学院西北生态环境资源研究院[①]

中国科学院西北生态环境资源研究院(简称"西北研究院")是由原中国科学院寒区旱区环境与工程研究所、地质与地球物理研究所、西北高原生物研究所等 6 家单位于 2016 年 6 月整合而成。西北研究院兰州本部是中国科学院博士生重点培养基地,设有地理学、大气科学和地质学三个博士后科研流动站。现有院士 4 人,研究生指导教师 235 人,其中博士生导师 106 人,每年招收博士研究生 88 名,硕士研究生 78 名。博士和硕士招生专业均包括气象学、大气物理学与大气环境、自然地理学、生态学、防灾减灾工程及防护工程等专业。

2018 年,西北研究院大气科学类专业研究生招生 17 人(其中博士研究生 8 人);研究生毕业 15 人(其中博士研究生 7 人);研究生毕业进入气象部门工作 7 人(占比 46.7%)。

(5)中国科学院青藏高原研究所[②]

中国科学院青藏高原研究所(简称"青藏高原所")于 2003 年成立,实行"一所三部"的运行方式,三个部分别设在北京、拉萨和昆明。青藏高原所现有科研人员 161人(其中正高级 41 人、副高级 42 人)。包括中国科学院院士 3 人,中国科学院外籍院士 2 人,国家杰出青年基金获得者 12 人,国家优秀青年科学基金获得者 4 人。青藏高原所现有大气物理学与大气环境、自然地理学、构造地质学 3 个博士研究生培养点,大气物理学与大气环境、生态学、自然地理学和构造地质学 4 个硕士研究生培养点。现有在学研究生 283 人,其中博士生 160 人。

2018 年,中国科学院青藏高原研究所大气科学类专业研究生招生 11 人(其中博士研究生 5 人);研究生毕业 4 人(其中博士研究生 2 人);研究生毕业进入气象部门工作 2 人(占比 50.0%)。

---

① 资料来源:中国科学院西北生态环境资源研究院。
② 资料来源:中国科学院青藏高原研究所。

(6)中国农业科学研究院农业环境与可持续发展研究所[①]

中国农业科学研究院农业环境与可持续发展研究所(简称"环发所")是中国农业科学院直属研究所之一,其前身是1953年的华北农业科学研究所农业气象组(后更名为农业气象研究所)和成立于1980年的中国农业科学院生物防治研究所,2002年农业气象研究所与生物防治研究所合并,组建农业环境与可持续发展研究所。截至2018年底,在职人员179人,拥有人社部"百千万人才工程"国家级人选、国家有突出贡献中青年专家等国家和部级高层次人才队伍25人。环发所设有气象学二级学科硕士研究生培养点,以及农业气象与气候变化二级学科博士研究生培养点,主要从事气候资源与气候变化、气象灾害与减灾、温室气体排放及减排、农业气候资源利用与减灾、气候变化影响与适应、农业温室气体排放及减排等研究。

2018年,环发所大气科学类专业研究生招生7人(其中博士研究生4人);研究生毕业9人(其中博士研究生2人);研究生毕业进入气象部门工作5人(占比55.6%)。

(五)气象教育培训能力稳步提高

2018年,气象部门扎实推进气象人才教育培训体系建设,切实发挥教育培训在人才培养中的基础性、先导性、战略性作用,气象人才教育培训质量不断提升,教育培训能力稳步提高,较好地完成了气象人才教育培训工作任务。

1. 气象教育培训提质增效[②]

2018年中国气象局系统组织面授培训班810期,培训量达到23.8万人·天。2009—2018年,国家级气象培训总量呈大幅上升趋势,京外教学点培训量也呈同步上升趋势(图10.17)。2018年国家级培训班共举办147期,面授培训各类干部职工近5250人次,培训量12.6万人·天。其中,干部培训类66期2460人次,业务培训类81期2790人次。各省(区、市)气象培训机构举办省级培训班663期,培训各类干部职工3.1万余人次,其中干部培训类243期1.3万人次,业务培训类420期1.8万人次。除了面授培训以外,建立了远程培训教学平台,远程学习时长逐年明显递增,2018年远程培训在线学习时长累计418.7万小时,培训总体满意度为97.6分。

(1)干部教育培训有新突破。统筹推进中共中国气象局党校建设,进一步明确党校组织机构、职责、发展目标和主要任务,完善党校工作规则和党校工作体制机制。坚持党校姓党的根本原则,着力加强干部理论教育、党性教育和专业化能力培训,将习近平新时代中国特色社会主义思想进教材、进课堂,全年培训44379人·天,比2017年增加30%。按照党校教学要求,重新策划优秀中青年干部培训班,举办了中青班、青干一班、青干二班3类班型5个班次的培训,182名年轻干部接受了系统的

---

① 资料来源:中国农业科学研究院农业环境与可持续发展研究所。
② 资料来源:中国气象局气象干部培训学院。

图 10.17　2009—2018 年中国气象局组织完成面授培训量(单位:万人·天)

理论教育和严格的党性教育。系统设计了党员党务干部培训系列班型,包括入党积极分子、新党员、党务干部、支部书记等培训班。首次设计了任职培训系列班型,包括司局级领导干部、省级以上气象部门处级领导干部、地市气象局长和县局长的任职培训,填补了气象部门领导干部任职培训的空白。首次举办了高层次专家研修班。加强党性教育基地建设,中国气象局党性教育基地(湖南韶山)被列入中央和国家机关党校党性教学基地名录,新增党性教育教材 9 本,培养现场主讲教师 6 人。

(2)业务技术培训有新亮点。服务保障国家重大战略,开展了生态环境气象、应对气候变化和气候资源、气象卫星在生态环境监测应用、气象灾害防御等专项培训 8 期 265 人次。开展围绕重大工程项目的新技术新方法培训,完成了天气雷达、山洪、人影、海洋等重大工程培训 27 期 526 人次。开展了预报员轮训 8 期 233 人次,3 年累计开展预报员轮训 28 期 963 人,2019 将完成全员轮训。开展预报预测、综合观测、农业气象等上岗培训和气象基础知识培训 32 期 872 人次。面向海军、空军等部门举办了预报预测等行业培训。

(3)干部调训有新举措。选派干部参加中央干部院校调训 242 人次。其中省部班参训 9 人次;厅局班参训 89 人次,比 2017 年增加 1.3 倍;中央国家机关司局级干部研修班参训 30 人次;处级班参训 39 人次。105 名司局级干部参加中组部干部网络学院学习。省以下气象部门参加地方党校系统培训 930 人次,比 2017 年增加 23%。同时,聚焦国家战略,加强面向政府和行业的培训。与中组部联合举办为期 1 周的地方党政领导干部防灾减灾与安全生产气象保障研修班,29 名副市长参加培训。与人力资源社会保障部联合举办气候资源开发与利用研修班,省级发展改革委(能源局)、电网公司、新能源企业、气象部门 62 人参加。

(4)国际培训有新拓展。2018 年共完成 14 期国际培训班,来自 70 个国家的 365 位境外学员参加了培训。特别是中国气象局干部培训学院首次开展“一带一路”沿线国家观测装备保障远程国际培训,采用"在线自主课件学习"和"远程同步授课"两种形式,对境外学员进行培训。首次举办东盟国家灾害性天气临近预报技术示范培训,持续开展风云气象卫星产品应用、台风监测及预报等国际培训。

(5)远程培训有新进展。大力开展远程培训,举办远程培训 20 期,开展农业气象面授和远程相结合的混合式培训和自动站虚拟仿真远程实操类培训。面授与远程相结合的混合式培训方法在 20 余个培训班中推广使用。开展气象业务技术类和大气科学基础知识类远程培训约 2.62 万人次,组织 7300 多人参加 10 门在线考试。远程培训在线学习时长累计 418.7 万小时,较 2017 年增加 13.0%(图 10.18),1.5 万人次参加在线学习。

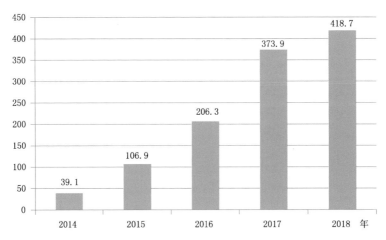

图 10.18 2014—2018 年气象远程培训在线学习时长(单位:万小时)

2.教育培训基础能力建设扎实推进

(1)核心课程体系进一步完善。开展以"基础课程、专题课程、特色课程"三位一体分层分类的模块化课程体系建设。形成了面向领导干部和业务人员的党性教育、综合素质、岗位技能、新技术新方法等分层分类的核心课程体系。全年新编教材 17 本,教材总量达 226 册;新增教学案例(个例)30 个,开发管理和业务类教学案例(个例)累计 90 多个,远程新增课件 643 学时,网络公开课累计达到 6571 学时。

(2)教学培训能力进一步提升。案例式、情景式、体验式教学支撑平台更加完善。依托重大工程项目,完善了新一代天气雷达分析应用实验室、综合观测仿真实验室、气象卫星资料分析应用实验室,开发了教学管理系统、气象灾害防御情景模拟实训、移动学习中心、SA 天气雷达模拟培训器、气象行业 MOOC 系统、L 波段虚拟仿真培训系统、FY-3(02)多媒体远程应用分系统等,在培训中应用受到学员好评。在中组部第十四届全国党员教育电视片观摩交流活动中,选送课件《13 年的坚守》被评为一等奖,《解密台风》和《不朽的丰碑》被评为二等奖;在中组部全国党员干部现代远程教育课件节目制播考核中,所报送的课件获一等奖 1 项,二等奖 2 项,三等奖 1 项。

(3)培训质量管理和效益评估不断强化。加强教学质量评估指标研究与分析,形成基于业务培训、干部培训、党校培训的教学质量评估指标修订意见。完成 3716 份调查问卷分析,形成相关培训质量和效果评估报告。启动教学管理信息系统试运行,全面推行学员培训登记制度,实现 APP 课后即评。2018 年培训满意度为 97.6 分,较 2017 年提高 1.7%(图 10.19)。

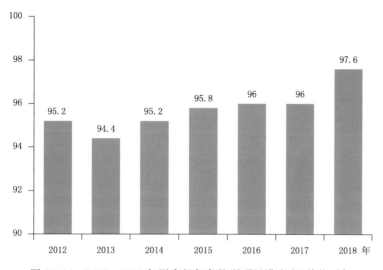

图 10.19 2012—2018 年国家级气象培训项目满意度(单位:%)

(4)气象高等教育和基础人才培养不断推进。围绕增加气象专业学生培养数量开展工作,2018 年高校招收气象专业本科生增加 390 余人。协调中国气象科学研究院研究生招生培养工作,落实 2019 年博士招生指标 24 个,比 2017 年增加 5 个,申请增加 2019 年硕士招生指标。委托成都信息工程大学开展人工影响天气方向专业硕士研究生招生。继续推进气象专业硕士设置申报论证工作。与教育部评估中心、高校启动气象专业认证工作,气象部门 5 人被教育部聘任为新一届大气科学教指委委员。开展首届全国气象教学名师遴选。编制全国气象教学团队建设管理办法。举办高校气象教师现代气象业务研修班。

3.战略研究和决策咨询水平稳步提升

(1)成立中国气象事业发展咨询委员会。2018 年 10 月 18 日,中国气象事业发展咨询委员会(以下简称咨询委员会)正式成立。作为气象高端智库,咨询委员会围绕气象事业改革发展和科技创新、气象参与和服务国家重大战略等方面开展高水平战略谋划与决策咨询,为推动气象事业高质量发展献计出力。27 名委员来自气象以及政治、经济、文化、社会、生态等相关领域,其中有 14 名两院院士。委员每届任期 3 年,中国科学院院士秦大河任首届咨询委员会主任委员。

（2）围绕气象服务保障国家重大战略开展深入研究。聚焦党和国家机构改革、"一带一路"建设、区域协调发展、精准扶贫、生态文明建设、军民融合发展等问题加强政策和规划研究，完成《关于气象部门适应国务院机构改革的初步分析与建议》《党和国家机构改革"三定"规定分析研究报告》《应及早开展＜气象法＞及相关法规评估为修法工作做好前期准备》《气象部门对区块链技术应跟进但不冒进》《新一代信息技术对气象事业发展的影响分析》等14篇决策咨询报告。举办第八届气象发展论坛暨2018年度中国气象学会气象软科学委员会年会，气象部门专家学者百余人参加交流研讨。中国气象局发展研究中心成为"一带一路"智库合作联盟地区成员单位，参加"一带一路"高端智库论坛。

（3）气象事业发展研究和规划评估工作持续推进。组织编制《气象军民融合发展规划》《粤港澳大湾区气象发展规划》《河北雄安新区气象发展规划（2018—2035年）》；编著《中国气象发展报告2018》《中国气象发展指数报告》《气象保障国家重大战略》《气象现代化评估方法与实践》等，编辑发行《气象软科学》4期，出版《气象科技进展》6期，《气候变化动态》45期、《科技信息快递》12期。完成国家级和省级气象现代化评估，以及气象发展"十三五"规划中期评估工作。聚焦改革开放40年气象事业发展历程和未来20年发展格局，开展"中国气象事业改革开放40年"研究，形成近30万字的研究成果。

三、评价与展望

2018年，全国气象部门围绕全面建成小康社会和基本实现气象现代化的核心目标，深化人才发展体制机制改革，实施人才优先发展战略，气象人才工作和人才队伍建设取得了新的进展。针对人才工作的新要求，未来气象人才队伍建设方面将重点在优化环境和培养服务上下功夫，加强基础能力和教育培训制度建设，持续激发人才队伍创新活力。

一是以深化人才改革为主线，增强人才创新创造活力。继续推进《关于增强气象人才科技创新活力的若干意见》（中气党发〔2017〕25号）文件贯彻落实。改进人才评价工作，进一步克服"四唯"；修订《气象部门事业单位岗位设置管理实施意见（试行）》，进一步完善事业单位岗位管理和聘用合同制度；修订气象部门职称评审条件；加强正高级职称专家考核评估。

二是以实施人才工程为牵引，统筹各类人才队伍建设。加强重大人才工程实施力度，规划实施气象部门高层次科技创新人才工程（"十百千"人才工程），完善中国气象局特聘专家制度，加强人才引进工作，用好部门内外人才；加强气象科技创新团队建设和考核评估；扩大与国家留学基金委的合作，加强气象科技骨干人才海外培养；落实好《气象部门政府借调国际职员培养推送工作若干意见》，强化国际组织人才培养推送工作。

三是以加强人才培养服务为重点,营造人才发展良好环境。大力加强人才基层基础工作,服务向基层延伸,政策向一线倾斜;进一步加强人才服务,把人才政策落到实处;加强人才工作宣传、调研和评估,根据气象人才规划阶段性评估结果,完善气象人才发展政策措施;加强国家和部门人才工作政策的宣传指导和工作经验交流;广泛宣传表彰爱国报国、为党和人民事业做出突出贡献的优秀人才先进事迹,在广大气象人才中大力弘扬爱国奉献精神。

四是以加强培训基础能力建设为重点,推进气象人才培养工作。做好中国气象局党校及分校、干部培训学院及分院的建设与管理;统筹用好各类培训资源,加强培训师资、教材、平台、方式方法、考核评估等培训核心能力建设;优化改进培训班次布局和课程体系,编制实施全国气象部门干部教育培训五年规划;加大与高校合作培养气象人才力度,完善高校气象专业招生就业与气象部门毕业生招录联动机制,推进高校气象学科建设。

改革开放篇

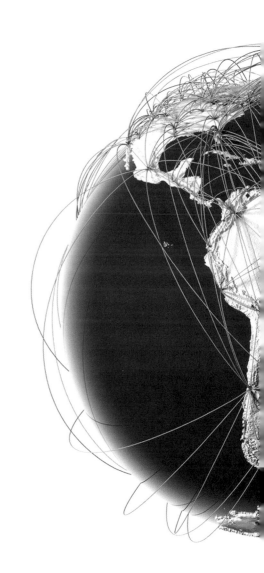

第十一章　气象改革与法治

　　全面深化气象改革和全面推进气象法治建设是新时代气象发展重大战略部署。2018 年,全国气象部门深入学习贯彻党中央全面深化改革和全面依法治国的重大决策部署,注重改革和法治相统一、相促进,着力深化气象业务服务重点领域改革,以激发活力、增强动力;着力发挥法治规范作用以保改革、促改革,切实做到了在法治下推进和深化气象改革,在改革中完善和强化气象法治。

一、2018 年气象改革与法治建设概述

(一)气象改革工作概述

　　2018 年是改革开放 40 周年,是全面深化气象改革的攻坚之年。中国气象局坚持以习近平新时代中国特色社会主义思想为指导,坚决贯彻落实党中央全面深化改革各项决策部署,紧抓突出矛盾和关键环节,研究谋划气象事业改革发展的战略目标和任务举措,明确提出新时代、大格局、高质量发展的总体要求,提出到 2020 年、2035 年以及到 21 世纪中叶全面建成现代化气象强国的三个阶段的奋斗目标。围绕深化重点领域改革、气象业务统筹建设和科技创新集约发展、专业气象服务发展和气象服务社会化、全面从严治党和干部队伍建设人才培养、完善双重管理体制和相应财务渠道等五个关键问题开展重大调研,形成新形势下气象改革发展新思路。聚焦气象服务保障国家重大战略、提高气象综合实力、破解气象核心技术难题等重点难点,加强顶层设计,大力推进气象服务供给侧结构性改革,着力深化气象业务科技体制改革,稳步推进气象领域中央与地方财政事权和支出责任改革,着力落实"放管服"改革要求,充分激发基层气象探索实践、创新发展步伐,加快健全与气象高质量发展相适应的体制机制。专题研究总结气象改革开放 40 年取得显著成就和宝贵经验,隆重纪念气象改革开放 40 周年。一年来,气象改革全面发力、多点突破、纵深推进,改革的系统性、整体性、协同性不断增强,改革的广度和深度压茬拓展,重点领域和关键环节改革取得突破性进展,主要领域改革主体框架基本确立。改革为气象事业发展打开了新空间、提供了新动能、增添了新活力。

(二)气象法治建设概述

　　2018 年,中国气象局深入学习贯彻习近平总书记全面依法治国新理念新思想新

战略,认真落实中央全面依法治国各项决策部署,坚持全面推进气象法治建设服务和服从于依法治国的大局,坚持把依法发展气象事业作为顺利推进气象改革开放、实现气象现代化强国目标的制度保障,作为关系气象事业发展的根本性、全局性、稳定性、长期性问题,切实在法治的轨道上推进气象改革开放、依靠制度保障气象事业健康发展,着力构建保障气象改革发展的法律规范体系,积极推进《气象法》修订列入十三届全国人大常委会立法规划,开展《气象法》立法后评估工作,统筹推进宪法学习、气象法治宣传。着力提升依法履行气象职责的能力,围绕"放管服"改革修订部门规章,深化规章规范性文件"立改废",强化气象行政行为规范和执法监督。着力提高依法管理气象事务的水平,积极推进气象标准化工作改革,加快推进重点领域、重要标准制修订。气象法治建设的引领和推动作用得到有效发挥,运用法治思维和法治方式做好气象改革的能力不断增强,为推进改革发展稳定工作营造良好法治环境,为气象高质量发展提供了有力的法治保障。

二、2018 年气象改革工作进展

2018 年,按照中国气象局党组关于改革总体部署,确保全面深化气象改革年度27 项重点任务顺利完成,各省(区、市)气象局、中国气象局各直属单位细化任务、措施和时间节点,建立台账、压实责任,各项改革扎实推进,全年共出台制度性成果605 项。

(一)贯彻落实党中央国务院全面深化改革各项部署坚决有力

1.以更实举措落实"放管服"改革要求

2018 年,全国气象部门贯彻落实全国深化"放管服"改革转变政府职能电视电话会议精神,深化对"放管服"改革重要性认识,深入推进简政放权,保证不打折不走样,提高行政办事效率。全面推行气象审批服务"马上办、网上办、就近办、一次办"和政务服务"一网、一门、一次"改革,5 类 8 项行政许可审批事项网上审批全部正式上线运行(表 11.1),并加强与地方政府政务服务系统对接,全年办理行政审批事项 13025项,全部"零超时"。加快推进"互联网＋监管",全国防雷减灾综合管理服务平台一期投入试运行,完成二期系统开发。

表 11.1 全国气象行政许可审批事项表

事项类别	行政许可事项名称		决定机构
台站 保护类	气象台站 迁建审批	大气本底站、国家基准气候站、国家基本气象站迁建	国务院气象主管机构
		除大气本底站、国家基准气候站、国家基本气象站以外的气象台站迁建	所在地的省(区、市)气象主管机构
	新建、扩建、改建建设工程避免危害气象探测环境审批		省(区、市)气象主管机构

续表

事项类别	行政许可事项名称		决定机构
装备及设施类	气象专用技术装备(含人工影响天气作业设备)使用审批		国务院气象主管机构
防灾减灾类	防雷装置设计审核审批	防雷装置设计审核和竣工验收	县级以上地方气象主管机构
		雷电防护装置检测单位资质认定	申请单位法人登记或企业工商注册所在地的省(区、市)气象主管机构气象主管机构
涉外及资料类	外国组织和个人在华从事气象活动审批		国务院气象主管机构(涉及国家安全和国家秘密的,应分别征求国家安全、保密等部门意见)
施放气球类	升放无人驾驶自由气球、系留气球单位资质认定审批		设区的市级或者省(区、市)气象主管机构
	升放无人驾驶自由气球或者系留气球活动审批		县级以上气象主管机构

2.促进营商环境优化改革深入推进

制定贯彻落实国务院关于聚焦企业关切、进一步推动优化营商环境的政策举措,推动各地气象部门切实提升气象政务服务质量,提高办事效率,营造公平竞争市场环境。2018 年,气象部门组织制定了负面清单,推动"非禁即入"在气象部门全面落实,7 项措施被列入市场准入负面清单(2018 年版)(表 11.2)。

表 11.2　市场准入负面清单(2018 年版)气象相关内容

项目号	禁止或许可事项	禁止或许可准入措施描述
一、禁止准入类		
1	法律、法规、国务院决定等明确设立且与市场准入相关的禁止性规定	禁止非法定机构向社会发布公众气象预报、灾害性天气警报和预警信号
二、许可准入类		
101	未获得许可或为履行法定程序,不得从事特定气象、地震服务等相关业务	新建、扩建、改建建设工程避免危害气象探测环境审批。气象专用技术装备(含人工影响天气作业设备)使用审批。升放无人驾驶自由气球或系留气球活动审批;升放无人驾驶自由气球、系留气球单位资质认定。
110	未获得许可或资质认定,不得从事限定领域内防雷装置的设计和施工,不得从事雷电防护装置检测工作	油库、气库、弹药库、化学品仓库、烟花爆竹、石化等易燃易爆建设工程和场所,雷电易发区内的矿区、旅游景点或者投入使用的建(构)筑物、设施等需要单独安装雷电防护装置的场所,雷电风险高且没有防雷标准规范,需要进行特殊论证的大型项目的防雷装置设计审核。防雷装置检测单位资质认定。

国家发展改革委、商务部统一向社会发布《市场准入负面清单(2018 年版)》

全面实施市场准入负面清单制度是党中央为加快完善社会主义市场经济体制作出的重大决策部署,对于构建统一开放、竞争有序的现代市场体系,推进国家治理体系和治理能力现代化具有十分重要的意义。全面实施并不断完善市场准入负面清单制度,是处理好政府与市场关系的重要抓手,是建设更高水平市场经济体制的有效保障,有利于推动政府职能转变,有利于进一步营造法治化便利化国际化营商环境,有利于进一步激发各类市场主体活力。

《市场准入负面清单(2018 年版)》气象相关内容如下:

《市场准入负面清单(2018 年版)》包含"禁止准入类"和"许可准入类"两大类,共 151 个事项,581 条具体管理措施。其中,禁止准入类 4 项,市场主体不得进入,行政机关不予审批、核准,不得办理有关手续。禁止非法定机构向社会发布公众气象预报、灾害性天气警报和预警信号列入禁止准入类事项中法律、法规、国务院决定等明确设立且与市场准入相关的禁止性规定。许可准入类 147 项,由市场主体提出申请,行政机关依法依规作出是否予以准入的决定。新建、扩建、改建建设工程避免危害气象探测环境审批等 6 条具体管理措施列入许可准入类事项。

建立完善气象部门涉企收费清单管理制度,清理规范气象部门证明事项,确保涉企收费有设定依据、执行标准和监督规范,推进落实国家"证照分离"改革。认真贯彻落实《国务院办公厅关于加快推进"多证合一"改革的指导意见》(国办发〔2017〕41 号)要求,全面实施"多证合一"改革。会同国家工商行政管理总局、国家发展和改革委、公安部等十三部门出台《关于推进全国统一"多证合一"改革的意见》(工商企注字〔2018〕31 号),全面推进全国统一"多证合一"改革,气象信息服务企业备案纳入全国首批统一"二十四证合一"改革涉企证照事项目录,全国 29 个省(区、市)气象信息服务备案系统与工商行政审批系统完全对接,实现了信息自动推送、导入、转换,做到了"让信息多跑路、让群众少跑路",让气象信息服务审批数据交换"全程无障碍"。

工商总局等十三部门推进全国统一"多证合一"改革

2017 年以来,各省、各部门按照《国务院办公厅关于加快推进"多证合一"改革的指导意见》(国办发〔2017〕41 号)要求,全面实施"多证合一"改革,整合证照事项数量从"十证合一"到"五十六证合一"不等,累计整合 100 项涉企证照事项,改革取得了明显成效。同时,全国层面仍然存在整合证照数量差异大、推进程度不均衡、数据共享不充分、营业执照跨区域跨部门应用存在障碍等问题。

　　为了切实解决改革推进过程中出现的问题，进一步规范和完善"多证合一"改革，经全面梳理、逐项研究，工商总局、发展改革委、公安部、财政部、人力资源社会保障部、城乡建设部、农业部、商务部、海关总署、质检总局、新闻出版广电总局、旅游局、气象局等十三部门达成一致意见，在"五证合一"基础上，将19项涉企证照事项进一步整合到营业执照上，在全国层面实行"二十四证合一"，整合的证照事项主要包括下述：

　　《粮油仓储企业备案》《保安服务公司分公司备案》《公章刻制备案》《资产评估机构及其分支机构备案》《劳务派遣单位设立分公司备案》《房地产经纪机构及其分支机构备案》《单位办理住房公积金缴存登记》《工程造价咨询企业设立分支机构备案》《物业服务企业及其分支机构备案》《农作物种子生产经营分支机构备案》《再生资源回收经营者备案》《国际货运代理企业备案》《外商投资企业商务备案受理》《报关单位注册登记证书（进出口货物收发货人）》《出入境检验检疫报检企业备案证书》《设立出版物出租企业或者其他单位、个人从事出版物出租业务备案》《旅行社服务网点备案登记证明》《气象信息服务企业备案》和《分公司〈营业执照〉备案》。

3.支持海南气象保障体制机制改革深入推进

落实中共中央国务院关于支持海南全面深化改革开放指导意见，出台实施意见，大力推进海南气象事业发展，加快建成适应需求、结构完善、功能先进、保障有力的，以智慧气象为重要标志的海南现代气象业务体系、服务体系、科技创新体系、管理体系。编制《海南省气象局气象服务海南自由贸易区（港）建设行动方案》，明确未来三年重点工作。与海南省政府签署《海南军民一体化气象保障体系建设合作协议》《南沙自动气象站建设合作协议》，推进军民深度融合发展。

4.《防雷》体制改革成效继续巩固

建立完善协调工作机制，会同住建部等10部委建立建设工程防雷管理联络员会议制度，召开2018年度建设工程防雷管理联络员会议。认真落实党中央国务院和中纪委督办事项，认真调查防雷涉企收费情况，对个别省（市）执行国发39号改革政策存在偏差情况进行调查，按照中纪委驻农业部纪检组要求核查有关防雷涉及收费案件。强化防雷减灾安全监管，完成全国防雷减灾综合管理服务平台二期建设，推进"互联网＋监管"，提升事中、事后监管水平。下发《雷电防护装置检测单位质量管理体系建设规范》等9项防雷安全监管标准，并做好监管标准的实施、宣贯培训工作，为防雷安全监管提供依据和指南。组织开展雷电防护装置检测市场整顿专项督查行动，严厉打击雷电防护装置检测领域各种违法违规行为，市场秩序明显好转。开展防雷技术服务调研和检查督导，全面摸清防雷减灾体制改革后防雷技术服务工作的基本现状。

（二）气象服务、业务科技、管理改革全面推进

1. 以提升国家重大战略服务能力为重点推进气象服务体制机制改革

围绕气象服务供给侧结构性改革，着力破解气象在服务保障党和国家重大战略任务等方面支撑不足、作用发挥不够等问题，推动气象服务质量和效益提升。加强生态文明气象保障服务改革顶层设计，中国气象局出台关于加强生态文明建设气象保障服务的政策举措，制订省级生态气象和遥感应用机构组建的指导意见，全国 29 个省（区、市）成立了生态气象遥感机构，23 个成为生态保护红线协调机制成员单位。创新乡村振兴战略气象保障机制，制定《中国气象局党组关于贯彻落实乡村振兴战略的意见》，明确乡村振兴气象保障的思路、目标和 5 大重点任务，加强智慧农业气象服务能力建设，实施农村基层气象防灾减灾"强基"工程，规范基层气象灾害预警服务能力建设。完善气象精准扶贫机制，创新多元投入帮扶机制，引进部门外多元帮扶机制，设立气象扶贫公岗，建立扶贫领导小组会议、干部选派、重点任务清单、工作进展通报、督查检查等工作制度。创新"一带一路"国际服务机制。联合国家航天局与亚太空间合作组织签署风云气象卫星应用合作意向书和合作协定，编制《风云气象卫星国际用户防灾减灾应急保障机制》，扎实推进"一带一路"气象卫星服务机制建设。

2. 以提升核心业务技术能力为重点推进气象业务体制改革

统筹解决业务布局不合理不协调、气象数据不集约、核心业务技术发展滞后等问题，优化调整业务布局，提升核心业务技术。强化智能网格预报业务顶层设计，建立分辨率为 5 千米的实况分析和智能网格预报业务，集约发展实况数据分析业务，推动全球资料同化和集合预报系统实现业务化运行。推进地面观测自动化改革，制定《全国地面气象观测自动化改革方案》，明确地面观测自动化改革时间表、路线图，推动 2020 年 1 月 1 日起全国开展地面气象观测自动化业务运行。完善气象信息管理制度，制订《气象信息系统集约化管理办法》，优化气象预警传播质量评价标准和业务流程，建立气象预警传播质量评价机制，定期发布全国有影响力的网站和 APP 气象预警传播质量评价报告。

3. 以提高科技创新能力为重点推进气象科技体制改革

通过深化气象科研院所改革、完善气象科技奖励制度、推进气象科技成果业务转化应用等，激发科技创新活力，为提升气象服务能力和水平提供有力支撑。统筹推进气象科技创新体系建设，编制《中国气象局科技创新发展规划（2019—2035 年）》《加强气象科技创新工作行动计划（2018—2020 年）》，部署新时代气象科技创新改革发展重点任务。全面深化气象科研院所改革，成立北京城市气象研究院，推进中国气象

科学研究院开展"扩大科研经费使用自主权和绩效评估国家科技改革"试点工作,组织各省所制定省所改革方案。推进气象科技管理"放管服"改革,推进中国气象局国家科学技术奖提名工作,完善中国气象学会科技奖项评奖规则,规范中国气象局科技成果业务准入工作,加快推进气象科技成果业务转化应用。

4.以提高气象事业发展能力为重点推进管理体制改革

及时跟踪和贯彻落实国家改革政策,结合气象部门实际不断完善与国家改革政策不相适应的地方,制定相关管理办法,提高气象事业发展水平。深化国家级气象服务单位改革,重点推进公共气象服务中心和华风集团深化改革工作,明确公共气象服务中心的业务和管理职责和界面,完成公共气象服务中心与华风集团影视、多媒体业务的划转工作。完善气象科研项目资金管理和会计核算制度,贯彻落实《国务院关于优化科研管理提升科研绩效若干措施的通知》,对全时全职承担任务的团队负责人以及引进的高端人才,实行一项一策、清单式管理和年薪制,推动建立符合政府会计制度要求且符合部门实际的会计核算规则。推进县级气象部门公务员职务与职级并行制度和职称制度改革,修订职称评审条件、改进评审方式,促进职称评价与人才培养使用有机结合,全国 27 个省级气象局完成实施方案审核、备案及首批晋升职级人员备案工作。

5.以推动党建与气象改革深度融合为重点加强党的建设

围绕新时代党的建设和全面从严治党总要求,以加强党的政治建设为统领,推动党的建设与气象改革发展深度融合,为气象改革发展提供了坚强的政治、思想和组织保证。印发《中共中国气象局党组关于扎实推进气象部门党的政治建设的通知》,着力加强气象部门党的政治建设,推动政治与业务深度融合。推行全面从严治党责任清单制,印发《2018 年度中国气象局领导班子成员全面从严治党责任清单》和《中共中国气象局党组全面从严治党责任清单管理办法(试行)》,在全部门推进领导干部全面从严治党责任清单制。严格规范基层党的组织生活,印发《中国气象局党组党建和党风廉政建设工作领导小组办公室关于督导基层党组织生活的通知》,推进组织生活规范化、标准化、制度化。强化监督执纪,制定《中国气象局党组贯彻落实〈中国共产党问责条例〉实施办法》,开展执纪问责工作。

(三)气象领域中央和地方财政事权与支出责任划分改革取得阶段性成果

推进中央与地方财政事权和支出责任划分,是落实党的十八大、十九大精神,加快财税体制改革的重要举措,已列入中央全面深化改革的重点任务。气象领域作为公共服务的重要领域,推进财政事权和支出责任划分改革,是落实党中央国务院决策部署的必然要求,是有效提供公共气象服务能力和水平的基础保障,是全面建设现代化气象强国的有力支撑,事关气象领导管理体制和财政保障机制,事关气象事业高质量发展。

2018 年,中国气象局党组把气象领域财政事权和支出责任划分改革调研工作作为五项重大调研之一作了部署。中国气象局与财政部成立了气象领域财政事权划分和支出保障情况联合调研组,深入学习领会中央精神,积极组织开展了相关调研工作。在调研基础上,形成了推进改革调研成果和政策建议,为推进气象领域财政事权划分改革打下了良好的基础。

从调研情况分析,气象领域财政事权和支出责任划分改革面临的突出共性问题。关于事权划分,中央和地方气象事权划分不清晰,需要进一步明确。具体包括:气象财政事权划分体系不健全,缺乏系统的政策规定和制度规范,不少气象财政事权划分确界难度大,地方执行缺乏依据。关于支出责任,中央和地方支出责任执行不到位,需要进一步落实。具体包括:部分中央财政事权保障不充分,支出责任履行不到位;共同财政事权存在多种分担方式和比例,支出责任划分不尽合理;地区发展不均衡、财力与事权不匹配,地方支出责任执行差异大,可持续的长效保障机制尚未形成;现行领导管理体制不适应,支出责任划分面临新难题。

针对上述问题,调研提出的主要政策建议:一是建立气象财政事权划分动态调整机制,根据经济社会发展和行政管理体制的变化,动态调整中央、地方气象财政事权属性,发展中新增气象财政事权,按照职责及时确定事权属性;二是聚焦财政事权和支出责任,做到公共财政应保尽保,把"强中央、保地方、减共管"作为气象领域财政事权划分改革的主基调,合理确定中央地方财政事权;三是充分发挥中央和地方两个积极性,清晰划分中央和地方支出责任。以此作为气象领域中央和地方财政事权与支出责任划分改革的总体思路。

(四)气象工作创新机制建设成效明显

为着力提高创新工作的质量和水平,2018 年中国气象局加强创新评比机制建设,修订了《气象部门创新工作评比办法》,对全国气象部门创新评比工作的评选方式和评选流程进一步规范和细化,强化了前期指导、培育和全过程宣传,鼓励各单位互相学习推广,有力推进了气象工作创新。2018 年全国气象系统共有 42 个单位申报了 92 个项目参加创新工作奖评比,其中联合申报 6 项。

2018 年度气象创新工作紧密围绕中国气象局党组重点工作部署,主动融入国家发展战略,充分结合部门及地方经济社会发展实际,从着力服务保障国家重大战略,着力深化气象改革,着力加强部门党的建设和自身能力建设等方面,对工作理念思路、运行模式机制、实践方式方法都进行了有益尝试和大胆革新,创新性工作取得良好成效,推动气象事业改革与发展的引领和示范作用得到有效发挥。

从创新申报项目内容分析,主要集中在以下几个方面:一是围绕气象服务国家战略工作创新,如生态文明建设、军民融合发展、脱贫攻坚、"一带一路"建设等工作创新;二是气象灾害防御、气象核心业务能力、科学管理体系、人才队伍建设、气象部门党的建设等工作创新;三是持续推进气象现代化和改革工作创新,如智慧气象、科技创新驱动发展、专业气象服务转型发展、气象观测多元化发展、防雷安全监管等。

　　2018 年,在各单位申报的 92 项创新项目中,有 30 个气象创新项目获奖(表 11.3),覆盖 30 个省(区、市)气象局和 7 个中国气象局直属单位。获评项目中,业务服务类创新 13 项,科技体制机制类创新 6 项,科学管理类创新 11 项(图 11.1)。

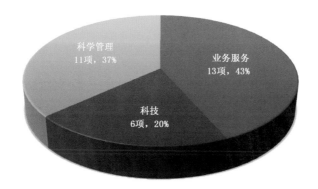

图 11.1　气象部门 2018 年创新项目类别

表 11.3　2018 年全国气象工作创新获奖项目

序号	创新项目名称	单位
1	气象业务照入"天镜",运维监控开启"群智"	信息中心
2	积极探索科技创新集约发展机制,创建大北方区域数值预报联盟	北京、天津、河北、山西、内蒙古、辽宁、吉林、黑龙江、山东、河南、陕西、甘肃、宁夏、新疆等省(区、市)气象局
3	打造融媒体平台,提升气象宣传"四力"	报社 宣传科普中心
4	拓展新领域、培育新支点,推动河北社会气象观测多元化发展	河北省气象局
5	全面融入、整体推进,构建生态文明建设气象保障服务大格局	江西省气象局
6	依法实施重点单位制度,由气象防灾减灾服务向气象安全管理拓展	广东省气象局
7	全面深化气象"最多跑一次"改革,实现气象政务服务高效便民	浙江省气象局
8	开放合作,首建风云气象卫星国际用户防灾减灾应急保障机制	卫星中心
9	打造计财业务及综合管理一体化系统,全面提升科学管理水平	资产中心
10	十年磨一剑,建成南沙气象综合观测区	海南省气象局
11	弘扬劳模精神、引领创业创新,推进假拉创新创业工作室创建工作	西藏区气象局
12	重大活动(中国国际进口博览会)气象保障标准化管理	上海市气象局

序号	创新项目名称	单位
13	面向需求、内引外联,协同开展超大城市综合气象观测试验	探测中心
14	集聚合力、精准施策,"突泉模式"保障打赢脱贫攻坚战	内蒙古区气象局
15	合作集约、创新驱动,助推专业气象服务转型发展	福建省气象局
16	加快高层次青年人才培养,助力江苏气象高质量发展	江苏省气象局
17	以"一科一联三化四保障"为着力点,全面提升基层人工影响天气现代化水平	贵州省气象局
18	创新十省县管理体制机制,推动县市省级气象行业上链	河南省气象局
19	建立精细自然资源资产遥感本底数据,探索推进领导干部自然资源资产离任审计	辽宁省气象局
20	组织"四海升平 五岳同辉"直播,践行气象助力美丽中国建设	华风集团
21	融合共享,发展长江航运智慧气象服务	湖北省气象局
22	气象助力"绿水青山"成就"金山银山"	新疆区气象局
23	实施预警服务标准化 响应规范化管理,提升气象灾害应急水平	重庆市气象局
24	构建生态气象监测考核指标,强化生态文明建设制度保障	安徽省气象局
25	军民融合创新应用模式,共建共享 MICAPS4 数据环境	四川省气象局
26	融入业务抓党建,"五同五化"见成效	气象中心
27	建立综合判识智能化新模式,推进地面观测自动化新发展	湖南省气象局
28	构建基于"内响应 外联动"机制的气象应急全流程信息化管理	云南省气象局
28	强化统筹集约、提高服务效能,。持之以恒推进智能网格预报应用全覆盖	陕西省气象局
30	率先建成覆盖全域的乡村雷电灾害防御新体系,助力广西乡村振兴	广西区气象局

在获评的 30 项创新项目中,业务服务类项目有 13 项(占 43%),数量上占据明显优势,各地在气象服务脱贫攻坚和乡村振兴、气象保障生态文明建设、气象助力美丽中国建设、军民融合创新应用、风云卫星国际应用、深化气象行政审批制度改革、推进专业气象服务转型发展、加强观测自动化发展等方面勇于创新,服务的主动性显著增强、改革发展的创新性明显提升;科学管理类项目有 11 项(占 37%),主要在健全规章制度、提升信息化管理水平、创新党建工作模式、加强人才培养等方面,加快体制机制创新,进一步提升科学管理水平;科技类项目有 6 项(占 20%),主要反映了科研项目和科学技术研发的组织管理等方面内容。其中还有两项联合申报创新项目入选,在建立开放合作、资源共享、协同创新的发展机制上做出了有益探索,取得了良好成效。

三、2018 年气象法治建设进展

2018 年,全国气象部门坚持气象法治建设与全面深化气象改革相统一、相促进,

既发挥法治规范和保障改革的作用,在法治下推进改革,做到重大改革于法有据,又通过深化气象改革加强气象法治工作,做到在改革中完善和强化气象法治建设。

(一)围绕国家改革和事业发展推进气象立法

2018 年,气象部门认真贯彻落实立法规划和全国人大要求,明确气象立法任务和进度安排,推动将《中华人民共和国气象法》的修订列入十三届全国人大常委会立法规划(草案)二类项目,形成修订工作时间表、路线图。在全国气象部门开展《中华人民共和国气象法》立法后评估工作,全面系统推进各项法律、法规贯彻执行情况评估。围绕"放管服"改革要求,基本完成《涉外气象探测和资料管理办法》《施放气球管理办法》《雷电防护装置检测资质管理办法》等部门规章修订,积极推进《防雷减灾管理办法》《防雷装置设计审核和竣工验收规定》的修订。积极推进地方立法,年内新出台 9 部地方性法规和 4 部地方政府规章(表 11.4,图 11.2,图 11.3)。

表 11.4　2018 年地方性法规年度立法情况表

地区	地方性法规	地区	地方性规章
云南	昆明市气象灾害防御条例	新疆	新疆维吾尔自治区大风暴雨暴雪天气灾害防御办法
湖北	湖北省气候资源保护和利用条例	广东	广东省气象灾害防御重点单位气象安全管理办法
湖北	武汉市气象灾害防御条例	山西	山西省气象设施和气象探测环境保护办法
河南	河南省气候资源保护与开发利用条例	内蒙古	呼和浩特市气象灾害防御办法
辽宁	辽宁省气象灾害防御条例		
江西	江西省气候资源保护和利用条例		
新疆	克拉玛依市大风灾害防御条例		
陕西	陕西省气候资源保护和利用条例		
北京	北京市气象灾害防御条例		

(二)强化气象依法行政

2018 年,认真贯彻落实中共中央办公厅、国务院办公厅印发的《关于推行法律顾问制度和公职律师公司律师制度的意见》,不断完善气象法律顾问和公职律师制度,制定印发《气象部门公职律师管理办法》,规范和发展气象部门公职律师工作。推进省级气象部门公职律师试点工作,以充分发挥律师事务所法律顾问作用,为气象涉法涉诉事务提供专业法律服务。加强依法行政培训,对全国气象法规干部开展宪法、监察法、行政诉讼法培训,有效提升气象部门领导干部依法行政能力。加强气象行政执法制度建设,制定气象行政执法监督办法、气象行政处罚自由裁量权规定和裁量权基

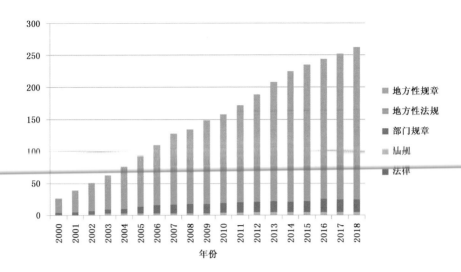

图 11.2　2000—2018 年气象法律法规年度累计情况统计图(单位:部)

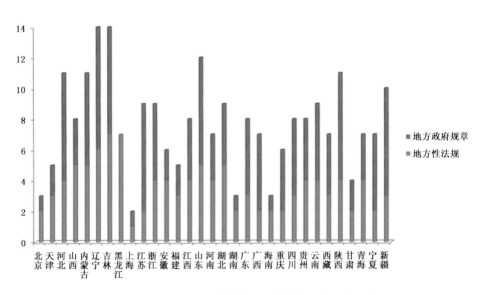

图 11.3　2018 年地方性法规规章现有情况统计图(单位:部)

准和重大气象行政执法案件通报制度(试行)。修订气象行政执法文书制作与范例,开展全国气象部门案卷评查。

(三)不断强化标准化建设

积极推进气象标准化工作改革,联合国家标准委员会修订《气象标准化管理规定》,重点修订强制性标准、团体标准、军民融合等标准。开展气象标准和业务规范清

理,对 2018 年以前发布的现行有效气象行业标准全部进行了复审,继续有效标准
298 项,有待修改标准 67 项,废止标准 30 项。强化重点领域标准项目储备,围绕国
家重大战略和气象改革发展需求,以生态文明气象保障、气候资源开发利用、为农气
象服务等领域为重点,新立项 48 项行业标准、推荐申报 23 项国家标准。加快重点标
准制定出台,新发布《霾的观测识别》等重点国家标准 35 项、修订 3 项(表 11.5),发
布《烟花爆竹生产企业防雷技术规范》等重点行业标准 66 项(表 11.6),重点标准完
成率超过 90%。推进气象标准化管理和标准化试点工作,加强气象科技成果向标准
转化,推进 6 个国家级标准化试点示范项目中期评估,在全国推广应用山西人工影响
天气标准化试点成果。"中国气象标准化网"被国家标准委纳入首批免费公开标准的
官方指定网站。加强气象地方标准信息管理系统建设,实现地方标准及时报送和全
国共享。

2000—2018 年气象国家与行业标准现有情况统计见图 11.4。

表 11.5　2018 年度生效和发布的国家标准

序号	标准编号	标准名称	发布日期	修订日期	实施日期
1	GB/T 19202—2017	热带气旋名称	2003−06−17	2017−12−29	2018−07−01
2	GB/T 20487—2018	城市火险气象等级	2006−08−28	2018−09−17	2019−04−01
3	GB/T 20524—2018	农林小气候观测仪	2006−10−16	2018−12−28	2019−07−01
4	GB/T 34965—2017	辣椒寒害等级	2017−12−29		2017−12−29
5	GB/T 35139—2017	光合有效辐射表	2017−12−29		2018−07−01
6	GB/T 35219—2017	地面气象观测站气象探测环境调查评估方法	2017−12−29		2018−07−01
7	GB/T 35220—2017	地面基准辐射站建设指南	2017−12−29		2018−07−01
8	GB/T 35221—2017	地面气象观测规范 总则	2017−12−29		2018−07−01
9	GB/T 35222—2017	地面气象观测规范 云	2017−12−29		2018−07−01
10	GB/T 35223—2017	地面气象观测规范 气象能见度	2017−12−29		2018−07−01
11	GB/T 35224—2017	地面气象观测规范 天气现象	2017−12−29		2018−07−01
12	GB/T 35225—2017	地面气象观测规范 气压	2017−12−29		2018−07−01
13	GB/T 35226—2017	地面气象观测规范 空气温度和湿度	2017−12−29		2018−07−01
14	GB/T 35227—2017	地面气象观测规范 风向和风速	2017−12−29		2018−07−01
15	GB/T 35228—2017	地面气象观测规范 降水量	2017−12−29		2018−07−01

续表

序号	标准编号	标准名称	发布日期	修订日期	实施日期
16	GB/T 35229—2017	地面气象观测规范 雪深与雪压	2017—12—29		2018—07—01
17	GB/T 35230—2017	地面气象观测规范 蒸发	2017—12—29		2018—07—01
18	GB/T 35231—2017	地面气象观测规范 辐射	2017—12—29		2018—07—01
19	GB/T 35232—2017	地面气象观测规范 日照	2017—12—29		2018—07—01
20	GB/T 35233—2017	地面气象观测规范 地温	2017—12—29		2018—07—01
21	GB/T 35234—2017	地面气象观测规范 冻土	2017—12—29		2018—07—01
22	GB/T 35235—2017	地面气象观测规范 电线积冰	2017—12—29		2018—07—01
23	GB/T 35236—2017	地面气象观测规范 地面状态	2017—12—29		2018—07—01
24	GB/T 35237—2017	地面气象观测规范 自动观测	2017—12—29		2018—07—01
25	GB/T 35562—2017	气温评价等级	2017—12—29		2018—07—01
26	GB/T 35563—2017	气象服务公众满意度	2017—12—29		2018—07—01
27	GB/T 35573—2017	空中水汽资源计算方法	2017—12—29		2018—07—01
28	GB/T 35663—2017	天气预报基本术语	2017—12—29		2018—07—01
29	GB/T 35664—2017	大气降水中铵离子的测定 离子色谱法	2017—12—29		2018—07—01
30	GB/T 35665—2017	大气降水中甲酸根和乙酸根离子的测定 离子色谱法	2017—12—29		2018—07—01
31	GB/T 35968—2018	降水量图形产品规范	2018—02—06		2018—09—01
32	GB/T 36109—2018	中国气象产品地理分区	2018—03—15		2018—10—01
33	GB/T 36542—2018	霾的观测识别	2018—07—13		2019—02—01
34	GB/T 36742—2018	气象灾害防御重点单位气象安全保障规范	2018—09—17		2019—04—01
35	GB/T 36743—2018	森林火险气象等级	2018—09—17		2019—04—01
36	GB/T 36744—2018	紫外线指数预报方法	2018—09—17		2019—04—01
37	GB/T 36745—2018	台风涡旋测风数据判别规范	2018—09—17		2019—04—01
38	GB/T 37274—2018	人工影响天气火箭作业点安全射界图绘制规范	2018—12—28		2018—12—28

表 11.6 2018 年度发布的气象行业标准

序号	标准编号	标准名称	发布日期	实施日期
1	QX/T 10.1—2018	电涌保护器 第 1 部分:性能要求和试验方法	2018—11—30	2019—03—01
2	QX/T 10.2—2018	电涌保护器 第 2 部分:在低压电气系统中的选择和使用原则	2018—11—30	2019—03—01
3	QX/T 31—2018	气象建设项目竣工验收规范	2018—12—12	2019—04—01
4	QX/T 85—2018	雷电灾害风险评估技术规范	2018—11—30	2019—03—01
5	QX/T 89—2018	太阳能资源评估方法	2018—06—26	2018—10—01
6	QX/T 105—2018	雷电防护装置施工质量验收规范	2018—12—12	2019—04—01
7	QX/T 106—2018	防雷装置设计技术评价规范	2009—06—07	2019—02—01
8	QX/T 116—2018	重大气象灾害应急响应启动等级	2018—12—12	2019—04—01
9	QX/T 413—2018	空气污染扩散气象条件等级	2018—04—28	2018—08—01
10	QX/T 414—2018	公路交通高影响天气预警等级	2018—04—28	2018—08—01
11	QX/T 415—2018	公路交通行车气象指数	2018—04—28	2018—08—01
12	QX/T 416—2018	强对流天气等级	2018—04—28	2018—08—01
13	QX/T 417—2018	北斗卫星导航系统气象信息传输规范	2018—04—28	2018—08—01
14	QX/T 418—2018	高空气象观测数据格式 BUFR 编码	2018—04—28	2018—08—01
15	QX/T 419—2018	空气负离子观测规范 电容式吸入法	2018—04—28	2018—08—01
16	QX/T 420—2018	气象用固定式水电解制氢系统	2018—04—28	2018—08—01
17	QX/T 421—2018	飞机人工增雨(雪)作业宏观记录规范	2018—04—28	2018—08—01
18	QX/T 422—2018	人工影响天气地面高炮、火箭作业空域申报信息格式	2018—04—28	2018—08—01
19	QX/T 423—2018	气候可行性论证规范 报告编制	2018—04—28	2018—08—01
20	QX/T 424—2018	气候可行性论证规范 机场工程气象参数统计	2018—04—28	2018—08—01
21	QX/T 425—2018	系留气球升放安全规范	2018—06—26	2018—10—01
22	QX/T 426—2018	气候可行性论证规范 资料收集	2018—06—26	2018—10—01
23	QX/T 427—2018	地面气象观测数据格式 BUFR 编码	2018—06—26	2018—10—01
24	QX/T 428—2018	暴雨诱发灾害风险普查规范 中小河流洪水	2018—06—26	2018—10—01
25	QX/T 429—2018	温室气体 二氧化碳和甲烷观测规范 离轴积分腔输出光谱法	2018—06—26	2018—10—01
26	QX/T 430—2018	烟花爆竹生产企业防雷技术规范	2018—06—26	2018—10—01
27	QX/T 431—2018	雷电防护技术文档分类与编码	2018—06—26	2018—10—01
28	QX/T 432—2018	气象科技成果认定规范	2018—06—26	2018—10—01

续表

序号	标准编号	标准名称	发布日期	实施日期
29	QX/T 433—2018	国家突发事件预警信息发布系统与应急广播系统信息交互要求	2018-07-11	2018-12-01
30	QX/T 434—2018	雪深自动观测规范	2018-07-11	2018-12-01
31	QX/T 435—2018	农业气象数据库设计规范	2018-07-11	2018-12-01
32	QX/T 436—2018	气候可行性论证规范 抗风参数计算	2018-07-11	2018-12-01
33	QX/T 437—2018	气候可行性论证规范 城市通风廊道	2018-07-11	2018-12-01
34	QX/T 438—2018	桥梁设计风速计算规范	2018-09-20	2019-02-01
35	QX/T 439—2018	大型活动气象服务指南 气象灾害风险承受与控制能力评估	2018-09-20	2019-02-01
36	QX/T 440—2018	县域气象灾害监测预警体系建设指南	2018-09-20	2019-02-01
37	QX/T 441—2018	城市内涝风险普查技术规范	2018-09-20	2019-02-01
38	QX/T 442—2018	持续性暴雨事件	2018-09-20	2019-02-01
39	QX/T 443—2018	气象行业标志	2018-09-20	2019-02-01
40	QX/T 444—2018	近地层通量数据文件格式	2018-09-20	2019-02-01
41	QX/T 445—2018	人工影响天气用火箭弹验收通用规范	2018-09-20	2019-02-01
42	QX/T 446—2018	大豆干旱等级	2018-09-20	2019-02-01
43	QX/T 447—2018	黄淮海地区冬小麦越冬期冻害指标	2018-09-20	2019-02-01
44	QX/T 448—2018	农业气象观测规范 油菜	2018-09-20	2019-02-01
45	QX/T 449—2018	气候可行性论证规范 现场观测	2018-09-20	2019-02-01
46	QX/T 450—2018	阻隔防爆橇装式加油(气)装置防雷技术规范	2018-09-20	2019-02-01
47	QX/T 451—2018	暴雨诱发的中小河流洪水气象风险预警等级	2018-11-30	2019-03-01
48	QX/T 452—2018	基本气象资料和产品提供规范	2018-11-30	2019-03-01
49	QX/T 453—2018	基本气象资料和产品使用规范	2018-11-30	2019-03-01
50	QX/T 454—2018	卫星遥感秸秆焚烧过火区面积估算技术导则	2018-11-30	2019-03-01
51	QX/T 455—2018	便携式自动气象站	2018-11-30	2019-03-01
52	QX/T 456—2018	初霜冻日期早晚等级	2018-11-30	2019-03-01
53	QX/T 457—2018	气候可行性论证规范 气象观测资料加工处理	2018-11-30	2019-03-01
54	QX/T 458—2018	气象探测资料汇交规范	2018-12-12	2019-04-01
55	QX/T 459—2018	气象视频节目中国地图地理要素的选取与表达	2018-12-12	2019-04-01
56	QX/T 460—2018	卫星遥感产品图布局规范	2018-12-12	2019-04-01

续表

序号	标准编号	标准名称	发布日期	实施日期
57	QX/T 461—2018	C波段多普勒天气雷达	2018—12—12	2019—04—01
58	QX/T 462—2018	C波段双线偏振多普勒天气雷达	2018—12—12	2019—04—01
59	QX/T 463—2018	S波段多普勒天气雷达	2018—12—12	2019—04—01
60	QX/T 464—2018	S波段双线偏振多普勒天气雷达	2018—12—12	2019—04—01
61	QX/T 465—2018	区域自动气象站维护技术规范	2018—12—12	2019—04—01
62	QX/T 466—2018	微型固定翼无人机机载气象探测系统技术要求	2018—12—12	2019—04—01
63	QX/T 467—2018	微型下投式气象探空仪技术要求	2018—12—12	2019—04—01
64	QX/T 468—2018	农业气象观测规范　水稻	2018—12—12	2019—04—01
65	QX/T 469—2018	气候可行性论证规范　总则	2018—12—12	2019—04—01
66	QX/T 470—2018	暴雨诱发灾害风险普查规范　山洪	2018—12—12	2019—04—01

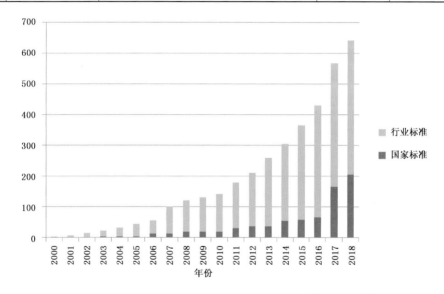

图 11.4　2000—2018 年气象国家与行业标准现有情况统计图(单位:项)

(四)切实加强气象法治宣传

2018 年,全国气象部门进一步强化法治宣传机制建设,建立气象法治宣传产品共享库,集约气象法治宣传 H5、微视频等 9 类普法产品,实现部门普法资源共享共用。利用世界气象日、防灾减灾日、科技周活动,统一部署全国气象部门同步联动开展普法宣传,以展板、微视频、有奖答题、舞台剧等形式宣传气象法律知识,形成宣传合力。在全国组织开展"七五"普法中期自查和检查。认真落实谁执法谁普法责任制要求,进一步完善气象普法责任清单。

四、评价与展望

全面深化气象改革与全面推进气象法治建设取得了重大成就,为我国气象发展提供了改革动力和法治保障。但是,我国气象服务供给还不平衡不充分,气象业务布局集约化程度不高、气象数据集中供给能力不强、气象信息平台支撑不足、气象创新动力不强劲,思想观念束缚和体制机制不适应依然存在。因此,全面深化气象改革和全面推进气象法治建设的任务依然艰巨。

未来在全面深化气象改革中,应以推进气象业务技术体制改革为重点,坚持以数据为主线构建现代气象业务体系,集约数据平台、畅通业务系统、强化科技支撑,推进基础设施、信息资源、服务体系的融合发展。气象科技体制改革,重点立足建立重大业务关键和核心技术联合攻关体制,完善业务和科研人员双向流动机制,建设以提高科学认知和创新科学方法为根本,以数字化和智能化为目标的研究型业务,不断提升气象科技成果转化率,缩短气象科技成果转化周期,提高业务服务科技含量。气象服务体制改革,以供给侧结构性改革为主线,更多利用市场机制推动专业气象服务发展,依法开放气象信息服务,推进国有气象企业改革。

未来在全面推进气象法治建设中,持续推进重点领域立法、修法和部门规章修订工作。开展气象法立法后评估工作。强化规范性文件合法性审查和备案审查。深化气象标准化改革,加快重点领域标准的制定出台,推进部分科技成果转化为标准。全面落实部门权责清单和负面清单。实现省以下行政许可事项网上办理。强化气象行政执法监督,提升基层执法人员履职能力。

第十二章　气象开放与合作

2018 年,气象部门全方位深化开放合作,以开放促改革促发展,积极推进气象国际合作与交流,大力推进气象与各级政府、部门、高校、企业合作,凝聚力量,形成合力。与相关合作伙伴共同以更加包容的姿态进一步扩大开放,全面拓展了气象开放合作的深度和广度,大力提升了气象开放合作质量与水平。

一、2018 年气象开放与合作概述

气象开放合作持续扩大,相关工作不断深入发展,通过积极参与国际活动,承担国际义务,树立气象大国形象,彰显国际话语权和影响力;通过深化科技合作,加强人才交流,提升气象科技水平;通过加强区域协同发展,加强合作共赢,促进发展智慧气象。

一是积极深化气象国际交流合作。气象国际交流合作工作继续紧扣服务国家总体外交和服务气象事业发展的主线,在国际化水平提升上谋求更大作为。中国气象局与世界气象组织共同举办"一带一路"气象合作会议,成功举办第二届中国—东盟气象合作论坛等等,不断推动气象科技国际合作再上新台阶。同时,世界气象中心(北京)正式业务运行,世界气象组织海洋气象服务区域中心(北京)落户中国气象局。中国气象局与中国民航局、香港天文台联合建设的亚洲航空气象中心正式运行。亚洲区域多灾种预警系统建设初步完成。

二是有效推进气象国内交流合作。气象国内合作重点是继续围绕气象现代化建设、气象防灾减灾、公共气象服务、气象科技创新、气象人才培养等重要工作,不断深化部际合作、省部合作、局校合作和局企合作等。省部合作推动了气象现代化行动计划落实,部门合作提升了综合防灾减灾救灾能力,局校合作深化了人才培养和气象科技创新,局企合作促进了专业气象服务发展。

三是加强区域协同推动智慧气象应用。气象部门加强协同创新,合作共赢。重点大力推进粤港澳大湾区气象发展规划的编制工作,立足粤港澳大湾区发展全局,进一步加强与香港、澳门的合作交流,探索建立大湾区科技成果互认制度,完善信息共享、核心技术联合攻关等机制,提升气象协调发展质量和水平。同时,加强雄安新区智慧气象发展的顶层设计,推动省部共建全国智慧气象示范区,强化智慧气象与智慧城市、智慧管理、智慧服务的协同发展。加强长三角区域的气象联动保障，实现了长三角区域雷达同步观测，建成了长三角区域环境气象一体化业务平台。

二、2018 年气象国际交流与合作进展

（一）推进"一带一路"国际气象合作

气象部门积极配合国家总体外交和发展战略，主动作为，在"一带一路"倡议和《中国气象局与世界气象组织关于推进区域气象合作和共建"一带一路"的意向书》框架下，推进实施《气象"一带一路"发展规划（2017—2025 年）》。2018 年 6 月，中国气象局与中国常驻日内瓦代表团、WMO 秘书处共同举办"一带一路"气象合作会议，中国气象局与世界气象组织双方签署了《"一带一路"倡议信托基金协议》，继续推进"一带一路"气象合作，重点支持与"一带一路"气象合作相关的国际交流、培训及其他与能力建设相关的活动。同时，中国持续加强与中亚国家、东盟国家、非洲国家、上合组织成员国的气象合作[①]，在区域防灾减灾、气象科技发展、应对气候变化等方面取得丰硕成果。

1. 与中亚国家气象合作

中国与中亚国家不断完善气象科技合作机制，开展多层次、多领域交流合作，不断提升并增强区域防灾减灾水平和气象保障服务及应对气候变化能力。在 2015 年签署的《中亚气象防灾减灾及应对气候变化乌鲁木齐倡议》（简称《乌鲁木齐倡议》）框架下，中国气象局通过建立中亚气象科技国际研讨会交流机制，推动了中亚地区气象观测网建设，实施了天气气候联合科学计划，开展了气象科技项目合作研究，开通了中亚气象网站，加强了观测数据及科研成果的共享。2018 年，举办第四届中亚气象科技国际研讨会，重点围绕上海合作组织国家和中亚国家的气象灾害监测、灾害性天气预报预警和风云卫星资料应用，共商提高"一带一路"建设气象保障能力。目前中亚各方已在气象观测、科学研究、应对气候变化等方面开展了务实合作：在巴基斯坦瓜达尔港建成了自动气象站；在吉尔吉斯斯坦建设了森林和冰川气象观测站；联合开展了山地森林冰川气象监测及树轮气候研究。已在中亚低涡概念模型、南亚季风对塔里木盆地夏季降水、印度洋增暖对中亚降水的影响机理研究等方面取得了一系列成果。多年来，中国气象局通过世界气象组织南京和北京两个区域培训中心持续开设气象预报、卫星应用等国际培训课程，越来越多的中亚学员成为受益者。

2018 年，中国气象局积极贯彻落实习近平主席在上合峰会、中阿合作论坛、中非合作论坛等关于气象卫星国际应用重要讲话精神和指示，9 月，在北京组织召开了风云二号气象卫星上海合作组织用户需求对接会议暨第四届中亚气象科技国际研讨

---

① 参考：《"一带一路"区域气象合作成果丰硕》，中国气象报，2019-04-25(1).

会,来自上合组织国家气象水文部门、上合组织秘书处、世界气象组织及亚太空间合作组织等部门的代表针对风云二号气象卫星应用、气象灾害防御、灾害性天气机理、气候变化应对等进行了研讨交流。其间,启动风云卫星国际用户防灾减灾应急保障机制,为国外用户提供针对性产品。哈萨克斯坦、吉尔吉斯斯坦、巴基斯坦、俄罗斯、塔吉克斯坦、乌兹别克斯坦、阿富汗、伊朗、蒙古、斯里兰卡 10 个上合组织国家获颁风云气象卫星国际用户防灾减灾应急保障机制用户证书。

2. 与东盟国家气象合作

2016 年,首届中国—东盟气象合作论坛通过的《中国—东盟气象合作南宁倡议》(简称《南宁倡议》),畅通完善了区域气象合作机制。2018 年 9 月召开了第 2 届中国—东盟气象合作论坛,同期举办了中国—东盟博览会气象装备和服务展,加强中国和东盟各国在气象防灾减灾和应对区域气候变化领域的沟通、交流与合作,提升区域气象防灾减灾能力。两年来,《南宁倡议》各项行动不断向前推进,区域气象科技交流日益深化,人员交流愈加频繁,合作成效更加显著。通过合作论坛机制,逐步构建了重点服务南海、覆盖印太地区的区域气象合作体系。一系列举措促进了中国与东盟国家气象交流与合作的深化:中国—东盟防灾减灾与可持续发展论坛举行;中国—东盟气象灾害防御研讨会召开;中国与东盟国家气象计量技术基础研究及合作交流深入开展;中国气象局东盟大气探测合作研究中心成立;东盟国家灾害性强对流天气临近预报技术示范培训班举办;东盟国家代表参加多国别考察活动,实地考察中国气象现代化建设、气象防灾减灾服务实践情况等。

2018 年,中国气象局气象卫星数据广播系统以及气象信息综合分析和处理系统已经在包括多个东盟国家在内的约 20 个国家和地区推广应用。据统计,自 2016 年 9 月以来,在风云卫星遥感数据服务网的新增注册用户中,有 20 个来自东盟国家;约 100 名来自东盟国家的人员参加了中国气象局举办的国际培训班。同时,以世界气象组织“东南亚灾害性天气预报示范项目”为依托,中国气象局完成其网站建设,提供基于数值预报和气象卫星的产品。在《南宁倡议》框架下,与东盟国家共同增强数值预报和防灾减灾能力,协助缅甸气象和水文局开展高分辨率区域数值预报系统和高性能计算机建设,帮助缅甸、老挝建立气象演播系统,并与老挝、印度尼西亚有关部门共同推动气象防灾减灾、双边气象合作。

3. 与非洲国家气象合作

作为南南合作典范,中非气象部门的务实合作持续推进,中非气象合作机制不断完善,形式多样的合作交流有效开展。以风云二号 H 星为代表的静止气象卫星,以及其他多颗风云气象卫星均可为非洲国家提供实时监测数据,帮助其提升气象监测预报水平。

2018 年 4 月,中国气象局建立了风云气象卫星国际用户防灾减灾应急保障机制,非洲国家在遭受台风、暴雨、强对流、森林草原火灾、沙尘暴等灾害时,可通过世界气象组织常任代表或其指定的联系人申请启动该机制,从而为非洲国家防灾减灾救灾工作提供信息支持。同年9月,在中非合作论坛北京峰会暨第七届部长级会议期间,中国和53个非洲国家围绕"合作共赢,携手构建更加紧密的中非命运共同体"的主题,规划到2021年或更长时间中非各领域友好互利合作,中国和非洲各国共同制定并一致通过了《中非合作论坛—北京行动计划(2019—2021年)》。该行动计划提出,"中方愿继续为非洲国家提供风云气象卫星数据和产品以及必要的技术支持,继续向非洲国家提供气象和遥感应用设施和教育培训援助,支持非洲气象(天气和气候服务)战略的实施,提升非洲国家防灾减灾和应对气候变化能力"。目前,中国气象局正会同有关部门,加强与非洲有关国家气象水文部门的沟通和协调,共同组织推动合作项目的落地实施。

4. 与其他领域气象合作

目前,中国气象局除了拥有较为完整的对外合作交流机制外,气象保障能力不断提升,并不断朝着"全球监测、全球预报、全球服务、全球创新、全球治理"目标看齐,气象合作业务领域不断拓展。自中国气象局被正式认定为世界气象中心以来,该中心已开发基于数值天气预报、集合预报、气候预测等产品30余类,制作提供风云卫星系列图像和天气分析产品,通过其门户网站,为全球各国气象部门提供气象业务产品和指导。2018年6月,中国气象局还被正式指定为负责海洋气象服务的区域专业气象中心和第三极区域气候中心。依托20多个WMO全球或区域气象中心,中国气象局提供观测、预报、科研、人才等对外服务。7月,由中国民用航空局、中国气象局和香港天文台联合建设的亚洲航空气象中心正式运行,可对未来6小时可能影响航空运行的雷暴、颠簸、积冰、沙暴和山地波等提供专业预报,每天滚动制作发布危险天气资讯产品多达30余种,覆盖亚洲26个国家和地区、51个飞行情报区。9月,亚洲区域多灾种预警系统与我国国家突发事件预警信息发布系统实现对接,通过该系统,亚洲区域包括中国、泰国、缅甸、科威特、马尔代夫、俄罗斯、中国香港等国家和地区的气象水文部门发布的权威预警信息可第一时间汇集并显示。全球约60个世界气象组织会员发布的预警信息通过全球预警终端,实现与亚洲区域多灾种预警系统的互联互通,实现各国气象和水文机构发布的权威警示信息向全球公民的快速、准确传播,为有效开展联合国或跨区域国际救援行动、跨国界减灾合作等提供保障。

(二)双边、多边合作及与国际组织交流

目前,中国气象局已与160多个国家和地区开展气象科技合作交流,与美国、英国、加拿大、芬兰等全球23个国家的气象部门及欧洲中期天气预报中心(ECMWF)、欧洲气象卫星开发组织(EUMETSAT)等国际机构签署了双边气象科技合作协议、谅解备忘录等,在合作机制建设、防灾减灾救灾、气象科技发展等方面效果显著[①]。

继续围绕核心业务和重点服务领域推进双边气象科技合作,主要组织召开了中英、中芬、中越、中哈、中印尼等 5 个双边气象科技合作会议,确定合作项目 39 个。继续加强双边高层战略沟通,中国气象局领导先后会见世界气象组织英国常任代表、老挝自然资源和环境部副部长、阿富汗灾害管理国务部长、瑞士航天局局长,就气象全球治理与协作、防灾减灾、气象现代化和改革等进行沟通交流,彰显中国气象影响力。

继续加强与欧洲气象卫星开发组织和欧洲中期天气预报中心的务实合作。召开第 4 届中国气象局和欧洲气象卫星开发组织联合研讨会,更新签署了《中国气象局与欧洲气象卫星开发组织关于气象卫星资料应用、交换和分发合作协议》;积极推动与ECMWF 在数值预报等领域的合作,推进 13 个项目的顺利执行。

继续深入参与 WMO 治理。中国气象局积极组织参加执行理事会第 70 次届会、WMO 基本系统委员会技术大会、气候学委员会第 17 次届会、农业气象学委员会第 17 次届会、航空气象学委员会第 16 次届会、仪器和观测方法委员会第 17 次届会、水文大会等关于 WMO 技术规则的讨论。保持了 WMO 所有技术委员会均有中国代表入选管理组成员。

在国内组织举办高影响天气国际研讨会、二区协综合全球观测系统区域中心研讨会、第 14 届亚洲区域气候监测、预测和评估论坛等 16 次国际会议,促进气象科技交流与合作。继续开展对外援助和培训工作,组织完成非洲 7 国气象援助项目工作;向哈萨克斯坦、斯里兰卡等 5 个国家提供气象设备或技术支持。

(三)境外气象培训和引智

2018 年,围绕气象人才培养,共执行赴美国、德国、英国的培训项目 4 项、65 人次。围绕冬奥气象服务,全年派出 32 人出国接受培训。积极推进国际职员培训,3 位青年专家以借调或初级专业官的名义到 WMO 秘书处工作;3 名专家入选 2018 年科技驻外后备干部库。2 项引进专家项目列入国家外专局 2018 年引进境外技术、管理人才项目计划。举办援外培训班 14 个,培训学员约 370 人。据统计,全国气象部门 2018 年度共派出 753 个因公出国(境)团组。

2018 年,正值我国气象改革开放 40 年。40 年来,气象开放不断扩大,1981—2018 年,全国气象部门因公出国学习培训交流人数达到 23366 人次,年均达到 615 人次。其中 2018 年气象部门因公出国达到 1296 人次,较 1981 年增长 22.6 倍,较 1991 年增长 4.1 倍,较 2001 年增长 1.3 倍(图 12.1)[②]。1981—2015 年,全国气象部门邀请外宾来访 15071 人次,年均达到 430 人次。

---

① 参考:《双边气象合作》,中国气象报,2019−04−23.
② 数据来源:气象统计年鉴,2018 年。

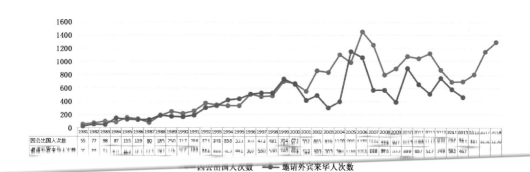

图 12.1　1981—2018 年气象部门因公出国和邀请外宾来访人次
（注：2016 年起不再统计外宾来访人次）
（资料来源：气象统计年鉴）

三、2018 年气象国内合作进展

（一）部际合作

2018 年，中国气象局深入推进部际合作，除保持原有合作部门外，还分别与商务部、生态环境部、中国科协等单位签订合作协议。全年与应急管理部建立紧急视频连线通道，会商 40 余次。

中国气象局与中国科协签署战略合作协议，旨在进一步弘扬科学精神，普及科学知识，统筹利用双方优势资源，共同推进全民气象科学素质提升，促进气象为我国经济社会发展提供更好保障。双方将共同完善气象科普工作机制，提升气象科技传播能力，促进气象科技创新与科学普及均衡发展；联合实施"互联网＋气象科普行动"，利用大数据、云计算等技术，创新气象科普精准化服务模式，针对性开展气象科普信息定制化推送服务；共同加强气象科普教育基地建设，提升科技基础服务能力和水平；共同推动气象科普人才队伍建设，促进气象科普创作与主题活动品牌化发展；共同支持中国气象学会健康发展，强化学会服务能力，完善治理结构，有序承接政府转移职能。

中国气象局与生态环境部签署总体合作框架协议和 8 个重点领域分合作协议。重点是进一步加强在科学技术领域重污染天气成因、空气质量预报、自然生态保护及环境遥感监测等方面的科研合作；在生态环境监测领域建立健全空气质量预报会商和信息发布机制，建立污染事故应急联动和响应机制；在大气环境管理领域积极开展区域重污染天气预测预报会商和中长期环境空气质量形势分析工作；在应对气候变化领域深化基础科学研究、政策研究和国际机制建设、科普宣传等方面合作；在海洋生态环境保护领域加强数据共享，建立海洋生态环境灾害应急联动和响应机制；在自然生态保护领域重点开展生态保护红线和各类自然保护地监管合作;在核与辐射安全领域共同研发精细化预报产品,提升核与辐射事故应急响应能力;在信息共享领域强化数据交换,推进信息化项目合作。随着合作不断深化,未来双方还将适时拓展重点合作领域,形成"1+N"系列合作框架协议,有力支撑打好污染防治攻坚战。

国家气象中心与自然资源部第一海洋研究所在京签署合作协议。更好地发挥双方优势,服务国家战略,大气与海洋数值预报技术的合作前景广阔,双方将在台风数值预报改进、全球海气耦合模式研发、海洋资料同化、海洋气象监测预报技术、人才培养等领域进一步加强务实合作,实现共赢。

(二)省部合作

2018年,中国气象局分别与湖北、江苏、云南、山东、西藏、甘肃和四川省联合召开了省部联席会议,续订合作协议。省部合作已成为气象部门与地方政府互动磋商的一种重要工作机制,合作更加顺畅,成效更加显著。

中国气象局与湖北省人民政府在北京召开省部合作联席会议,就共推2018年合作共建事宜进行了商讨并达成共识。双方将制定更高水平气象现代化指标体系,共同支持重点工程项目建设,共同支持生态文明气象保障能力的提升,加大气象现代化投入。

中国气象局与江苏省人民政府在北京召开省部合作第三次联席会议,就共推下一阶段江苏气象事业发展重点工作达成共识。双方将深化合作,围绕服务保障"强富美高"新江苏建设,继续推进江苏气象现代化建设走在全国前列;加快建设精细化气象预报工程等"十三五"规划重点项目;实施气象服务提质增效等一系列行动计划,更有力地服务国家和江苏重大发展战略;深挖科教人才优势,加强人才队伍建设和气象科技创新。

中国气象局和云南省人民政府在昆明召开省部合作联席会议,签署共建"面向南亚东南亚气象服务中心"合作框架协议。双方将围绕云南"建设面向南亚东南亚辐射中心"的定位,以辐射澜沧江—湄公河流域国家气象服务为切入点,将该中心打造为具有国际影响力的区域性气象服务中心及气象防灾减灾合作、研究交流中心,为中国企业"走出去"提供伴随式气象服务,为南亚东南亚国家提供气象灾害监测预报预警服务、气象防灾减灾技术培训,并促进面向南亚东南亚的气象科学研究,全面提升云南气象辐射影响力。

中国气象局和山东省人民政府共同签署新一轮合作协议《中国气象局 山东省人民政府 支持山东省新旧动能转换重大工程合作协议》。双方进一步健全山东气象灾害防御和服务体系,提高气象综合防灾减灾救灾能力、气象预报预测核心技术创新能力,促进现代农业气象服务、海洋经济气象服务和人工影响天气业务能力达到国内领先水平,实现更高水平的气象现代化,为山东加快新旧动能转换重大工程建设提供更加有力的气象科技支撑。

中国气象局与西藏自治区人民政府在拉萨签署新一轮合作协议《西藏自治区人民政府 中国气象局　推进西藏气象事业跨越式发展合作协议》，共推西藏气象在适应国家战略、满足人民新需求、服务经济社会发展中发挥更大作用和效益。双方将在强化基层气象服务能力、优化观测站网布局、提升遥感应用水平、加强人才队伍建设等方面加大合作力度，提高气象服务西藏经济社会发展水平。

中国气象局与甘肃省人民政府在兰州举行第三次省部合作联席会议，进一步推进甘肃气象现代化建设。双方将以实施甘肃省全面推进气象现代化方案为重点，持续推进祁连山及旱作农业区人工增雨（雪）体系项目建设和甘肃省气象灾害防御能力提升工程项目建设，提升生态文明建设气象服务保障能力；共建兰州大气科学联合研究中心；进一步落实双重计划财务体制，构建更加稳定有力的财政保障体系；全面提升气象服务经济社会发展能力和水平。

中国气象局与四川省人民政府在成都召开省部合作第四次联席会议，总结省部合作经验，部署落实省部合作各项任务，进一步推进四川气象现代化建设。双方将突出政府主导、部门联动，以落实重点工程为抓手，加快推进气象现代化建设和"十三五"重点项目实施，不断提高监测预报精准度，提升气象防灾减灾和公共服务能力，把省部合作各项任务落到实处。

气象省部合作历程

第一阶段，探索阶段（2005—2009 年）：

2005 年上海市政府在全国率先与中国气象局签订部市合作协议。2008 年、2009 年，中国气象局先后与安徽、湖北、河南、广东、重庆等省（市）政府签署合作协议。

第二阶段，拓展阶段（2010—2012 年）：

中国气象局陆续与 21 个省（区、市）政府签署合作协议。省部合作的机制逐步完善，建立了年度例会机制、高层互访机制、投资共建机制、规划对接机制，营造了持续发展的良好环境，推动交流合作形成新格局。

第三阶段，深化阶段（2013 年至今）：

截至 2018 年底，省部合作已覆盖 31 个省（区、市），各地政府的积极性不断提升，多个省（区、市）政府与中国气象局签署了第二轮合作协议。

（三）局校及局企合作

1.局校务实合作交流

2018 年，气象部门为贯彻落实全国教育大会精神，以及《教育部 中国气象局关于加强气象人才培养工作的指导意见》（教高〔2015〕2 号），全面推进气象现代化建设，建立气象部门与高校紧密合作、共同发展的新模式，增强对气象科研业务的支撑能力,提高高校气象学科建设和人才培养水平,满足气象服务经济社会发展的需求,中国气象局组织制定了《中国气象局关于深化局校合作工作的意见》(气发〔2018〕88号),确定目标:到 2020 年,高校成为破解气象核心技术的重要力量,进入气象部门的高校毕业生适应事业发展的能力显著增强,形成务实高效、互利共赢的合作机制。到2030 年,高校将成为气象事业发展的重要战略支撑力量,气象部门和高校协同发展的新机制完全建立。局校双方将深化务实合作与交流,围绕气象核心技术开展联合攻关,推动高校科技成果在气象部门转化应用,推进科教资源共建共享共用,优化气象相关专业和人才结构,建立联合培养研究生新机制,建设高素质气象师资队伍,提升气象人才培养质量,构建气象人才招生、就业长效机制,联合开展气象科普宣传,共同推进气象国际合作与交流。

为进一步深化局校合作,共谋气象科技发展,中国气象局于 2018 年 5 月 21 日在北京召开中国气象局局校合作座谈会,重点围绕气象现代化和高校"双一流"建设,交流局校合作成果和经验,研讨局校合作思路、合作机制以及重点任务。南京大学、南京信息工程大学、中国科学技术大学、成都信息工程大学分别交流局校合作成果及经验。

2018 年,气象部门与北京航空航天大学、河海大学、广东海洋大学等高校签署合作协议,局校合作累计达到 25 所高等院校。其中,中国气象局与北京航空航天大学签署战略合作协议,双方将围绕气象现代化发展和高素质创新人才培养需求,有针对性地开展科研和技术开发,提升气象技术装备和气象产业整体水平,推进高科技成果和产品在气象领域广泛应用。围绕制约我国气象业务发展的重大核心科技,重点在气象技术装备发展、气象数据应用技术、人工影响天气技术等领域开展合作,为军民融合、海洋强国等国家战略提供重要支撑。同时,双方还将在加强科技创新平台建设、联合组织科技攻关、加强科技人才培养和推进高科技成果转化等方面加强交流合作。

中国气象局与河海大学签署全面合作协议,双方将建立工作协调机制,在学科建设、核心关键技术联合攻关、人才联合培养培训、科技合作与科技成果转化、推进国际合作、强化干部人才交流等领域继续深化合作。共同促进气象与水利、海洋、信息等学科的交叉研究和应用,进一步推动气象现代化建设和水科学发展,以满足国家防灾减灾、水安全保障、"一带一路"建设等领域需求。

中国气象局与广东海洋大学签署全面合作协议,加强局校共建,共同推进气象现代化建设,促进大气科学和海洋科学的交叉融合、加强海洋气象防灾减灾的科学研究。同时,双方将建立"科技专家双聘、研发团队双跨、研究平台双建"的合作新机制;联合培养研究生,发挥各自优势培养气象和海洋交叉的复合型人才;共同推进灾害天气国家重点实验室与广东海洋大学南海海洋气象研究院深化合作与交流,联合筹建南海海洋气象重点实验室。此外,中国气象局支持广东海洋大学大气科学及相关专业人才培养质量提升、天气预报实验实习平台建设,将联合建设近海海洋气象实验基地,共同在海洋气象领域联合举办国际、国内学术交流会议。

中国气象局与复旦大学签订战略合作协议,双方本着"合作共赢,优势互补,注重实效,共同发展"的原则,面向世界气象科技前沿和新时代气象事业需求,重点在科教平台建设、科技创新、人才培养以及信息共享等方面开展全面合作,实现资源共享以及科研业务的无缝对接,促进教学质量与人才素质培养的提升,形成长期、全面、稳定的深层次合作关系。同时,将充分利用中国气象局科研业务优势以及复旦大学一流学科和人才资源优势,联合抢占核心科技领域高点,推进我国气象事业发展,培养气象科研业务急需的高水平人才。

中国气象局与中国地质大学(武汉)开展局校合作交流。双方就贯彻落实全国教育大会精神,共商推进《中国气象局 中国地质大学(武汉)战略合作协议》落实。中国气象科学研究院与中国地质大学(武汉)共同签署了《人才联合培养合作协议书》《联合培养博士研究生协议》。双方将启动 2019 年博士研究生联合培养工作。

2. 局企发展战略合作

2018 年,中国气象局与中国海洋石油总公司签署推进海洋气象观测系统建设合作协议,共同提升海洋气象观测及业务服务能力,保障海洋石油设施安全,更好地服务"一带一路"建设。双方将依照共建、共管、共享的原则开展合作,共同设计和建设用于海洋石油设施及重要场所的相关气象观测设施;共同制订观测及服务相关业务运行制度,按照责任分工共同管理石油设施气象观测站;共同建立气象信息服务共享交流机制,共享获取的气象观测资料;将强化气象监测预报预警在海洋石油设施建设和运行中的保障作用,加强跨行业跨领域合作,共同推动技术创新、产品和服务创新、机制创新。同时,以海洋气象保障等工程实施为契机,双方联手研究适于海上石油平台的气象观测技术和方法。

中国气象局与中国铁路总公司签订关于铁路气象战略合作协议,坚持"交通强国、铁路先行",充分发挥科技创新的支撑引领作用,开展关键技术联合攻关,加强极端天气灾害防御合作,实现资源信息共享,推进规章标准体系建设,提高气象服务保障铁路能力,为国家全面实现现代化提供有力保障。双方探索建立铁路气象灾害监测信息共享机制,实现气象灾害监测信息的共享互用;联合开展科研攻关,共同深化铁路灾害监测预警技术研究;加强铁路应对极端气象灾害的合作,提高极端天气的防御能力;加强铁路"走出去"项目气象合作,助力"一带一路"建设。

中国气象局与招商局集团有限公司在北京签署战略合作框架协议。双方将聚焦气象观测、预报、服务等领域深化合作,提高海洋气象业务服务能力,逐步提升以"一带一路"沿线为重点区域的全球观测预报服务能力。双方将共同推进全球综合气象观测网建设,在远洋航线运营的船舶上加装气象观测设备,开展海洋气象观测数据收集、传输及应用工作;加快推进气象大数据基础能力建设,逐步形成国际化的气象大数据研发创新中心和气象大数据服务示范中心;共建气象基础科技和创新商业平台,推动国内和全球气象服务能力持续提升;共同探讨开展气象巨灾保险服务、政策性气象金融服务等。同时,双方将突出优势互补、强化资源整合,共同提升以"一带一路"沿线为重点区域的全球观测预报服务能力。中国气象局将向招商局集团提供气象信息和全球气象预报服务产品,研发印亚太区域的格点化数值预报服务产品,满足招商局集团"一带一路"海外机构接收并使用我国气象部门提供的气象预报服务产品的需求;为招商局集团下属公司的港口建设和生产、船舶导航、人工岛开发、海洋装备制造基地生产等提供安全生产支持和指导。招商局集团将支持气象局为招商局船队提供覆盖全球的船舶自动识别系统跟踪服务和远洋气象导航服务。

（四）港澳台气象合作

近年来,内地与港澳气象合作不断加强。2018 年 1 月,第 32 届粤港澳气象科技研讨会暨第 23 届粤港澳气象业务合作会议在澳门地球物理暨气象局举办,来自三地的近 60 位气象专家交流研讨三地的气象研究成果、业务发展及未来合作事宜等,推动三地共建更高水平的气象事业合作模式。2018 年 9 月 13 日,为了应对台风"山竹",中央气象台与香港天文台、澳门地球物理暨气象局举行了历史首次三地联合视频会商,共同研判"山竹"的发展趋势与影响。同年,12 月 7 日,三地气象部门再次启动联合会商,研判冷空气发展趋势与影响。三地气象部门会商机制越来越成熟,有效促进了共同做好区域防灾减灾、服务好粤港澳大湾区建设等相关工作。另外,香港天文台积极参与 2018 年 9 月在南宁举行的第二届中国—东盟气象合作论坛,并在期间分别与越南水文气象局和缅甸气象及水文局签署谅解备忘录和合作备忘录,加强在气象观测、雷达数据交换、临近预报技术、航空气象、重要天气情报协调等多方面的合作。此外,香港天文台还与中国气象局共同推出世界气象组织全球多灾种预警系统亚洲版本(GMAS－A),该系统是一个区域性的网上平台,也是一个讨论平台,可以促进区内各国及地区的气象人员更紧密联系及推动跨区天气事件的处理更有效协调。2018 年,中国气象局、中国民用航空局和香港天文台联合建成"亚洲航空气象中心",就可能影响航空运作的雷暴、颠簸、积冰等危险天气发出指导产品,供邻近国家及地区的气象机构和航空业界参考,共同提升预警及服务水平。同年,香港深圳携手举办全球气象人工智能挑战赛,邀请专业人才利用气象大数据和深度学习,改进降雨临近预报。

近年来,两岸气象科技交流、科研合作不断加强。2018 年 6 月,两岸气象界连续第七年共同举办海峡两岸民生气象论坛,共举办 2 场交流会、2 个培训班、1 次考察和 1 场青年活动,形成 3 项合作意向,达成 1 项协议,来自两岸的 170 多位气象相关专家为气象共同服务好两岸民生建言献策。海峡两岸民生气象论坛已成为两岸气象交流的重要平台,其交流领域不断拓展,合作内容不断深化,活动形式不断创新,品牌效应有效扩大,为进一步提升海峡防灾减灾能力做出了贡献。2018 年 8 月,首届两岸青年生态与气候交流会在福州海峡青年交流营地举行,来自两岸的 60 多位气象工作者进行共同交流探讨,签署了《两岸青年共建美丽海峡倡议书》,进一步推动了两岸气象交流与合作。

(五)区域气象协调发展

党的十九大提出要实施区域协调发展战略,中国气象局党组高度重视,全面贯彻落实中央战略决策部署。2018 年,继续深化京津冀、长江经济带气象协同发展,重点加强对雄安新区、粤港澳大湾区、长三角区域等气象发展规划编制工作,推动地方气象发展规划编制实施,促进区域气象事业协调发展。

1. 粤港澳大湾区气象发展

气象部门高度重视粤港澳大湾区气象发展,积极提升气象保障服务能力,融入国家发展战略。为全面落实国家粤港澳大湾区发展战略,促进香港、澳门气象事业进一步融入国家气象发展大局,中国气象局组织广东省气象局、香港天文台、澳门地球物理暨气象局编制了《粤港澳大湾区气象发展规划》。2018 年 12 月,在香港举办了粤港澳大湾区气象发展规划研讨会和中国气象局与香港天文台高层管理会议,中国气象局与香港、澳门气象部门代表达成共识,粤港澳大湾区气象发展要对接国家战略需求,加强统筹协调,创新合作机制,加快三地气象工作深度融合,将大湾区气象事业打造成气象现代化、智慧气象服务和"一带一路"气象合作的示范窗口,形成更高水平的防灾减灾保障体系,为粤港澳大湾区经济社会发展保驾护航。同时,中国气象局积极推动《粤港澳大湾区气象监测预警预报中心建设方案》落地实施。

2. 雄安新区智慧气象发展

雄安新区设立以来,气象部门积极贯彻落实党中央、国务院关于雄安新区规划建设的重大决策部署,主动对接、积极沟通,与雄安新区规划组织单位和编制单位建立常态化联系机制,参与有关规划编制,推动雄安新区和白洋淀流域气象综合观测、气象分析评估与服务、气象预报预警与灾害防御、人工影响天气等系统建设融入相关专项规划;并开展雄安新区气候安全评估项目,推动科学谋划通风廊道等。2018 年,中国气象局与河北省人民政府共同编制《河北雄安新区智慧气象发展规划(2018—2035年)》,提出将雄安新区建成智慧气象示范区、气象科技创新引领区、绿色生态气象保障先行区,打造成全国智慧气象样板。同时,中国气象局综合观测司组建了雄安新区智能气象观测体系规划专家组并启动了设计工作。中国气象局气象探测中心和河北省气象局开展了新区湿地生态型应用气象观测站、梯度观测系统和湿地土壤监测站建设工作。

3. 长三角气象一体化发展

自 2018 年 11 月长三角一体化发展上升为国家战略后,中国气象局和上海市政府高度重视长三角一体化发展气象保障工作。2018 年以来,涉及到长三角区域的 12部 CINRAD SA 型号新一代天气雷达实现了同步观测。通过建立长三角区域环境气象一体化业务平台,实现了该区域内气象和环保部门信息共享,提升了对污染输送的组网观测能力;并实现了该区域内污染天气预报信息的共享,和环保部门联合制作发布未来5天该区域的空气质量指导预报。同时,建立了污染输送评估系统,实现对长三角区域及三省一市关键气象条件的定量评估和对输送贡献的定量评估,可定量分析空气污染的主要来源,揭示主要污染传输通道,为长三角区域空气污染精细化治理和联防联控提供决策支持。

四、评价与展望

气象事业是高科技事业,在开放合作中取得了长足发展,更高质量的气象发展必须坚持更加积极主动的全面开放合作。大气无国界,应对气候变化、防御自然灾害、治理全球生态需要世界各国的共同努力,推动全球气象治理、实现气象核心技术突破需要与相关国际组织和国家之间的通力合作,气象科技发展也需要国内各领域的通力合作。

未来我国气象全面开放,要在继续做好双边、多边合作交流的基础上,全面参与国际气候事务,大力推进和参与全球观测、全球预报、全球服务、全球创新、全球治理,既学习借鉴世界先进经验和科学技术,又展示中国气象科技成果,提升中国气象国际化形象。重点深化与"一带一路"沿线国家、金砖国家、非洲国家的气象合作。推进"中国—中亚、中国—东南亚极端天气联合监测预警合作及海洋气象联合观测"任务,以及《中国气象局与世界气象组织关于推进区域气象合作和"一带一路"倡议的意向书》《南宁倡议》《乌鲁木齐倡议》等举措的实施。以建设世界气象中心为契机,推动其他国际中心的国际合作能力建设。推进中蒙俄和中巴经济走廊建设气象保障合作。继续做好国际教育培训和气象援外工作。

未来国内气象合作交流,要进一步深化部际合作、省部合作、局校合作与局企合作,推进区域气象合作,坚持各有侧重、优势互补、资源共享、互促发展的原则,在气象防灾减灾、应急管理、服务民生、科技创新、人才培养和工程建设等领域开展更加广泛深入的合作。重点推动气象主动融入和服务保障国家战略实施,加强区域气象协调发展,实现合作共赢。

主要参考文献

白春礼,2018.勇做新时代科技创新的排头兵[J].求是,(14)[EB/OL].2018-07-16.http：// www. qstheory. cn/dukan/qs/2018-07/16c_1123114822. htm

付丽丽.2018.数值预报:气象事业迈入"中国芯"时代[N].科技日报,2018-12-29(03).

国家发展和改革委员会.中国应对气候变化的政策与行动2018年度报告[M].北京:中国协调出版社.

国家林业局.2018年中国国土绿化状况公报[R].

国家能源局.国家能源局发布2018年可再生能源并网运行情况等[EB/OL].2019-01-28. http:// www. gov. cn/xinwen/2019-01/28/content_5361939. htm♯1.

国家气候中心.2018年中国气候公报[R]:39-50.

国务院发展研究中心创新发展研究部"我国数字经济发展与政策研究"课题组.推动我国数字经济发展亟须分类确定数据权利[N].中国经济时报,2019-07-31(A04).

何传启.推进以科技创新为核心的全面创新[N].中国青年报,2017-8-21(02).

孔锋,王一飞,吕丽莉,等,2018.新常态下中国气象人才和气象教育的主要进展和展望[J].教育教学论坛(8):30-33.

李克强.在国家科学技术奖励大会上的讲话[N].人民日报,2017-01-09(02).

李锡福,唐伟,王兰兰,等,2019.气象教育培训和人才队伍体系改革成就与展望[J].气象软科学(1):57-66.

李一鹏.人才春潮涌　筑强气象路[N].中国气象报,2019-01-08(01).

唐伟,王喆,朱玉洁.省级气象现代化评估怎么看?怎么办?[N].中国气象报,2017-05-11(03).

唐伟,朱玉洁.省级气象现代化建设如何全面提速[N].中国气象报,2018-02-02(03).

万钢,2018.打造高质量发展的科技创新引擎[J].求是(6):24-26.

王仕涛.推动以科技创新为核心的全面创新[N].科技日报,2019-03-05(02).

王喆,朱玉洁.国家级气象业务现代化进展与思考[N].中国气象报,2018-01-29(03).

吴鹏.遥感监测打造生态安全屏障[N].中国气象报社,2018-09-03.

习近平,2019.深入理解新发展理念[J].求是(10).

杨洁篪,2017.党的十九大报告辅导读本——推动构建人类命运共同体[M].北京:人民出版社.

于波,姚蒸蒸,姚远,2018.关于推动气象科技创新和人才队伍建设的思考——以安徽省气象局为例[J].气象软科学(3):13-18.

中国国家统计局.2018年国民经济和社会发展统计公报[R].

中国科学技术发展战略研究院,2019.科技创新有力支撑经济高质量发展[EB/OL].2019-07-10. http://www. bjqx. org. cn/qxweb/n416201c796. aspx.

《中国气象百科全书·气象服务卷》编委会,2016.中国气象百科全书·气象服务卷[M].北京:气象出版社:56-57.

《中国气象百科全书·气象预报预测卷》编委会,2016.中国气象百科全书·气象预报预测卷[M].

北京:气象出版社.

《中国气象百科全书·综合卷》编委会,2016.中国气象百科全书·综合卷[M].北京:气象出版社:12

中国气象服务协会,2018.释放气象资源活力——中国气象服务产业发展报告(2017)[M].北京:气象出版社.

中国气象局,2009.中国气象现代化60年[M].北京:气象出版社.

中国气象局.2018年大气环境气象公报[R].2019:2-18.

中国气象局.2018年全国生态气象公报[R].2019:20-31.

中国气象局.2018年中国公共气象服务白皮书[R].2019.

中国气象局,2018.中国气象大数据(2018)[M].北京:气象出版社.

中国气象局发展研究中心,2018.中国气象发展报告2018[M].北京:气象出版社.

中国气象局发展研究中心,2017.气象软科学2017[M].北京:气象出版社.

中国气象局风能太阳能资源中心.2018年中国风能太阳能资源年景公报[R].2019:1-14.

中国气象局气候变化中心.中国气候变化蓝皮书(2019)[R].2019(3):26-29.

中华人民共和国水利部办公厅.2018年中华人民共和国水利部公报第1—4期[R].

朱玉洁,唐伟,王喆,2018.气象现代化评估方法与实践[M].北京:气象出版社.

附录 A　2018 年中国天气气候

一、2018 年天气气候特征

2018 年,全国平均气温较常年偏高 0.54℃,平均降水量较常年偏多 7%。华南前汛期开始明显偏晚,结束偏早,雨量偏少;西南雨季开始和结束均接近常年,雨量偏多;华中华东入梅晚、出梅早,梅雨量偏少;华北雨季开始和结束均偏早,雨量偏多;华西秋雨开始和结束均偏晚,雨量偏少;东北雨季开始和结束均接近常年,雨量偏少。根据《2018 年中国气候公报》,全国主要气候呈现以下特征。

(一)气温

1. 全国平均气温为历史第三高

2018 年,全国平均气温 10.09℃,较常年偏高 0.54℃(图 A.1);除 1 月、2 月、10月、12 月气温偏低外,其余各月均偏高,其中 3 月偏高 2.8℃,为历史同期最高。从空间分布看,除新疆北部局地气温略偏低外,全国其余大部地区气温接近常年或偏高,其中黄淮中部、江南东部及内蒙古中部、青海西南部和东南部、西藏西部和北部等地偏高 1~2℃。

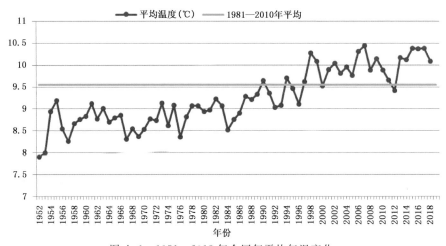

图 A.1　1951—2018 年全国年平均气温变化

2018 年,全国 31 个省(区、市)气温均偏高,其中江苏、河南为历史第三高。

2.春、夏季气温创历史新高,秋、冬季气温接近常年同期

冬季(2017 年 12 月—2018 年 2 月),全国平均气温 -3.2℃,接近常年同期。除青藏高原大部气温较常年同期偏高,全国其余大部地区气温接近常年同期或偏低。

春季(3—5 月),全国平均气温 12.0℃,较常年同期偏高 1.6℃,为历史同期最高。全国大部气温普遍偏高。

夏季(6—8 月),全国平均气温 21.9℃,较常年同期偏高 1℃,为历史同期最高。全国大部地区气温偏高。

秋季(9—11 月),全国平均气温 9.9℃,接近常年同期。除黑龙江大部、吉林西北部、内蒙古东北部气温偏高,全国其余大部地区气温接近常年同期或偏低。

3.高温日数为 1961 年以来最多

2018 年,全国平均高温(日最高气温≥35℃)日数 11.8 天,较常年偏多 4.1 天,为 1961 年以来次多,仅少于 2017 年。

2018 年,全国平均≥10℃活动积温(作物生长季积温)为 4978℃·日,较常年偏多 248℃·日,较 2017 年偏多 135℃·日。

2018 年,全国共有 209 站日最高气温达到极端事件标准,极端高温事件站次比为 0.18,较常年偏多,较 2017 年明显偏少。全国有 57 站日最高温气温突破历史极值,主要分布在辽宁、吉林、内蒙古、河北、山西、江西、重庆等省(区、市)。

(二)降水

1.全国平均降水量偏多

2018 年,全国平均降水量 673.8 毫米,较常年偏多 7.0%,比 2017 年偏多 3.9%(图 A.2)。1 月、7 月、8 月、9 月、11 月和 12 月降水量偏多,其中 12 月偏多 78%;2 月、4 月、6 月和 10 月降水量偏少,其中 2 月偏少 53%,为 1951 年以来历史同期第三少;3 月和 5 月降水量接近常年同期。

与常年相比,北方大部降水偏多,南方大部降水接近常年,其中东北地区中北部、西北地区中东部及内蒙古中西部、山东中部、安徽东北部、四川中东部、新疆西南部、西藏中西部、海南大部等地降水量偏多 20%～100%,局地偏多 1～2 倍;辽宁中部、新疆东南部等地降水量偏少 20%～50%;全国其余大部地区降水量接近常年。

2.降水冬季偏少、夏秋季偏多;区域和流域降水量以偏多为主

冬季,全国平均降水量 34.0 毫米,较常年同期偏少 17%。春季,全国平均降水量 142.3 毫米,接近常年同期。夏季,全国平均降水量 356.4 毫米,较常年同期偏多 10%。秋季,全国平均降水量 127.2 毫米,较常年同期偏多 6%。

2018 年,全国六大区域降水量均较常年偏多或接近常年,其中西北(432.1 毫米)偏多 13%,西南(1100.4 毫米)偏多 9%,东北(630.3 毫米)偏多 7%,华北(456.9 毫米)偏多 3%,长江中下游(1358.5 毫米)和华南(1670.1 毫米)接近常年。七大江河

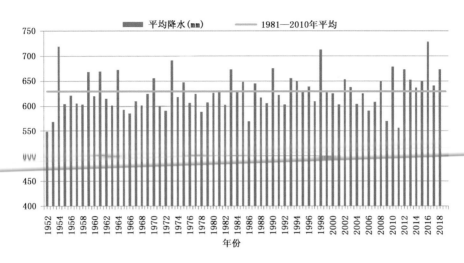

图 A.2　1951—2018 年全国年平均年降水量历史变化

流域中,除辽河流域(523.4 毫米)降水量较常年偏少 11％外,其余六大流域降水量均偏多或接近常年,其中松花江流域(632.5 毫米)偏多 21％,黄河流域(531.8 毫米)偏多 14％,淮河流域(914.3 毫米)偏多 13％,长江流域(1210.8 毫米)偏多 3％,海河流域(516.3 毫米)和珠江流域(1567.5 毫米)接近常年。

　　3.暴雨日数较常年略偏多

　　2018 年,全国共出现暴雨(日降水量≥50.0 毫米)6106 站日,比常年偏多 2％。2018 年,全国共有 317 站日降水量达到极端事件监测标准,日降水量极端事件站次比为 0.2,接近常年。有 68 站日降水量突破历史极值,其中多站出现在暴雨少发地区;有 51 站连续降水量突破历史极值,主要分布在四川、新疆、山东、青海、内蒙古和河北等地。

　　(三)日照

　　2018 年,我国东北、西北、华北、黄淮大部、西南中西部及内蒙古等地日照时数一般在 2000 小时以上,其中西北大部、华北北部、西南西部及内蒙古大部地区超过 2500 小时;黄淮西南部、江淮南部、江汉、江南中东部、华南东部等地有 1500～2000 小时,其余大部分地区不足 1500 小时。与常年相比,除东北北部和南部局地、西南东部及内蒙古东北部、新疆西部局地、河南北部、福建中部日照时数偏多外,全国其余大部地区日照时数接近常年同期或偏少,其中黑龙江东部、吉林中北部、青海大部、西藏东部等地偏少 200～400 小时,局地偏少 400 小时以上。

　　二、2018 年中国天气气候灾害事件

　　2018 年,我国台风和低温冷冻害损失偏重,暴雨洪涝、干旱、强对流、沙尘暴等气象灾害偏轻。生成和登陆台风多、登陆位置偏北、灾损重;低温冷冻害及雪灾频发,损失偏重;夏季暴雨过程频繁,但暴雨洪涝灾害总体偏轻;高温日数多,东北及中东部地区高温极端性突出;区域性和阶段性干旱明显,但影响偏轻;强对流天气少,经济损失偏轻;春季北方沙尘天气少,影响偏轻;阶段性雾霾影响大。

初步统计,2018 年,全国干旱受灾面积占气象灾害总受灾面积的 37%,暴雨洪涝占 19%,台风占 16%,低温冷冻害和雪灾占 16%,风雹占 12%(图 A.3)。气象灾害造成农作物受灾面积 2081 万公顷,死亡失踪 635 人,直接经济损失 2645 亿元。与 2013—2017 年平均值相比,农作物受灾面积、死亡失踪人口以及直接经济损失均明显偏少。

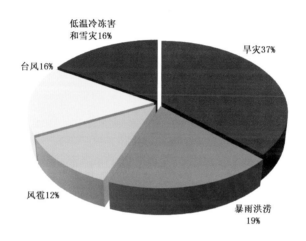

图 A.3 2018 年全国主要气象灾害受灾面积占总受灾面积比例(单位:%)
(国家气候中心)

(一)台风

2018 年,西北太平洋和南海共有 29 个台风(中心附近最大风力≥8 级)生成,较常年(25.5 个)偏多 3.5 个,其中 10 个登陆我国(图 A.4,表 A.1),较常年(7.2 个)偏多近 3 个。初台登陆时间较常年偏早 13 天,终台登陆时间偏晚 10 天;"温比亚"和"山竹"致灾重。2018 年台风灾害共造成全国 3260.6 万人次受灾,80 人死亡,3 人失踪,366.6 万人紧急转移安置;2.4 万间房屋倒塌,4.3 万间房屋严重损坏,16.2 万间一般损坏;直接经济损失 697.3 亿元。与 2008—2017 年平均值相比,2018 年台风造成直接经济损失偏大。其对我国主要影响详见表 A.1。

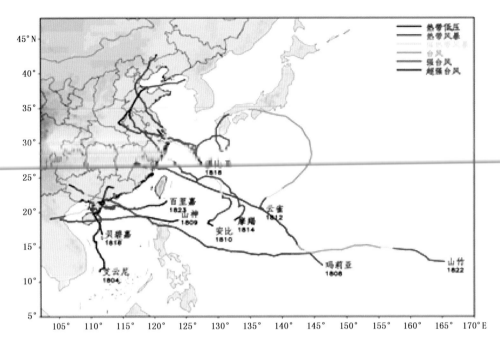

图 A.4　2018 年登陆中国台风路径图(中央气象台提供)

表 A.1　2018 年登陆中国台风简表

台风编号名称	登陆地点	登陆时间（月.日）	登陆时最大风力（风速）	影响区域	造成损失
1804 艾云妮	广东徐闻 海南海口 广东阳江	6.6 6.6 6.7	8(20 米/秒) 8(18 米/秒) 8(20 米/秒)	湖南、广东、广西、福建、海南	造成广东、广西、福建、湖南等 4 省(区)10 个县(市、区)受灾，农作物受灾面积 27.35 千公顷，受灾人口 21.12 万人，共紧急转移 4.68 万人，倒塌房屋 29 间，广东省云浮市新兴县 3 人死亡(2 人因房屋倒塌死亡，1 人因山体滑坡死亡)、江门市开平县 1 人失踪(因山体滑坡失踪)
1808 玛莉亚	福建连江	7.11	14(42 米/秒)	江西、浙江、福建、湖南	截至 7 月 12 日 11 时统计，浙江、福建、江西 3 省 11 市 86 个县(市、区)117.3 万人受灾，1 人死亡，51 万人紧急转移安置，800 余人需紧急生活救助；300 余间房屋倒塌，9000 余间不同程度损坏；农作物受灾面积 37.3 千公顷，其中绝收 2.5 千公顷；直接经济损失 28.8 亿元

续表

台风编号名称	登陆地点	登陆时间（月．日）	登陆时最大风力（风速）	影响区域	造成损失
1809 山神	海南 万宁	7.17	9(23 米/秒)	广西、海南、云南	海南省儋州市和万宁、琼海、文昌等 4 个县（市）4.2 万人受灾，7100 人紧急转移安置，直接经济损失 500 余万元
1810 安比	上海 崇明岛	7.22	10(28 米/秒)	北京、天津、河北、内蒙古、辽宁、吉林、上海、江苏、浙江、山东	截至 22 日 10 时，上海、江苏、浙江三省（市）共紧急转移群众 38.71 万人，4.14 万艘船只回港避风
1812 云雀	上海 金山	8.3	9(23 米/秒)	浙江、江苏、上海	导致 33.1 万人受灾，15.6 万人紧急转移安置；农作物受灾面积 13.1 千公顷；直接经济损失 3.7 亿元
1814 摩羯	浙江 温岭	8.12	10(28 米/秒)	河南、河北、山东、安徽、江苏、浙江、上海、辽宁	截至 15 日，山东省 50.58 万人受灾，紧急转移安置 566 人；农作物受灾面积 4.34 万公顷；倒塌房屋 183 间，严重损坏房屋 459 间，一般损坏房屋 2960 间；直接经济损失 10.64 亿元，其中农业损失 6.70 亿元
1816 贝碧嘉	广东 雷州	8.15	9(23 米/秒)	广东、海南	造成广东、海南 2 省 7 市 28 个县（市、区）34.3 万人受灾，3 人死亡，2 人失踪，5.1 万人紧急转移安置，900 余人需紧急生活救助；300 余间房屋倒塌，200 余间不同程度损坏；农作物受灾面积 48.1 千公顷，其中绝收 3.3 千公顷；直接经济损失 15.9 亿元
1818 温比亚	上海 浦东	8.17	9(23 米/秒)	河北、辽宁、上海、江苏、浙江、安徽、山东、河南	造成 48 人死亡，4 人失踪，37 人受伤，倒塌/严重损坏房屋 32624 间，直接经济损失 250.8 亿元
1822 山竹	广东 台山	9.16	14(45 米/秒)	云南、贵州、广西、湖南、海南、广东	
1823 百里嘉	广东 湛江	9.13	9(23 米/秒)	广东	

(二)暴雨洪涝

2018 年夏季,全国共出现 21 次暴雨过程,没有发生大范围流域性暴雨洪涝灾害。其中,6 月 18—26 日,南方地区出现持续 9 天的强降雨天气,雨带在广西、贵州、湖南、江西、浙江等地摆动,局地最大累计雨量超过 400 毫米;6 月 30 日至 7 月 8 日,长江中下游地区出现连续的强降雨过程,降雨中心出现在江西景德镇,累计降水量 428 毫米,其中 7 月 5—8 日连续降水量达 332 毫米,为历史同期第二高,仅次于 1993 年的 399 毫米。

强降雨过程导致部分地区发生内涝、中小河流洪水、山洪、滑坡和泥石流等灾害。7 月 31 日凌晨至上午,新疆哈密地区山区局地出现大到暴雨,其中伊吾县淖毛湖乡降水量达 105.4 毫米,伊州区沁城乡 115.5 毫米,伊州区沁城乡小堡区域 1 小时最大降雨量达 29.5 毫米,强降水引发洪水,造成农田、公路、铁路、电力和通信设施受损。6—8 月黄河上游降水量 280.8 毫米,较常年(199.8 毫米)偏多 4 成,为 1961 年以来第三多。

据统计,2018 年洪涝和地质灾害共造成全国 3526.2 万人次受灾,338 人死亡,42 人失踪,142 万人次紧急转移安置;6.4 万间房屋倒塌,13.9 万间严重损坏,65 万间一般损坏;直接经济损失 1060.5 亿元。其对我国主要影响详见表 A.2。

表 A.2　2018 年主要暴雨洪涝一览表

事件	时间	影响区域	主要影响
洪涝	4 月份	中东部地区出现较强降雨,江南北部、华南北部及湖北、四川盆地等地出现暴雨或大暴雨,共 68 个县(市)日雨量突破当地有气象记录以来 4 月份历史极值,湖北宜都(22 日降雨量 246.9 毫米)破历史极值	全国 76.6 万人次受灾,18 人死亡,近 7000 人次紧急转移安置;500 间房屋倒塌,3500 余间不同程度损坏;农作物受灾面积 55.3 千公顷,其中绝收面积 5.1 千公顷;直接经济损失 9.2 亿元
暴雨洪涝	5 月份	全国共出现 6 次大范围强降水天气过程,洪涝灾害发生区域主要沿西北—华北—黄淮和西南—江汉—江淮两个带状区域分布,造成河南、四川、湖北、湖南、新疆、甘肃等省(区)洪涝灾害损失相对较重	5 月份洪涝和地质灾害共造成全国 21 个省(区、市)462.1 万人次受灾,43 人死亡,6 人失踪,4.9 万人次紧急转移安置;近 3000 间房屋倒塌,8000 余间房屋严重损坏,22.4 万间一般损坏;农作物受灾面积 345.9 千公顷,其中绝收面积 20.9 千公顷;直接经济损失 36.3 亿元
暴雨洪涝	7 月份	全国共出现 9 次大范围强降雨天气过程,四川盆地、西北地区东部、华北、内蒙古等地降水量较常年同期偏多 1～3 倍	造成 1579.6 万人次受灾,139 人死亡,12 人失踪,92.3 万人次紧急转移安置;3.4 万间房屋倒塌,6.5 万间房屋严重损坏,28.7 万间损坏;直接经济损失 579.9 亿元

续表

事件	时间	影响区域	主要影响
暴雨洪涝	8 月份	全国共出现 12 次大范围强降雨天气过程,西北地区中东部降水量较常年同期偏多 1～3 倍,四川东南部、云南南部等地降水较常年同期偏多 30%～80%	造成 572 万人次受灾,66 人死亡,12 人失踪,19.1 万人次紧急转移安置;8400 余间房屋倒塌,1.2 万间严重损坏,3.4 万间一般损坏;直接经济损失 122.2 亿元

数据来源:民政部《全国自然灾害基本情况》系列。

(三)高温与干旱

2018 年,我国旱情比常年偏轻,但区域性和阶段性干旱明显。

2018 年夏季,全国平均高温(日最高气温≥35℃)日数为 10.2 天,比常年同期偏多 3.3 天,为 1961 年以来同期第三多,仅次于 2017 年和 2013 年。其中,4 月中旬至 6 月下旬,东北大部及内蒙古东部降水量不足 200 毫米,降水量较常年同期偏少 2～5 成,局地偏少 5 成以上;8 月中旬至 9 月中旬,江汉、江南大部地区降水量比常年同期偏少 2～5 成,江汉中部偏少 5～8 成;10 月上旬至 11 月上旬,黄淮、江淮、江汉降水量偏少 5～8 成,其中黄淮中部和江淮北部偏少 8 成以上,气象干旱持续发展,黄淮南部和西部、江淮大部、江汉及陕西东南部、重庆北部等地存在中到重度气象干旱;北京连续 145 天无降水(2017 年 10 月 23 日至 2018 年 3 月 16 日),突破历史纪录(1970 年 10 月 25 日至 1971 年 2 月 15 日,连续 114 天无降水)。由于长时间无降水,北京大部地区出现重度干旱。

据统计,2018 年共造成 7711.8 千公顷农作物受灾,直接经济损失 255.3 亿元。其对我国影响详见表 A.3。

表 A.3   2018 年主要高温热浪和干旱一览表

事件	时间	影响区域	主要影响
干旱	4 月下旬—5 月中旬	内蒙古东部、吉林大部和黑龙江西部降雨偏少,气温偏高	农作物受灾面积达到 800 余千公顷,其中绝收 83 千公顷
干旱	7 月中下旬	长江中下游和东北部分地区出现大范围持续性高温天气,35℃以上高温面积达 159.8 万千米^2,38℃以上高温面积达 13.4 万千米^2	农作物受灾面积达到 860.3 余千公顷,其中绝收 418 千公顷

数据来源:民政部《全国自然灾害基本情况》系列。

(四)低温冷害及雨雪

2018 年低温雨雪冰冻灾害主要集中在 1 月、4 月初和 12 月下旬。1 月份中东部地区先后出现三次大范围低温雨雪冰冻天气过程,安徽、湖北两省灾情较重;4 月初全国出现大范围寒潮,甘肃、宁夏、陕西、山西、河北等省(区)农作物受到较大影响;12月下旬多省部分地区出现小到中雪、局部大雪,湖南中北部、湖北南部、江西北部和贵州中南部等地受到较大影响。2018 年低温雨雪冰冻灾害发生偏重,全国共造成2495.3 万人次受灾,23 人死亡,农作物受灾面积 3412.6 千公顷,直接经济损失 434亿元。其对我国影响详见表 A.4。

表 A.4　2018 年主要低温冷害及雨雪事件一览表

事件	时间	影响区域	主要影响
低温冷冻和雪灾	1 月份	雨雪覆盖范围高达 576 万千米²;安徽、湖北、湖南等省受灾严重。安徽、江苏等省局部地区积雪深度达到 20～32 厘米	农作物受灾面积 972.9 千公顷,其中绝收 48.2 千公顷
低温冷害	2 月份	广东、云南等地在月初出现低温冷冻灾害	75.1 千公顷农作物受灾,直接经济损失 6.3 亿元
低温冷害雪灾	4 月份	华北、黄淮、江淮等地下降 15～20℃;甘肃、宁夏、陕西、山西、河北等地最低气温降至 0℃以下	全国 1228.5 万人次受灾,农作物受灾面积 1366.3 千公顷,其中绝收面积 359.8 千公顷,直接经济损失 237.1 亿元

数据来源:民政部《全国自然灾害基本情况》系列。

三、2018 年气候变化与影响

(一)全球气候变化事实及影响

2018 年全球气候变化事实及影响,世界气象组织发布 2018 年气候状况声明内容如下①:

(1)2018 年的全球平均温度估计比工业化前基线(1850—1900 年)高 0.99℃±0.13℃,是有记录以来第四最暖年份。2018 年伊始出现弱拉尼娜条件,通常伴随着较低的全球温度。

(2)2018 年,许多海域的海表水温异常温暖,包括太平洋大部分地区。印度洋西部、热带大西洋以及从美国东海岸延伸的北大西洋一个地区也异常温暖。格陵兰以南的一个地区观测到海表水异常寒冷,这是世界上长期降温的一个地区。

(3)2018 年,臭氧消耗开始的时间相对较早,并且在 11 月中旬左右之前仍高于长期平均值。根据 NASA 的分析,2018 年 9 月 20 日臭氧洞面积达到最大值,为2480 万千米²,而 2015 年 10 月 2 日其面积为 2820 万千米²,2006 年 9 月 24 日为

---

① https://library.wmo.int/doc_num.php? explnum_id=5806.

2960 万千米²。尽管是相对寒冷稳定的涡旋,但 2018 年的臭氧洞小于有类似温度条件的前几年,例如 2006 年。这表明,归功于《蒙特利尔议定书》的规定,臭氧洞的大小开始响应平流层氯的下降。

(4)2018 年全年北极海冰范围远低于平均值,并且在该年的前两个月处于创纪录的低水平。年度最大值出现在 3 月中旬,3 月份月度范围为 1448 万千米²,比 1981—2010 年平均值约低 7%。2018 年全年南极海冰范围也远低于平均值。1 月份的月海冰范围为第二最低值,而 2 月份为最低值。年最小范围出现在 2 月末,月平均值为 228 万千米²,比平均值低 33%。

(5)极端气象气候事件频发,造成影响恶劣。2018 年,北半球出现了 74 个热带气旋,远高于 63 个气旋这一长期平均值。2018 年其中两个最强热带气旋是出现在西北太平洋的“山竹”(Ompong)和“玉兔”(Rosita)。“山竹”(Ompong)在 9 月中旬横跨菲律宾北部,随后掠过中国香港南部,最后在中国广东省登陆,造成 240 万人口受灾。根据菲律宾农业部的数据,有 55 万多顷农田受灾,并造成高昂的农业损失。报告的死亡人数为 134 人,其中 127 人在菲律宾。在中国香港,维多利亚港的风暴潮高达 2.35 米,是有记录以来最高的。“玉兔”(Rosita)在 10 月以接近峰值强度横跨马里亚纳群岛北部,对该地区造成了大范围的破坏。

(二)中国气候变化事实及影响

中国气象局在发布的《2018 年中国气候公报》中称,2018 年春、夏季气温创历史新高。《2018 年中国气候公报》和《2018 年中国海平面公报》表明:

(1)气温。2018 年,全国平均气温较常年偏高 0.54℃,春、夏季气温创历史新高,秋、冬季气温接近常年。2018 年,全国 31 个省(区、市)气温均偏高,其中江苏、河南为历史第三高。

(2)降水。全国降水略偏多,全国平均降水量 673.8 毫米,较常年(629.9 毫米)偏多 7%,降水冬季偏少,夏秋季偏多,春季接近常年。从各区域情况看,长江中下游和华南接近常年,其余区域偏多。

(3)海平面。1980—2018 年,中国沿海海平面上升速率为 3.3 毫米/年,高于同时段全球平均水平。2018 年,中国沿海海平面较常年高 48 毫米,比 2017 年略低,为 1980 年以来第六高。近 7 年海平面均处于近 40 年来的高位。与常年相比,渤海、黄海、东海和南海沿海海平面分别高 55 毫米、28 毫米、50 毫米和 56 毫米。

(4)气候变化对中国的影响。气候变化对中国的影响主要集中在农业、水资源、生态系统、能源需求、交通、人体健康等方面,具体影响如下。

对农业的影响。2018 年,我国冬小麦和玉米全生育期内,光热充足,降水量接近常年同期或偏多,土壤墒情适宜,气象灾害偏轻,气候条件较好。早稻生育期内,大部时段热量充足、光照条件较好,无明显低温、阴雨、寡照天气,利于早稻生长发育及产量形成。晚稻、一季稻产区气候条件偏好,气象灾害偏轻,对农业生产比较有利。

对水资源的影响。2018年,全国年降水资源量为63936.8亿米^3,比常年偏多4173.6亿米^3,比2017年偏多2404.4亿米^3。从年降水资源丰枯评定指标来看,2018年属于丰水年份。2018年,辽河和东南诸河流域地表水资源量较常年偏少;松花江、西北内陆河、黄河、淮河、长江、西南诸河、海河、珠江流域较常年偏多。

对生态系统的影响。2018年5—9月,秦岭及淮河以南大部分地区、东北大部、华北大部、黄淮大部及内蒙古东北部植被覆盖较好或好;西北大部、青藏高原北部和西部及内蒙古中西部等地植被覆盖较差。

对能源需求的影响。北方15省(区、市)冬季采暖耗能评估结果显示,新疆、天津、陕西、内蒙古、甘肃、北京、辽宁、黑龙江、吉林冬季平均气温较常年同期偏低,采暖耗能较常年同期增加。2018年夏季,全国大部地区平均气温较常年同期偏高,降温耗能相应也较常年同期偏高。据统计,2018年夏季全国用电量为18668亿千瓦·时,较2017年同期增长7.9%,其中6月、7月和8月用电量分别为5663亿千瓦·时、6484亿千瓦·时和6521亿千瓦·时,分别较2017年同期增长8.0%、6.8%和8.8%。

对交通的影响。2018年,全国大部分地区交通运营不利日数(10毫米以上降水、雪、冻雨、雾及扬沙、沙尘暴、大风)有15~55天,其中南方大部、南疆中部、内蒙古东北部等地超过55天。年内,降雪、暴雨洪涝及其次生灾害、台风、大雾等不利天气给公路和铁路及航空运输等造成较大影响,其中9月中旬,台风"山竹"在广东台山沿海登陆,多个机场航班出现大面积延误或取消、部分铁路临时停运、数十条高速公路全线封闭、市内交通设施受损严重;11月下旬至12月上旬,中东部多地遭遇大雾天气,河南、山东部分路段出现严重交通事故,造成多人死亡。

对人体健康的影响。2018年,全国平均年舒适日数126天,比常年偏少7天。全国大部地区年舒适日数接近常年或偏少,其中东北东南部、华北东北部及西南部、西北东部、四川盆地以及河南西部、湖北西部、湖南西部、重庆、江西西北部、贵州北部、海南、新疆西部和东北部等地偏少10天以上;内蒙古中东部的部分地区、青海中西部、西藏东南部、云南中部等地偏多10~20天,局部偏多20天以上。

(三)2018年国内外十大天气气候灾害事件

为了提高社会防灾减灾意识,最大限度预防和降低气象灾害造成的损失,中国气象局已连续主办"国内外十大天气气候事件"评选活动。2018年票选出的国内外十大天气气候事件主要与暴雨洪涝、台风、高温热浪、强对流天气等灾害相关[①]。

---

① http://news.weather.com.cn/2018/12/3029427.shtml.

1.国内十大天气气候灾害事件

(1)"山竹"强势登陆粤港澳大湾区

第 22 号台风"山竹"于 9 月 16 日下午在广东省台山市以强台风等级登陆,登陆时中心附近最大风力 14 级(45 米/秒),是今年以来影响我国的最强台风,也是今年以来生命史最长的台风。受其影响,9 月 16—18 日,粤港澳大湾区普遍出现 11～14 级的大风、阵风达 14～17 级;广东茂名、阳江、深圳、惠州及广西河池等地降水量达 300～497 毫米,台湾东部达 300～650 毫米,屏东局地超过 1500 毫米。为应对台风"山竹",中央气象台与香港天文台、澳门地球物理暨气象局举行历史首次三方联合视频会商,在做好区域防灾减灾、服务粤港澳大湾区建设方面有着重要意义。

(2)历史最热夏季拉响 33 天高温预警

2018 年夏季(6—8 月),全国平均气温 21.9℃,较常年同期偏高 1.0℃,为 1961 年以来最高;平均最高和最低气温分别偏高 1.0℃和 1.4℃,也为历史同期最高。各省(区、市)中,津、冀、京偏高幅度占据全国前三甲。有 197 站日最高气温达到极端事件标准,主要分布在东北、华北及西南等地,55 站日最高气温突破历史极值,主要分布在吉林、辽宁等地。7 月 14 日至 8 月 15 日,中央气象台连续 33 天发布高温预警,这是从 2010 年有统计记录以来高温预警连发时间最长的一次。

(3)琼州海峡大雾锁航强留上班族

2018 年春节期间,琼州海峡出现了自 1950 年海南有气象记录以来前所未有的持续 8 天大雾天气,渡轮因能见度不足停航 12 次,累计时间长达 68.5 小时。由于正值春节假期结束游客返程高峰期,琼州海峡南岸大量旅客和车辆滞留,高峰滞留车辆达 2 万辆、车队最长有 20 千米,滞留旅客近 10 万人,海口市交通严重拥堵,马路变成停车场。

(4)气候变暖诱发冰崩或致雅江堰塞湖

10 月 17 日,西藏米林县派镇加拉村雅鲁藏布江左侧发生大型泥石流,堵塞干流形成巨型堰塞湖,对上游和下游的生产生活和基础设施造成了重大的威胁和影响。经冰川、地质等专家现场考察后,认为此次堰塞湖险情系冰川发生冰崩引起。在气候变暖背景下,近年来冰川及其次生灾害频发,冰川灾害风险加剧。1961 年以来,青藏高原平均气温呈明显上升趋势,2018 年 5—10 月米林平均气温为有观测记录以来同期最高值,气温持续偏高加剧了冰川融化、冰碛物移动堆积程度。

(5)沙尘暴袭击北方 PM_{10} 浓度飙升

3 月 26—28 日,北方地区出现一次沙尘天气过程,内蒙古中东部、山西北部、京津冀及东北地区先后出现扬沙或浮尘。其中,内蒙古锡林郭勒盟局地出现沙尘暴,最低能见度不足 400 米。此次沙尘天气影响面积约 150 万千米²,内蒙古、京津冀等地 PM_{10} 峰值浓度达到 1000～2000 微克/米³,北京定陵站浓度高达 3157 微克/米³。同时,北京大部分地区 $PM_{2.5}$ 峰值浓度为 180～335 微克/米³,出现混合型严重污染。

（6）1月底寒潮侵袭中东部引发暴雪

1月24—28日，中东部遭遇大范围低温雨雪天气，内蒙古西部、陕西北部、山西北部、贵州东南部、广西西部等地降温幅度达12～14℃，局地超过14℃；湖南东北部、湖北中北部和东部、安徽中部和南部、江苏西南部、浙江北部等地累计降雪量超过25毫米，陕西中部、河南中南部、湖北中东部、安徽大部、江苏中南部、浙江北部积雪深度5～15厘米，局地达20～32厘米。此次过程是入冬以来我国范围最广、持续时间最长、影响最为严重的一次过程。受其影响，合肥市16处公交站台顶棚在大雪中倒塌，江苏、浙江、安徽、江西等14省（区、市）受灾，对公路、铁路、航空等交通运输和农业生产也产生了严重影响。

（7）三台风一月内接连"光顾"上海

今年"安比""摩羯""温比亚"3个台风在华东地区登陆后继续北上，历史罕见，给华东大部、华北东部、东北地区西部和南部等地带来大范围风雨影响。常年在浙江至上海一带沿海地区登陆的台风年均只有1个，而在今年登陆的8个台风中，有4个台风在沪浙沿岸登陆，为1949年以来最多的年份。其中，"安比""云雀""温比亚"在一个月内相继登陆上海，占1949—2017年登陆上海台风总数的一半，实属罕见。

（8）夏季黄河上游雨水频繁兰州城看海

今年夏季（6—8月），黄河上游降水量280.8毫米，较常年（199.8毫米）偏多4成，为1961年以来第三多。强降水天气多发给居民生活、交通运输带来不利影响。7月20日，兰州出现持续降雨，受其影响，兰州市城区部分路段积水严重，暴雨引发的洪水沿马路顺势而下，多处低洼路段积水达到成年人腰部位置，多辆停靠在道路两侧的车辆被洪水冲走，车辆漂浮如"水中行舟"，兰州开启"看海模式"。虽然强降水带来诸多不利影响，但却改善了黄河上游长期偏枯的状态。

（9）初夏南方连续强降水致多地内涝

6月18—26日，南方地区出现持续9天的强降雨天气，雨带在广西、贵州、湖南、江西、浙江等地摆动，局地最大累计雨量达400多毫米，超过当地年降水量三分之一；6月30日至7月8日，长江中下游地区出现连续的强降雨过程，降雨中心出现在江西景德镇，累积降水量428毫米，其中7月5—8日连续降水量达332毫米，为历史同期第二高，仅次于1993年的399毫米。强降雨过程导致部分地区发生内涝、中小河流洪水、山洪、滑坡和泥石流等灾害。

（10）春寒来势凶猛致中东部严重冻害

4月上旬，我国遭遇寒潮袭击，西北地区东部、华北等地过程最大降温幅度在14℃以上，部分地区超过17℃。此次寒潮天气过程造成北京、河北、山西、陕西、甘肃、宁夏、安徽、山东等8省（区、市）遭受较为严重的低温冻害，共计800多万人受灾，农作物受灾面积近100万公顷。大风降温天气给正处于开花期的果树造成严重危害，一些果树无果可采。

2.国外十大天气气候灾害事件

(1)超强台风"山竹"重创菲律宾

9 月 15 日凌晨,22 号台风"山竹"在菲律宾吕宋岛东北部的卡加延省登陆,登陆时中心附近最大风力 17 级以上(65 米/秒,超强台风),给菲律宾带来了暴雨和最高时速达 85 米/秒的强风,并引发了高 6 米的巨浪。台风"山竹"引发的暴雨和强风摧毁了吕宋岛大片的农田和许多房屋,造成菲律宾约 81 人死亡,59 人失踪。

(2)2 月北极出现史上最高气温

通常情况下,北极在 3 月 20 日之前并无阳光照射,此时北极地区接近其一年中最冷的时刻。但 2 月 25 日北极平均气温达到 2℃,比常年气温高出 30℃以上。北极暖至冰点以上,主要是由于风暴为格陵兰海输送强暖流所致,暖流直接穿过北极中心,80°N 以北整个地区 2 月平均气温升至历史纪录最高点,平均气温高于往年 20℃以上。根据丹麦气象研究所 1958 年以来的数据,如此极端的暖流入侵现象过去在北极地区很罕见。

(3)夏季北半球发生严重"高烧"

夏季,北半球出现严重"高烧"现象。北极圈内一些气象站气温一度超过 30℃,挪威和芬兰也分别出现了 33.5℃和 33.4℃高温;瑞典干旱与创下百年纪录的高温引发多处森林火灾。希腊雅典遭遇 40℃高温袭击,并诱发了森林火灾。英国部分地区夏季出现持续高温干旱,创下半个世纪以来最干旱夏天的纪录。意大利首都罗马 7 月 14 日最高气温直逼 40℃。多个北非国家也出现热浪,摩洛哥出现 43.4℃高温,阿尔及利亚的撒哈拉沙漠地区最高气温更是达到 51.3℃。北美地区加拿大魁北克省 7 月初遭遇几十年罕见的连续高温,持续的高温天气导致 70 人死亡。美国得克萨斯州、亚利桑那州等多地气温突破历史纪录。同处东亚地区的日本、韩国也出现大范围高温热浪,仅日本就造成 144 人死亡,8 万余人中暑。

(4)加州坎普山火肆虐重创天堂镇

受前期高温少雨的影响,11 月 8 日美国加州发生山火,山火借助风势持续延烧。其中北加州坎普山火重创山区小镇天堂镇,山火造成 85 人死亡,249 人下落不明。"坎普山火"已成为自 20 世纪以来全美伤亡最惨重的山火之一;南加州沃尔西山火造成 3 人死亡,1643 座建筑被毁。美国加州山火于 23 日基本被扑灭,这场山火刷新了全美山火致死和毁坏程度的纪录,"坎普"山火的过火面积超过 620 千米²,山火共烧毁民宅约 1.4 万栋、商业建筑 500 多栋、其他建筑 4200 多栋。

(5)特大暴风雨致普吉岛游船倾覆

7 月 5 日 17 时 45 分左右,泰国"艾莎公主"号和"凤凰"号两艘游船载有 127 名中国游客在返回普吉岛途中,突遇特大暴风雨,强风掀起六七米的巨浪,致使这两艘游船分别在珊瑚岛和梅通岛发生倾覆。"艾莎公主"号游船上 42 人悉数获救,"凤凰"号游船上载有 101 人,其中 87 名中国游客中有 40 人获救、47 人死亡。5—11 月正值普吉岛雨季，当地受西南季风控制，容易形成强对流性天气，阵雨和雷阵雨多发，而泰国粗糙的气象预警机制和权责模糊的关系链是造成这次灾害的主要原因。

(6)日本遭遇35年来最重暴雨灾害

6月28日至7月9日，日本西部连遭暴雨袭击，高知、德岛和岐阜等15个观测点累计雨量超过1000毫米，高知县安芸郡最大降雨量达1852.5毫米；分别有123和119个观测站48小时、72小时降雨量达到有纪录以来最高值，暴雨的极端性突出。强降雨造成河流、水库水位急速上涨，山洪、泥石流、滑坡等灾害群发性突出，导致多地民居、道路被毁，200余人遇难。本次灾害是日本35年来遭遇的最严重暴雨洪涝灾害。

(7)台风"飞燕"两次登陆重创日本

9月4日下午，21号台风"飞燕"先后在日本四国岛德岛县和本州岛兵库县登陆，登陆时中心附近最大风力45米/秒(14级，强台风级)。受台风"飞燕"影响，日本近畿地区(大阪府、京都府、兵库县、奈良县、三重县、滋贺县和歌山县)遭遇暴风雨袭击，其中大阪瞬时风速达58.1米/秒(17级)，刷新当地历史最高纪录；登陆前后12小时内，高知、德岛、奈良等地降雨量达200~272毫米。强暴风雨造成11人死亡，1700余栋建筑受损；关西机场被淹，3000名旅客滞留。日本气象厅称，台风"飞燕"是自1993年以来日本遭遇的最强台风。

(8)暴风雪刷新美国东海岸低温纪录

1月3—4日，爆发性气旋影响整个美国东海岸，部分地区气温打破近百年来最低气温纪录。其中，佛蒙特州的伯灵顿气温低至−28.9℃，与1923年的历史纪录相比，还要低0.6℃；缅因州的波特兰则达到−23.9℃，打破了1941年的历史纪录。由于爆发性气旋途径美国航班运输最为繁忙的路线，受冰雪天气影响，全美超过5000架次航班被取消，航班几乎全线停运。

(9)3月寒流横扫欧洲多国

3月1—3日，寒流横扫欧洲多国，从北欧到地中海沿岸国家都降下大雪。德国部分地区夜间气温下降至−24℃，爱沙尼亚气温则低达−29℃，瑞士有些高山地区甚至出现−40℃的低温。低温和强降雪天气对欧洲各地交通和居民生活造成严重影响，多个欧洲机场被迫取消航班或延迟起降，交通严重受阻，寒流造成60余人死亡。

(10)南非遭遇23年来最严重的干旱

受前期降水持续偏少的影响，1—5月，南非中南部的多个省份发生干旱，为近23年来最严重的一次。西开普省是此次干旱的重灾区，并引发用水危机，部分地区甚至开始限量供水；开普敦的旱情更是"四百年一遇"。南非水利研究委员会研究指出目前南非六成以上的河流用水过度，其中近四分之一河流处于严重缺水状况。6月以来，随着南非雨季的到来，部分地区的严重旱情得到有效缓解。

四、统计资料

2001—2018 年全国气象灾害损失统计见表 A.5。2018 年各省份气象灾害受灾情况见表 A.6。1951—2018 年全国平均气温和平均降雨量统计见表 A.7。2018 年各省份环境空气质量指数(AQI)优良天数见表 A.8。

表 A.5 2001—2018 年全国气象灾害损失统计表

年份	受灾人口 (万人)	死亡人口 (人)	直接经济损失 (亿元)	农作物受灾面积 (千公顷)
2001	32538.46	2538	1942	5221.5
2002	30564.10	2384	1717	4711.91
2003	20144.70	1479	1190.36	3177.4
2004	31179.223	2248	1352.483	3563.78
2005	35952.35	2710	2223.5	3875.5
2006	40692.25	3473	2507.9	3907.2
2007	38109	2713	2281	4961.7
2008	39399.7	1988.8	3250	3951.2
2009	43685.3	1367	2799.3	4523.9
2010	36601	3918	4413.01	3642.23
2011	43150.6	982.8	3069.1	3211.2
2012	25602.6	1660	3304.7	2289.4
2013	38096.2	1995	4756.3	2895.79316
2014	24300.7	849	2953.2	2970.8
2015	18600.3	780	2500	2100.98
2016	16951.5	1600	5000	2622
2017	14383.2	828	2850.42	1847.62
2018	13517.8	566	2615.6	2081.43

数据来源:气象统计年鉴,2001—2018 年。

表 A.6　2018 年各省份气象灾害受灾情况

地　区	农作物受灾情况		人口受灾情况			直接经济损失（亿元）
	受灾（万公顷）	绝收（万公顷）	受灾人口（万人次）	死亡人口（人）	失踪人口（人）	
全国总计	2081.43	258.5	13517.8	566	46	2615.6
北　京	0.47	0.04	15.7			18.8
天　津	1.44	0.08	10.9			1
河　北	99.7	8.03	503.0	4		41.3
山　西	83.08	18.56	619.1	11		109.2
内蒙古	262.98	55.92	484.2	25	1	144.5
辽　宁	146.73	27.77	680.3			90.2
吉　林	131.97	13.18	381.8			84.2
黑龙江	415.5	27.57	362.3	4		87.5
上　海	0.73		40.8			0.9
江　苏	38	3.47	348.3	17		41.3
浙　江	16.86	0.17	139.9	2		36.8
安　徽	86.32	11.15	728.3	35		138.2
福　建	7.87	0.35	115.1	5		38.1
江　西	53.07	6.04	621.1	36		58.8
山　东	98.38	9.72	889.3	39	1	289.6
河　南	116.77	8.61	1332.3	15		63.5
湖　北	107.61	8.9	1025.3	9		81
湖　南	62.56	6.09	698.5	25		64.5
广　东	54.78	2.71	675.2	26	5	258.6
广　西	15	1.02	224.6	27		14.5
海　南	3.24	0.25	60.2			6
重　庆	7.09	1.22	148.2	26	1	18.6
四　川	48.4	6.54	833.9	33	5	340
贵　州	29.17	5.63	508.2	9	2	39.1
云　南	27.48	4.61	456.6	62	20	143.8
西　藏	0.97	0.31	23.5	12		7.7
陕　西	38.24	7	330.7	13	2	64.1
甘　肃	76.42	15.94	922.8	73	8	249.8
青　海	5.19	0.54	71.9	16		27
宁　夏	14.81	1.75	42.6	1		7.3
新疆(含兵团)	74.6	5.33	222.3	41	1	49.7

数据来源：气象统计年鉴 2018。

表 A.7　1951—2018 年全国平均气温和平均降雨量统计表

年份	平均温度(℃)	平均降水(毫米)	年份	平均温度(℃)	平均降水(毫米)
1951	8.25	544.76	1985	8.76	647.83
1952	7.9	548.37	1986	8.9	569.5
1953	8.0	569.08	1987	9.29	645.38
1954	8.94	719.01	1988	9.21	616.75
1955	9.19	603.99	1989	9.33	605.09
1956	8.55	620.6	1990	9.64	675.07
1957	8.26	604.91	1991	9.36	622.36
1958	8.67	602.77	1992	9.04	603.55
1959	8.76	667.82	1993	9.08	655.73
1960	8.83	620.12	1994	9.7	649.49
1961	9.12	669.24	1995	9.47	628.39
1962	8.77	615.0	1996	9.11	638.87
1963	9.01	601.03	1997	9.62	610.0
1964	8.7	672.46	1998	10.28	713.1
1965	8.8	593.01	1999	10.09	630.96
1966	8.86	585.39	2000	9.53	625.43
1967	8.31	609.9	2001	9.9	603.38
1968	8.55	601.29	2002	10.04	653.71
1969	8.37	624.14	2003	9.81	637.32
1970	8.53	655.87	2004	9.96	603.95
1971	8.77	598.83	2005	9.76	625.54
1972	8.74	591.0	2006	10.32	590.54
1973	9.13	691.13	2007	10.45	607.95
1974	8.62	618.28	2008	9.89	649.0
1975	9.08	647.39	2009	10.15	570.12
1976	8.35	606.71	2010	9.88	678.72
1977	8.82	624.65	2011	9.66	555.67
1978	9.07	588.55	2012	9.42	672.98
1979	9.07	607.81	2013	10.17	652.85
1980	8.94	626.24	2014	10.12	636.19
1981	8.97	631.55	2015	10.39	650.35
1982	9.23	601.97	2016	10.37	728.53
1983	9.07	673.83	2017	10.39	641.31
1984	8.52	629.85	2018	10.09	673.8

数据来源:国家气候中心。

表 A. 8　　2018 年各省份环境空气质量指数(AQI)优良天数

省份	AQI 优良天数(天)	省份	AQI 优良天数(天)
北　京	227	河　南	207
天　津	207	湖　北	276
河　北	208	湖　南	312
山　西	207	广　东	325
内蒙古	305	广　西	334
辽　宁	306	海　南	359
吉　林	329	重　庆	316
黑龙江	341	四　川	310
上　海	296	贵　州	355
江　苏	248	云　南	361
浙　江	329	西　藏	359
安　徽	259	陕　西	243
福　建	346	甘　肃	302
江　西	321	青　海	345
山　东	220	宁　夏	289
		新疆(含兵团)	273

注 1:表中省级天数为本省主要城市(设区城市)优良(达标)天数的均值;

注 2:表中部分数据根据优良天数比例进行计算;

数据来源:2018 年各省环境质量公报(http://www.mee.gov.cn/hjzl/)。